DR.MED.VET.
JÜRGEN BARTZ

Bis der Tierarzt kommt

DR.MED.VET.
JÜRGEN BARTZ

Bis der Tierarzt kommt

Erste Hilfe für Pferde

Unter der wissenschaftlichen Beratung von Herrn Prof. Dr. H. Gerhards und Frau Dr. Bettina Wollanke, Chirurgische Tierklinik der Universität München (Vorstand: Prof. Dr. H. Gerhards)

Franckh-Kosmos

IMPRESSUM

Zeichnungen von Silke Ehrenberger, Dossenheim
Fotonachweis: siehe Seite 142
Umschlaggestaltung von Atelier Jürgen Reichert, Stuttgart, unter Verwendung von Fotos von Ina Kaufmann

Die Deutsche Bibliothek – CIP-Einheitsaufnahme

Bartz, Jürgen:
Bis der Tierarzt kommt : Erste Hilfe für Pferde / Jürgen Bartz. Unter der wiss. Beratung von H. Gerhards und Bettina Wollanke. [Zeichn. von Silke Ehrenberger]. – Stuttgart : Franckh-Kosmos, 1996
ISBN 3-440-07127-8

Über den Autor:

Dr. med. vet. Jürgen Bartz studierte Tiermedizin in Hannover. Nach Praktika in England und Island promovierte er über „Stallstaub in Pferdeställen". Selbst Reiter und Pferdehalter, ist er heute im Pferde- und Kleintierbereich und als Distanztierarzt tätig und schreibt für Fachzeitschriften und Zeitungen.

Die Hinweise erfolgen nach bestem Wissen und Gewissen. Sie entbinden den Pferdehalter nicht von der Eigenverantwortung für sein Tier und können die tierärztliche Untersuchung nicht ersetzen.

ISBN 3-440-07127-8
Lektorat: Sigrid Eicher
Herstellung: Lilo Pabel
Printed in Italy/Imprimé en Italie
Satz: Steffen Hahn GmbH, Kornwestheim
Druck: Printer Trento S.r.l., Trento

INHALT

Einführung

Allgemeines

55 Notfallsituationen

INHALT

Zum Aufbau dieses Buches

Dieses Buch ist für ausgesprochene Notfallsituationen gedacht, in die jeder geraten kann, der mit Pferden zu tun hat. Was in der Zeit, **bis der Tierarzt kommt**, getan oder unterlassen wird, kann über Gesundheit oder bleibende Schäden, sogar über Leben oder Tod entscheiden.

Eine große Verantwortung für einen medizinischen Laien. Damit jeder auf Anhieb die richtigen Informationen findet, ist der **Erste-Hilfe-Teil** des Buches nach den Symptomen aufgebaut, die für jeden erkennbar sind. Diese sind wiederum unterteilt nach den Körperbereichen, an denen sie auftreten:

- **Kopf und Hals**
- **Rumpf**
- **Gliedmaßen**

Und da es noch einige Erkrankungen gibt, die in diesem Raster nicht unterzubringen sind, werden sie ergänzt durch drei weitere Kapitel:

- **Hauterkrankungen und Wunden**
- **Stute und Fohlen**
- **Allgemeinbefinden**

Diese sechs Kapitel mit insgesamt 55 Notfallsituationen sind durch einen roten „Balken" oben an der Seite gekennzeichnet – auch dies ein Erkennungszeichen, das das Auffinden erleichtert.

Innerhalb der Kapitel sind die in Frage kommenden Erkrankungen alphabetisch aufgelistet, aber selbst wenn Sie anfangs nicht wissen, was Ihrem Pferd fehlen könnte, genügt ein Blick auf die bewußt knapp gefaßten Symptome in der linken Randspalte, um schnell herauszufinden, auf welche Art von Erkrankung oder Verletzung sie hinweisen, so daß Sie wissen, wie Sie sich verhalten sollen.

Dies sind die wichtigsten Kapitel, wenn die Zeit drängt und Sie einem kranken oder verletzten Pferd schnellstmöglich Erste Hilfe leisten wollen. Um diese Informationen so knapp und übersichtlich wie möglich halten zu können, sind bestimmte Themenbereiche in Extrakapiteln zusammengefaßt:

- Welche Informationen braucht der Tierarzt vorab?
- Helfen ohne Risiko
- Notfallapotheke
- Wunden und Verbände
- Gefahrenquellen erkennen und beseitigen
- Erste Hilfe für Reiter
- Die Rechtslage

Hinweise darauf finden sich bei den betreffenden Notfallmaßnahmen.

Welche Informationen braucht der Tierarzt vorab?

Oft stellt sich dem Reiter, Pferdehalter oder Pfleger die Frage, ob hinter dem geringfügig veränderten Verhalten seines Pferdes eine Erkrankung steckt oder es einfach nur müde ist. Diese Unsicherheit kann einerseits dazu führen, daß der Tierarzt in guter Absicht ohne Grund bemüht wird (womöglich noch am Wochenende) und damit für vielleicht ernstere Fälle bei anderen Patienten blockiert ist.

Andererseits kann die Bagatellisierung und Verschleppung einer ernsten Krankheit aber auch sehr gefährlich werden.

Idealerweise sollte jeder, der für Pferde verantwortlich ist, eine kurze orientierende Grunduntersuchung vornehmen können. Dazu gehört:

Das äußere Erscheinungsbild

Glattes, glänzendes Fell ohne Verletzungen oder Schwellungen?

Klare Augen, saubere, trockene Nüstern?

Beine kühl und klar, ohne Schwellungen und Verdickungen?

Unversehrte Hufe, auch von unten?

Das Verhalten

Normale Bewegungen?

Appetit und Trinkverhalten normal?

Kot- und Harnabsatz in Ordnung?

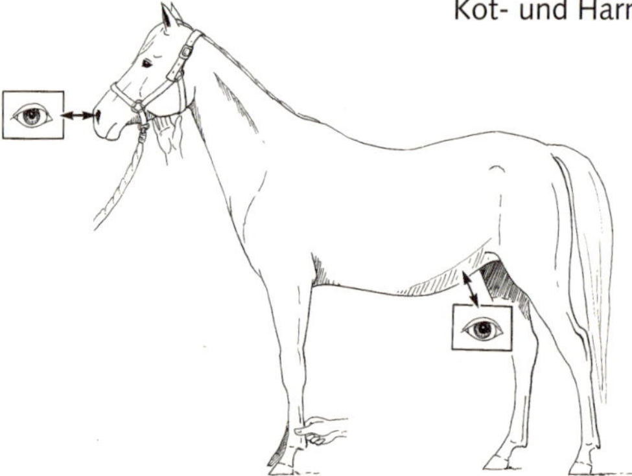

Puls fühlen: Am Unterkiefer oder Fesselkopf. Atemfrequenz erfassen: Nüsternbewegung von vorne, Flankenbewegung von hinten beobachten. Jeweils 15 Sekunden zählen, Ergebnis mit vier multiplizieren.

Leichter mit Stethoskop: Herztöne an der linken Brustwand, eine Hand breit über dem Ellbogenhöcker, unter dem Schulterblatt abhören. Ein Doppelton („buh-dupp") 1 Herzschlag. Atemgeräusch an der Luftröhre eine Hand breit unter dem Kehlkopf zu hören, Ein- und Ausatmung 1 Atemzug. Pferd kurz beruhigen, 15 Sekunden zählen, Ergebnis mit vier multiplizieren.

Die **Temperatur** mißt man am besten mit einem **Digitalthermometer**. Auf Anzeichen von Durchfall am Hinterkörper des Pferdes achten! Leichter als mit Augen und Händen erfaßt man **Puls** und **Atmung** mit einem **Stethoskop**. Die einfachste Ausführung reicht für diesen Zweck (Apotheke, Sanitätshaus, Tierarzt). Die individuellen Normalwerte des eigenen Pferdes sollte man schon vor dem Ernstfall kennen, um geringfügige Abweichungen später besser einschätzen zu können.

Bei Verdacht auf Lahmheit läßt man sich das Pferd zunächst im Schritt, dann im Trab vorführen (s. S. 76, „Lahmheit").

Ist bereits im Stand oder im Schritt eine Lahmheit zu erkennen, Pferd sofort ruhigstellen. **Keine weitere Bewegung bis zur Klärung der Ursache!**

Im Zweifelsfall ruft man den Tierarzt lieber einmal zuviel als zuwenig. Aber auch für diesen ist die Situation am Telefon leichter einzuschätzen, wenn man ihm die **Grundinformationen** liefern kann:

- Werte für Puls, Atmung und Temperatur (siehe Kasten).
- Korrekte Benennung der erkrankten Körperregion.

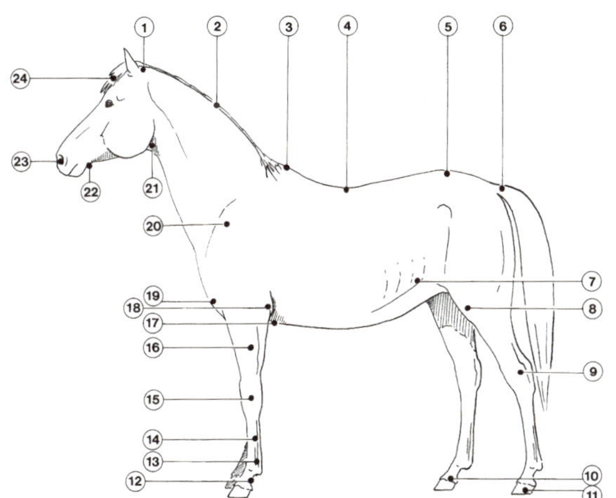

PAT-Normwerte

Herzfrequenz:
28–40 Schläge/Minute
Atmung: 8–16 Atemzüge/Minute
Körpertemperatur:
37,0–38,0 °C

Vorsicht!

1. *Genick*
2. *Mähnenkamm*
3. *Widerrist*
4. *Sattellage*
5. *Kruppe*
6. *Schweifansatz*
7. *Rippenbogen*
8. *Kniegelenk*
9. *Sprunggelenk*
10. *Kronrand*
11. *Huf*
12. *Fesselbeuge*
13. *Fesselgelenk*
14. *Röhre*
15. *Vorderfußwurzelgelenk*
16. *Vorarm*
17. *Unterbrust*
18. *Ellbogenhöcker*
19. *Bug oder Vorderbrust*
20. *Schulter*
21. *Ganasche*
22. *Kinngrube*
23. *Nüstern*
24. *Stirn*

Helfen ohne Risiko

Einem verletzten oder in eine Notlage geratenen Pferd Erste Hilfe zu leisten ist ein Gebot der Menschlichkeit und des Tierschutzes. Trotzdem stellt sich bei aller Hilfsbereitschaft die Frage nach den Sicherheitsbelangen des Helfers.

Mit heftiger Abwehr ist bei verunglückten Pferden häufig zu rechnen. Schmerz, Angst und Reiter, die selbst in Panik geraten, verunsichern Pferde sehr.

Von einer sachgerechten Ersten Hilfe kann ein Pferd aber nur dann profitieren, wenn es auch im Ernstfall kooperativ bleibt. Dies gilt natürlich ebenfalls für die spätere tierärztliche Endversorgung: Ein zappelnder, tobender Patient wird schwere Schäden, Schmerzen oder gar den Tod erleiden.

Gute Erziehung ist Voraussetzung für Kooperation:

- Williges Hergeben aller vier Hufe.
- Berührung wird am ganzen Körper geduldet.
- Angebundensein ist selbstverständlich.
- Ruhiges Stehen in jeder Situation.
- Verladefromm auch unter Streß.

Diese Grundlagen müssen fest verankert sein und auf einem Erziehungsstil basieren, der Einsicht und Mitdenken des Pferdes fördert, keinen stupiden Gehorsam erzwingt und Autorität aus Vertrauen erwachsen läßt. Das bedeutet aber eben nicht, daß der Mensch in der Rangordnung unter seinem Pferd steht. Bei der Ersten Hilfe wird er sein Tier gelegentlich zu dessen eigenem Wohl zwingen müssen, unangenehme oder schmerzhafte Eingriffe kurzfristig zu tolerieren. Auf diese Maßnahmen darf ein Pferd zwar mit Ausweichmanövern, nie aber mit Aggression reagieren.

Selbstverständlich wird ein ausgeglichenes Pferd, dessen artgemäßes Bedürfnis nach Bewegung und Sozialkontakten nicht nur auf Gitterstäbe stößt, auch in Notsituationen leichter zu handhaben sein als ein überdrehtes „Sportgerät“.

Grundregeln für den sicheren Umgang mit Pferden bei der Ersten Hilfe:

Personen

- pferdeerfahren, zuverlässig und körperlich robust (Kinder oder Gebrechliche „mal eben festhalten" zu lassen ist unverantwortlicher Leichtsinn!).
- Alle achten auf die Anweisungen der erfahrenen Person.
- Helferzahl auf ein Minimum reduzieren.
- Schaulustige nachdrücklich wegschicken.

Ausrüstung

- Menschen: festes Schuhwerk, Handschuhe (!), ggf. Gerte.
- Pferd: Zaumzeug mit Gebiß und Führseil oder stabilem Stallhalfter, am besten mit Führkette.
- Nie ohne Führseil oder Führkette arbeiten! Man braucht Spielraum, um Ausweichbewegungen des Pferdes nachzugeben.

Räumlichkeit

- Boden rutschfest und trocken.
- Decke in pferdesicherer Höhe.
- Kontakt zu anderen Pferden nur bei Stuten mit Fohlen oder Klebern; diese stehen dann meist ruhiger.
- Ansonsten bedeuten versehentliche Berührungen der Pferde mit Rangeleien höchste Gefahr für dazwischenstehende Menschen.
- Ausweichmöglichkeit für alle Helfer.
- Helfer vor Schlägen schützen.
- Engpässe meiden (Tore, Zäune, Raumecken, Gerümpel, Werkzeuge).
- Vorteil der Untersuchung oder Behandlung in der Box: Pferd kann nicht ausweichen, fühlt sich in der gewohnten Umgebung sicher, ist daher ruhiger.
- Nachteil: räumliche Enge, Helfer können schlecht ausweichen.
- Vorteil des Anbindens: bei sehr sturen Pferden oft hilfreich (stabiles Halfter, dicker Strick).
- Nachteil: bei sensiblen, ängstlichen Tieren nicht empfehlenswert, Gefahr von Panikreaktionen.
- Notfälle ohne weitere Helfer: Patient durch Anbindung mit zwei Stricken rechts und links am Halfter provisorisch sichern.

Fixierung des Pferdes

- Hilfsperson (die den Ersthelfer unterstützt) steht seitlich am Kopf, nicht frontal vor dem Pferd,
- wirkt situationsabhängig beruhigend oder maßregelnd auf den Patienten ein,
- läßt auch dann nicht los, wenn das Pferd zappelt.
- Zweite Hilfsperson nimmt bei Arbeiten am linken Vorderbein das rechte Vorderbein hoch und umgekehrt.
- Arbeiten an den Hinterbeinen oder an der hinteren Hälfte des Pferdekörpers (Fiebermessen): Helfer steht immer neben, nicht hinter dem Pferd, Hilfsperson nimmt das gleichseitige Vorderbein hoch.
- **Wichtig:** den aufgehobenen Huf in keinem Fall plötzlich loslassen, denn dann gerät der Ersthelfer in den Schlagbereich.
- Kann die Hilfsperson das Bein nicht mehr halten, muß sie den Ersthelfer durch Zuruf warnen.
- Arbeiten an Beinen und Unterbauch: Nach Möglichkeit nicht in die Hocke gehen, Knie gerade, nur der Oberkörper beugt sich vor.
- Arbeiten an der hinteren Hälfte des Pferdes: Rücken zum Kopf des Pferdes wenden, nicht zur Hinterhand.

Hilfsmittel

- Nasenbremse (mit dickem Seil): bei Arbeiten an den Hinterbeinen sinnvoll; löst akupressorische Ausschüttung körpereigener Endorphine aus, die eine beruhigende Wirkung haben und den Blick des Pferdes nach etwa einer Minute glasig und entspannt werden lassen.
- Spannstrick (wie er etwa Stuten zum Decken an der Hand angelegt wird): Verknotung vor der Brust muß mit einem Handgriff leicht zu lösen sein.
- Hochbinden eines Vorderbeines: Diese Maßnahme löst oft Panik aus, bei drohendem Sturz des Pferdes muß das (ausreichend dicke) Seil leicht zu öffnen sein. Nur im Notfall anwenden.
- Blenden durch Abdecken der Augen mit Tüchern: Nicht empfehlenswert.
- Untersuchungsstand: bietet den besten Schutz, ermöglicht es notfalls auch einer Einzelperson, sichere Erste Hilfe zu leisten.

Achtung!

Die angeratenen Maßnahmen sind nur eine Grundabsicherung, die natürlich den besonderen Umständen des Einzelfalles anzupassen ist! Auch hat man nur im Idealfall genügend Helfer und Hilfsmittel zur Hand. Bei Ausritten und in ähnlichen Situationen wird man in der Regel notgedrungen improvisieren müssen. Hier gilt es dann abzuwägen, ob man ein vertrautes und ruhiges Pferd mit geringen Sicherheitsmaßnahmen trotzdem versorgen kann, oder umgekehrt bei einem nicht handhabbaren Tier trotz mehrerer Helfer nicht eingreift. Die Unversehrtheit des Menschen hat immer Vorrang.

Unter den vorgenannten Sicherheitsaspekten sollten auch alle sonstigen, alltäglichen Handgriffe am Pferd, etwa das Putzen, Satteln und Führen, überdacht werden. Versicherungsgesellschaften bestätigen, daß die Mehrzahl der schweren Unfälle mit Pferden nicht beim Sturz von deren Rücken, sondern im Umgang geschieht.

Recht auf Sicherheit

Auch Tierarzt und Schmied haben ein Anrecht auf einen sicheren Arbeitsplatz. Der genannte stabile Untersuchungsstand ist eine ganz wesentliche Einrichtung, um sich vor den potentiell tödlichen Tritten eines Pferdes zu schützen, vor allem bei der rektalen Untersuchung (Kolik, Trächtigkeitskontrolle). Die Statistik der Berufsgenossenschaft zeigt, daß alljährlich Tierärzte in Ausübung ihres Berufes zu Tode kommen. Zu Recht lehnen sie daher gefährliche Untersuchungen ohne Sicherung ab.

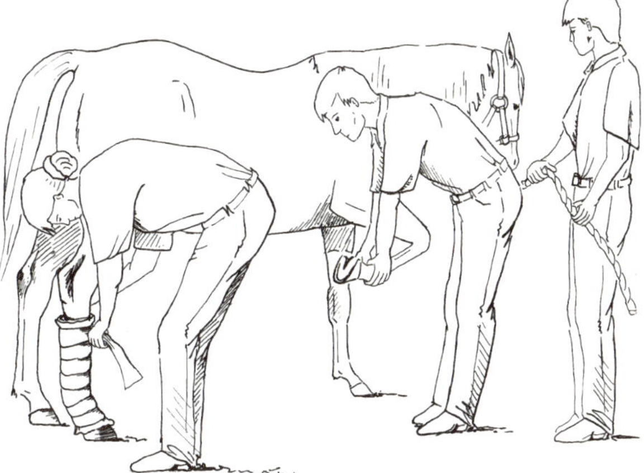

Auch die Helfer sollen den Notfall überleben! Daher: Pferd bei risikoreichen Hilfsmaßnahmen oder Widersetzlichkeit fixieren.

Notfallapotheke

Die traditionelle Stallapotheke ist für harmlosere Erkrankungen konzipiert: Salben, Tropfen und Kühlgels erfüllen überwiegend lindernde Funktionen und kommen dem verständlichen Bedürfnis des Pferdehalters nach Pflege und Behandlung der ihm anvertrauten Tiere entgegen. Bei ernsthaften Erkrankungen und sonstigen Notfällen hingegen muß der Tierarzt ohnehin bemüht werden.

Gerade in solchen Notsituationen kann der Reiter und Pferdehalter in der Zwischenzeit einiges tun, um Schäden und Schmerzen von seinem Tier abzuwenden. Und gerade dafür sind in den seltensten Fällen geeignete Materialien vorhanden. Erfahrungsgemäß werden besonders innere Erkrankungen und Verletzungen jeder Art bei Pferden zu Notfällen. Daher sollte die Stallapotheke folgendes enthalten:

Innere Krankheiten

Innere Krankheiten kann der Laie nicht behandeln. Um die Situation im Zweifelsfall aber besser einschätzen zu können (s. S. 8 f.), sollten vorhanden sein:

- **Digitalthermometer**, zur Erfassung der Körpertemperatur
- **Stethoskop**, zum Messen der Herz- und Atemfrequenz

Äußere Verletzungen

Verletzungen jeder Art, besonders an den Beinen, bedeuten Blutverlust und Wundinfektionen (s. S. 16 ff.). Die Abdeckung mit einem Verband ist daher bis zum Eintreffen des Tierarztes wichtig. Die benötigten Verbandstoffe müssen pferdegerechte Größen haben und leicht zu verarbeiten sein. Es ist eine gefährliche Fehleinschätzung, daß Laien in dramatischen Notfällen, etwa bei einer lebensbedrohlichen Blutung, kunstvolle Bandagierungen knüpfen oder mit alltäglichen Hilfsmitteln zügig improvisieren könnten.

Pferdegerechte Verbandstoffe können über Tierarztpraxen oder den Fachhandel erworben werden. Der Preis ist recht hoch, steht aber in keinem Verhältnis zu den vermehrten Tierarztkosten durch eine mangelhafte Erste Hilfe. In Stallgemeinschaften bietet sich ein gemeinsamer Notfallkoffer an.

Achtung!

Der Inhalt eines Autoverbandkastens ist für die Versorgung größerer Wunden am Pferd völlig unzulänglich.

Verbandstoffe

- Mehrere **sterile Wundabdeckungen**, nicht fusselnd und nicht mit der Wunde verklebend, etwa 10 x 20 cm groß (Cutinova, Metalline, Zetuvit).
- **Polstermaterial:** Es reicht beliebige Verbandwatte in etwa 40 cm hohen Rollen, praktischer ist aber beidseitig mit Gaze bespannte Verbandwatte (Verbandmull, Mullkompresse), die nicht fusselt (Equimoll, Mullkompresse für Pferde).

  Achtung!

  Kein Verband am Pferdebein ohne Polsterung (Abschnürgefahr, schwerste Gewebeschäden)!
- Einige Verbandbinden, etwa 10 cm hoch, elastisch, selbsthaftend (!) (Coheban, Pehahaft, Vetflex, Vetrap)
- **Gewebeklebeband:** flexibel, auch auf feuchtem Fell und Hufen haftend, ca. 5 cm breit (Fermoflex, Leukoplast)

Ergänzung

Schere, zum Schneiden der Verbandstoffe
Nasenbremse, mit dickem Strick, macht alle Arbeiten an den Beinen unzuverlässiger Pferde sicherer.

Wichtig!

Desinfektionsmittel und Medikamente werden für die Erste Hilfe grundsätzlich nicht benötigt (zwei Ausnahmen: s. entsprechende Textstellen). Sie können die Wundheilung verzögern oder das Bild für den behandelnden Tierarzt zum Nachteil des Pferdes verschleiern.

Wanderrittausrüstung

Eine selbsthaftende Bandage und ein fertig zugeschnittenes Stück Verbandmull (sollte für etwa drei Lagen um ein Pferdebein reichen) mit einer sterilen Wundabdeckung in einer sauberen Tüte in der Satteltasche mitführen. Kleinere bis mittlere Wunden werden damit bis zur Ankunft des Tierarztes, die sich gerade in fremder Umgebung verzögern kann, abgedeckt. Mit den Verbandpäckchen mehrerer Reiter können sogar große Wunden versorgt werden, auch bei Menschen.

Zur Gesundheitskontrolle steckt man außerdem ein Thermometer und ein Stethoskop ein.

Anmerkung

Verwendung der Verbandstoffe: unbedingt s. S. 16 ff. lesen. Mit den angegebenen Produkten liegen mir Erfahrungen vor, sonst auf **vergleichbare** Qualität achten.

Wunden und Verbände

Pferde verletzen sich ausgesprochen oft, vor allem an den Beinen. Außerdem sind sie für Wundinfektionen besonders anfällig. Daher ist es häufig erforderlich, Verbände anzulegen.

Als harmlos gelten bei einem gegen Tetanus geimpften Pferd in der Regel nur kleine Schrammen, die nicht durch die Oberhaut dringen und ohne Verschmutzung sind (s. S. 90 f.). Nur solche kann man einfach an der Luft ausheilen lassen.

Achtung!

Verschlechtert sich das Aussehen der Wunde oder deren Umgebung an den Folgetagen, treten Entzündungen, Lahmheiten oder Schwellungen auf, ist der Tierarzt umgehend zu verständigen.

Alle anderen Wunden bringt man umgehend unter einen Verband und verständigt sicherheitshalber den Tierarzt. Auch kleine, unspektakuläre Wunden brauchen Schutz vor Infektionen. Dies lohnt sich in jedem Fall auch dann, wenn die Wartezeit auf den Tierarzt nur kurz ist. Durch den Wundkanal dringen immer mehr Keime in den Körper, besonders an den verschmutzungsgefährdeten Beinen. Dort sind auch besonders viele sensible Bereiche in der Tiefe, etwa Sehnenscheiden, Gelenke, Nerven und Blutgefäße. Deren Beeinträchtigung erkennt nur der Tierarzt.

Neben dem Schutz vor Verschmutzung hält der Verband die Wunde feucht und verhindert das Anschwellen der Ränder. Die spätere Wundnaht wird dadurch wesentlich vereinfacht. Außerdem bewirkt eine Ruhigstellung von Wunde und Umgebung, daß der **Schmerz** nachläßt und das Pferd sich wohler fühlt.

Auch kleinste Wunden können zur Eintrittspforte für **Tetanuserreger** (s. S. 136 f.) oder **Einschuß** (s. S. 66 f.) werden. **Wichtig:** Trotzdem sollten keine Desinfektionsmittel angewendet werden. Sie reizen das Gewebe, behindern die Wundheilung und können empfindliche Tiefenschäden setzen.

Sind sie farbig, wird die Wunde überdies für die anschließende Beurteilung durch den Tierarzt unübersichtlich. Ebenfalls werden keine Salben vor der Beurteilung durch den Tierarzt aufgetragen.

Wundreinigung ist nur bei starken Verschmutzungen sinnvoll, **nie** bei frischen, sauberen Wunden. Diese berührt man nicht, sondern verbindet sie sofort steril. Eine dennoch vor Anlegen des Verbandes erforderliche Reinigung wird mit Trinkwasser, am besten aus dem Wasserschlauch, vorgenommen. Seifen und schmutzige Finger haben in der Wunde hingegen nichts zu suchen.

Wichtig!

Wenn die Wunde stark geblutet hat, läßt man sie trotz Verschmutzung natürlich ganz in Ruhe und verbindet sofort. Die richtige Erstversorgung der Wunde entscheidet wesentlich über den Erfolg der tierärztlichen Maßnahmen und damit über die Gesundheit des Pferdes.

Verbände lassen sich mit benutzerfreundlichen Materialien auch von Laien an fast allen Stellen des Pferdekörpers problemlos anbringen.
Unbedingt schon vor dem Notfall üben!

Verbände bestehen aus drei Lagen (genaue Beschreibung der Verbandstoffe siehe S. 14 f.):

- Zuunterst eine **sterile Wundabdeckung**, die nicht fusselt oder klebt; diese legt man direkt auf die Wunde.
- Darüber reichlich **Polstermaterial** anbringen, beispielsweise drei Lagen Verbandwatte. Die bessere Alternative zur Verbandwatte ist Verbandmull, eine allseitig mit Gaze umhüllte Watte, die nicht mehr fusseln kann.

Wichtig!

Verbände an Pferdebeinen müssen großzügig gepolstert werden. Vor allem in der unteren Hälfte des Beines liegt die Haut dem Knochen ohne Schutz durch Muskulatur fast direkt auf und kann daher absterben, wenn der Verband nicht gepolstert wird.

- Über Polsterung als äußere Hülle des Verbandes eine oder mehrere **Bandagen** wickeln. Diesem Teil des Verbandes kommt große Bedeutung zu: Nur eine elastische und vor allem selbsthaftende (!) medizinische Bandage (Verbandbinde) kann auch in einer hektischen Situation, an einem unruhigen Pferd und mit mangelnder Übung angelegt werden, ohne gleich wieder abzurutschen und die Wunde erneut freizugeben. Mit einer üblichen Stallbandage oder billigen Leinenbinden kann der Laie dies im Ernstfall nicht leisten.

- Flexibles Gewebeklebeband kann den Verband bei Bedarf nach außen verstärken oder, etwa bei Hufverbänden, nach unten gegen Nässe isolieren. Auch zur kurzen Fixierung von steriler Wundabdeckung oder Polstermaterial nützlich. Vorsicht: Auch das Klebeband darf nicht abschnüren.

Folgende Grundverbände sind wichtig:

Hufverband

(bei Nageltritt, Hufabszeß, Hufrehe)

Verbandwatte doppelt legen, darüber selbsthaftende Bandage anbringen, den sohlenwärtigen Verbandabschnitt mit Klebebandstreifen verstärken. Zieht man diesen Verband weiter hoch und legt ihn etwas straffer an, so deckt er auch Verletzungen im Bereich von Kronsaum, Fesseln und Ballen ab. Bei offenen Wunden fusselfreien Verbandmull verwenden!

Hufverband

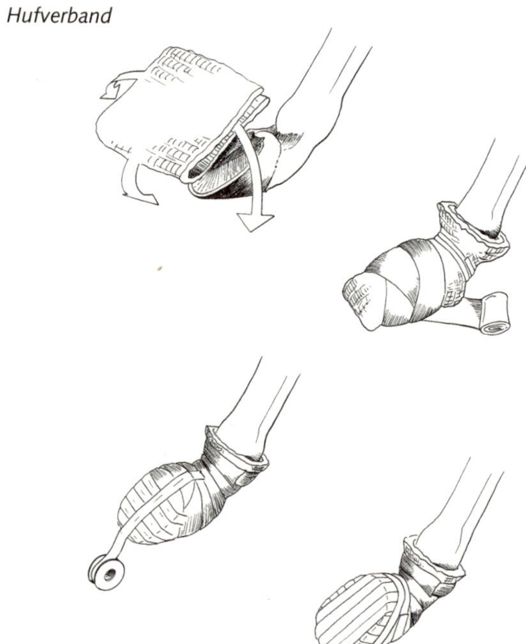

Wunde mit steriler Wundabdeckung abdecken, zwei bis drei Lagen Polstermaterial darüberbringen **(kein Verband am Pferdebein ohne Polsterung!)**, mit selbsthaftenden Bandagen befestigen: Mit einigen Bindetouren von oben nach unten den Verband fixieren, dann von unten nach oben mit sich halb überschneidenden Wicklungen sorgsam aufbauen, Polstermaterial oben und unten etwa 2 cm überstehen lassen.

Grundsätzlich gilt: Bei geringer Blutung arbeitet man steril und benutzt einzeln verpackte Wundabdeckungen. Bei schwerer Blutung (Blut im Strahl oder in breitem Strom rinnend) ist aber Geschwindigkeit wichtiger. Dann mehr Polstermaterial (Verbandmull, keine fusselnde Watte!) nehmen, ohne sterile Wundabdeckung direkt auf die Wunde legen, die selbsthaftende Bandage sehr fest anziehen. Bei Durchbluten des Verbandes diesen nicht von der Wunde entfernen, sondern besser einen weiteren sehr stramm darüber legen. Nach einigen Minuten bildet sich an der Innenseite des Verbandes fast immer eine blutstillende Schicht aus geronnenem Blut.

Auch bei schwersten Blutungen bleibt noch Zeit, über die effektivste Vorgehensweise nachzudenken und sich selbst oder andere Helfer zu sichern (s. S. 10 ff.): Ein erwachsenes Großpferd kann ohne Schaden fünf bis sieben Liter Blut verlieren.

Beinverband, tief
(Standardverband)

Abbinden einer Gliedmaße ist wegen zweifelhafter Wirksamkeit, starker Schmerzen für das Pferd und Hufprittgefahr für den Helfer nicht empfehlenswert.

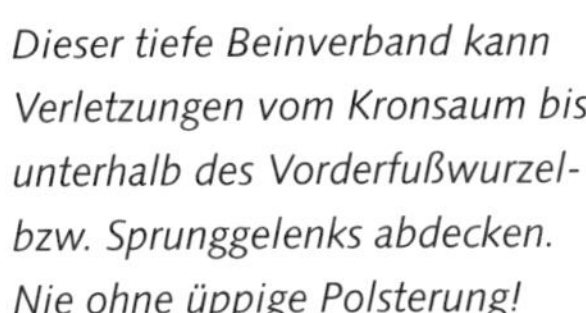
Dieser tiefe Beinverband kann Verletzungen vom Kronsaum bis unterhalb des Vorderfußwurzel- bzw. Sprunggelenks abdecken. Nie ohne üppige Polsterung!

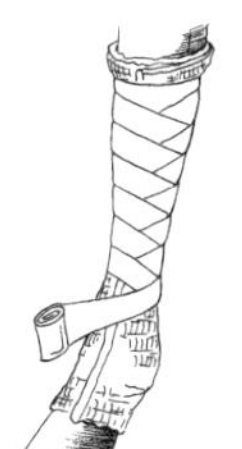
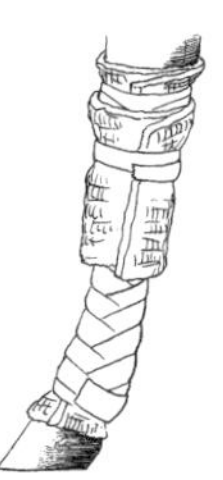
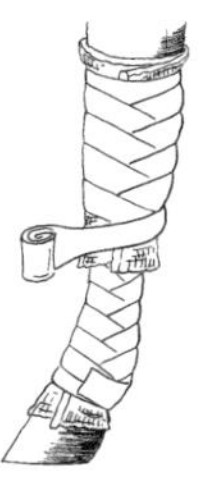
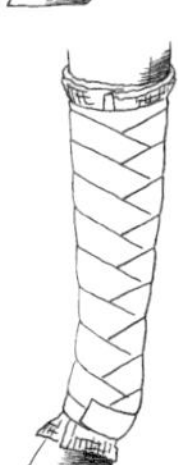

Der Verband läßt sich durch weitere Lagen beliebig nach oben ausdehnen. Vorderfußwurzel- bzw. Sprunggelenk doppelt polstern!

Beinverband, hoch
(Vorderfußwurzel- oder Sprunggelenk)

Verletzungen im oberen Beinbereich auf die gleiche Weise behandeln, gegen Abrutschen des Verbandes und zur Verhinderung von Schwellungen im unteren Beinbereich zuvor zügig einen tiefen Verband mit Watte und Bandage als Abstützung anlegen.

Vorderfußwurzel- und Sprunggelenk müssen zusätzlich gepolstert werden (Fersenhöcker, Erbsbeine). Für diesen Verband benötigt man mehrere selbsthaftende Bandagen, weitere Befestigung mit Klebeband kann vorteilhaft sein.

Knochenbruchverdacht

Besteht der Verdacht auf einen Knochenbruch am Bein, legt man von oben über die beschriebenen Verbände (mit **doppelter** Polsterung wegen der Druckgefahr) eine geeignete Schiene, etwa ein Stück Holz, und befestigt diese mit zahlreichen Windungen Klebeband (mindestens 30). Die Schiene sollte sich ein, besser noch zwei Gelenke höher erstrecken als der vermutete Bruch. Die Oberkante der Schiene wird besonders unterpolstert.

Achtung!

Dieser Verband ist eine Notlösung und nur mit ausreichender Polsterung durchführbar, sonst überwiegt der Schaden den Nutzen. In jedem Fall ist es besser, das Pferd bis zum Eintreffen des Tierarztes nur absolut ruhigzustellen. Der Tierarzt kann das Bein für einen erforderlichen Transport zur Klinik erheblich besser fixieren.

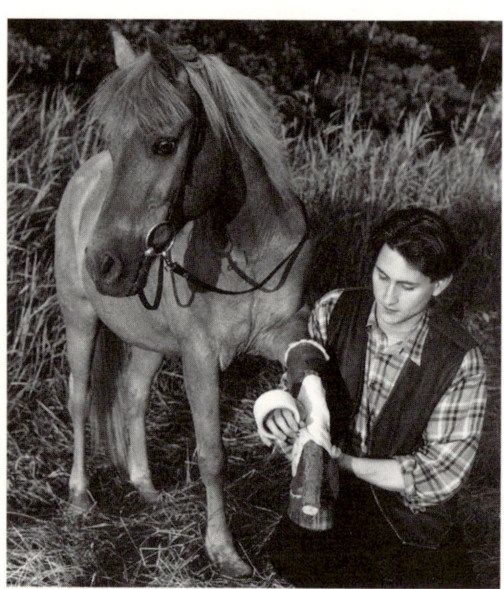

Bei Verdacht auf einen Bruch: Pferd absolut ruhigstellen, auf den Tierarzt warten. Selber schienen: Nur im äußersten Notfall! Nur wenn genug Polstermaterial vorhanden ist.

Kopfverband

(für alle Augenverletzungen, Kopfwunden)

Aus fusselfreiem Verbandmull eine Maske mit Sehloch für das gesunde Auge schneiden, mit selbsthaftenden Bandagen befestigen. Bei blutenden Lidwunden den Verbandmull mit Trinkwasser anfeuchten, um Verklebungen zu verhindern.

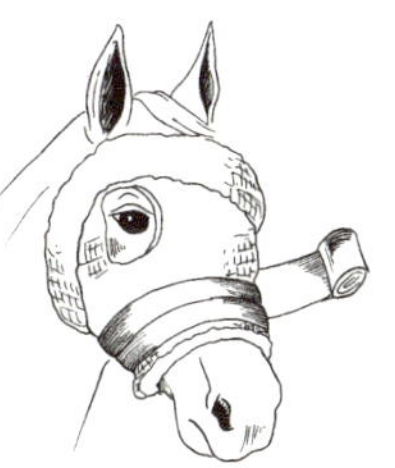
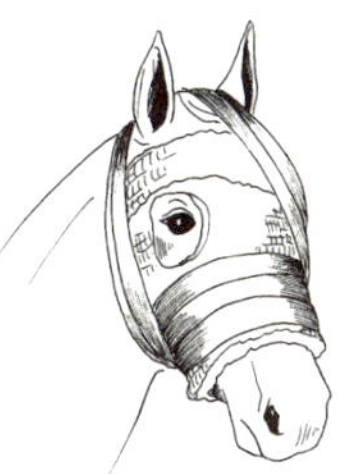

Kopfverband: Vorsicht vor Abschnürung am Ohrgrund.

Vorsicht!

Der Verband darf nicht am Ohrgrund abschnüren. Es ist reichlich Polsterung zu verwenden, anderenfalls kann eine Lähmung der Gesichtsnerven (Fazialislähmung) entstehen.

Rumpf und Hals

Aus Rumpfwunden vorfallende Eingeweide werden sofort mit einem sauberen Bettuch oder Handtuch umhüllt und vom Boden weggehalten.

Mit genügend Verbandmaterial lassen sich auch an Hals und Rumpf Verbände anbringen. Hilfreich können auch Stalldecken und Deckengurte sein, um eine Wundabdeckung zumindest provisorisch vornehmen zu können. Bluten sie sehr stark oder sind ausgedehnte Wundhöhlen entstanden, tamponiert man diese mit Verbandmull oder notfalls mit einem sauberen Tuch aus.

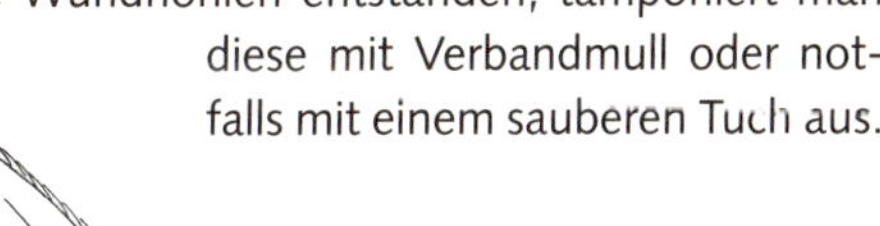

Auch große Wunden am Rumpf können mit entsprechendem Material bis zum Eintreffen des Tierarztes provisorisch versorgt werden – der Auto-Verbandkasten wird dafür allerdings nicht ausreichen!

Gefahrenquellen erkennen und beseitigen

Krankheiten und Unfällen kann man nicht allein durch optimale Fütterung, Haltung und Bewegung sowie durch Impfungen und Entwurmungen begegnen. Es gilt auch, den Lebensraum des Pferdes, also Stall, Paddock, Auslauf, Weide und Reitplatz, kritisch auf Gefahren zu durchleuchten.

Gebäude

- Scharfe Ecken und Kanten an Krippe, Tränke oder Halterungen, vorstehende Nägel, Türverriegelungen
- Trenngitter (so eng, daß auch der Huf des kleinsten Pferdes nicht durchrutschen kann)
- Bodenbelag (griffig, Pflaster dürfen keine Lücken oder wackelnden Bestandteile aufweisen)
- Chemikalien (besonders Holzschutz und Pestizide) sicher unterbringen
- Glasfenster, Elektroleitungen und -geräte müssen einwandfrei gesichert sein gegen Beknabbern
- Kraftfutter (besonders Trockenrübenschnitzel, aber auch Hafer) in stabiler Kiste mit schwerem Deckel und abgeschlossener Futterkammer
- Zugang zur Straße (Sicherung durch Tor oder Gatter, das von selbst ins Schloß fällt)

Weide, Paddock, Auslauf

- Sackgassen, Winkel, Engpässe (auch bei Schutzhütten und Durchgängen)
- Gerümpel oder abgestellte landwirtschaftliche Geräte (Heuwender, Traktoren, Reifen usw.)
- Im Winter kein Zugang zu gefrorenen Teichen
- Giftpflanzen und giftiger Anstrich von Anbindebalken
- Wohlmeinende Nachbarn, die Unverdauliches füttern (Aufklärung wirkt besser als Verbote!)

Zäune

- Stacheldraht (wo nicht zu umgehen, Elektrozaun in mindestens 50 cm Abstand davorspannen; besser durch dicke, glatte Drähte ersetzen, über Isolatoren geführt und unter Strom gesetzt)
- In Knotengittern (Schafzaun) können Pferdehufe hängenbleiben
- Holz (Splittergefahr)
- Draht (muß immer straff gespannt sein)
- Elektrodraht allein: nur zweifach und gut sichtbar (Breitband); bei Stromausfall Gefahr des Ausbruchs.

Temperamentvolle, große, schwere und unsensible oder dickbemähnte Pferde sowie solche im Fohlenalter und in großen Herden muß man stärker absichern als ruhige, alte Tiere. Entscheidend ist auch, ob sie regelmäßig Weidegang haben oder sich nur ganz selten, dann aber mit geballter Kraft austoben.

Wird das Gras knapp oder die Tränke nicht rechtzeitig aufgefüllt, steigt der Wandertrieb stark an. Schwierig ist es oft auch, Pferde mit sehr unterschiedlichem Stockmaß sowohl am Überspringen als auch am Unterkriechen des Zauns zu hindern.

Mit der Umzäunung von Paddocks und Ausläufen muß man besonders vorsichtig sein. Die Pferde können sich hier lange mit der Einfriedung beschäftigen und entwickeln oft eine erhebliche Ausbruchsenergie. Zudem sind die Verhältnisse bei Gruppenhaltung beengter als auf der freien Weidefläche. Die Ergänzung durch E-Draht ist hier vorteilhaft.

Einige Versicherungen machen ihren Haftpflichtschutz von besonderen Anforderungen an die Beschaffenheit der Zäune und Tore abhängig. Rechtzeitig erkundigen!

Stacheldraht hat auf Pferdeweiden nichts zu suchen. Zumindest müssen die Pferde mit davorgespanntem E-Draht auf etwa 50 cm Abstand gehalten werden.

Erste Hilfe für Reiter

Wenn Menschen im Reitsport verletzt werden, geschieht dies in den meisten Fällen auf dem Boden, also im **Umgang** mit dem Pferd. Spektakuläre Stürze sind dagegen seltener.

Wie in jeder Sportart treten auch beim Reiten bestimmte gesundheitliche Risiken gehäuft auf. Dabei stehen Verschleißerscheinungen im Vergleich zu den meisten anderen Sportarten im Hintergrund, während die **unfallbedingten Verletzungen** den Hauptteil der Schäden ausmachen. Die Unfallhäufigkeit ist im Reitsport relativ gering, der Anteil der Schwerverletzten, Getöteten und Invaliden darunter ist aber so hoch wie bei kaum einer anderen Freizeitbeschäftigung.

Der Grund liegt darin, daß alles, was ein Pferd tut, von enormen Kräften begleitet wird. Der Tritt eines kleinen Ponys entwickelt bereits genug Schlagenergie, um bei erwachsenen Menschen lebensbedrohliche Organverletzungen hervorzurufen.

Jeglicher Umgang mit Pferden erfordert daher große **Sorgfalt** und hohes Verantwortungsbewußtsein. Obwohl sie vergleichsweise weniger Zeit mit Pferden verbringen, werden unerfahrene Pferdehalter und Reiter sehr viel häufiger Opfer von Reitsportunfällen als professionelle „Pferdemenschen“.

Trifft die mangelnde Erfahrung des Reiters zusätzlich auf schlecht ausgebildete, durch nicht sachgemäße Haltung und Pflegemängel verhaltensgestörte Pferde, wird das Risiko noch größer. Artgerechte Haltung und eine gute, rücksichtsvolle Reitweise sind nicht nur ein Gebot des Tierschutzes, sondern überdies eine gute Versicherung des Reiters vor Schäden an Leib und Leben.

Bewußtlose sollten in die stabile Seitenlage verbracht werden, sofern keine Wiederbelebung aufgrund von Herzversagen oder Atemstillstand erforderlich ist.

Neben wenigen vorsätzlich aggressiven Attacken werden Menschen **versehentlich** zum Opfer, weil sie zwischen sich streitende Vierbeiner oder in unerwartete Schreckreaktionen ihrer Pferde geraten. Hier treten neben Prellungen und Brüchen an Beinen und Rippen auch schwere, zunächst äußerlich nicht erkennbare innere Verletzungen mit Verblutungsgefahr auf. Es handelt sich um zumeist stumpfe Traumen mit erheblichen Gewebeschäden. Tritt ein Pferd einem Menschen auf den **Fuß**, so kann dies gerade bei beschlagenen Pferden mit Blutergüssen und Quetschungen einhergehen. **Feste Schuhe** sind im Umgang mit Pferden ein einfacher, aber effektvoller Schutz.

Bisse

Bisse von Pferden erfolgen hingegen quetschend. Dabei werden Bindegewebe, Muskulatur und Nerven in der Tiefe zerstört. Werden tatsächlich Gliedmaßen in Verwechslung mit Futter abgebissen, muß das Amputat unbedingt aufgehoben und in einer möglichst sterilen Verpackung (Wundabdeckung, sauberes Taschentuch) mit in die versorgende Klinik gebracht werden.

Engpässe

Eine weitere Quelle für Unfälle ist das Durchschreiten von **Engpässen**, etwa Stall-, Boxen- und Hallentüren, Pferdehänger, Koppeltore und Straßensperren. Wird der Mensch neben dem Pferd gehend dabei eingequetscht, kann er sich schwere innere Verletzungen, Rippen- und Beckenbrüche zuziehen. Beim Reiten sind Knie und Füße besonders gefährdet. Auch sollte man sich seiner Höhe bewußt sein, um empfindliche **Gesichts- und Kopfverletzungen** zu vermeiden. Solche Verletzungen entstehen auch durch plötzliche Kopfbewegungen des Pferdes vom Boden aus oder beim Hochwerfen des Kopfes während des Reitens.

Stürze

Bei Stürzen vom Pferderücken ist der Schlüsselbeinbruch ein typisches Resultat. Außerdem muß immer mit schwersten Prellungen und ausgekugelten Handwurzel- und Schultergelenken gerechnet werden.

Für alle Hilfeleistungen gilt die Grundregel: Erst schauen, dann denken, dann Hand anlegen.

Die Versorgung erfolgt nach den Prinzipien der Ersten Hilfe für Unfallopfer im Straßenverkehr unter der speziellen Berücksichtigung reitsportlicher Besonderheiten.

Materialien Die Materialien für eine Erste Hilfe an verunglückten oder verletzten Menschen findet man im Verbandkoffer des Autos und in der Regel in jeder größeren Reitanlage. Es ist durchaus sinnvoll, sich über den Aufbewahrungsort eines solchen Erste-Hilfe-Kastens vorsorglich zu informieren und einmal einen Blick hinein zu werfen. Grundsätzlich können hier auch die im Kapitel „Notfallapotheke" besprochenen Verbandstoffe eingesetzt werden. Bei kleinen äußeren Wunden sind sie für den Menschen gelegentlich überdimensioniert, für schwere Verletzungen, insbesondere für blutende Wunden, Verstauchungen und zur Versorgung von Brüchen jedoch in vielen Fällen überlegen.

Äußere Wunden Äußere Wunden werden steril abgedeckt und mit einem Verband oder Dreiecktuch fixiert. Fremdkörper aller Art und Größe verbleiben immer in der Wunde, um deren Beurteilung für die chirurgische Endversorgung zu ermöglichen.

Nach Huftritten oder Stürzen muß man immer an Verletzungen in der Tiefe denken und eine medizinische Untersuchung folgen lassen. Solche Patienten werden bis zur Endversorgung genau beobachtet. Setzen Blässe, kaltschweißige Haut und erhöhter Ruhepuls ein (über 60 bis 80 Schläge pro Minute), besteht dringender Verdacht auf ein lebensbedrohliches **Schock** Schockgeschehen. Eine wesentliche und simple Maßnahme ist dann das Hochlagern der Beine des Verletzten, um die Blutreserven aus dem Beinbereich zu mobilisieren. Außerdem sollte man den Patienten warm eindecken, ihn beruhigen und durch Ansprache bei Bewußtsein zu halten versuchen.

Gelenke Sind Gelenke in Mitleidenschaft gezogen worden, etwa Bänder überdehnt oder gerissen, Gelenke ausgekugelt, kann man die betroffene Gliedmaße durch ein Dreiecktuch, besser noch mit mehreren selbsthaftenden Bandagen, provisorisch ruhigstellen.

Bruch Einen Bruch versorgt man durch Ruhigstellung der Gliedmaße in der vorgefundenen Lage mit einem Dreiecktuch oder mehreren Bandagen, eine Schienung überläßt man dem Rettungspersonal. Offene Brüche werden mit einer sterilen Abdeckung versorgt.

Kreislauf

Ohnmachtsanfälle, Hitzschlag und andere Kreislaufprobleme werden wie üblich durch Hochlegen der Beine, Frischluftzufuhr und gegebenenfalls durch Wasserkühlung behandelt. Außerdem bietet man den Patienten Flüssigkeit an, wenn sie bei Bewußtsein sind.

Ohnmacht

Bei Bewußtseinsverlust besteht die Gefahr einer Verlegung der Atemwege durch Zurückfallen der Zunge oder Aspiration (Einatmen) von Mageninhalt aufgrund des Erlöschens entsprechender Schutzmechanismen. Dann muß der Betroffene in die stabile Seitenlage gebracht, Atmung und Puls müssen sorgfältig überwacht werden.

Achtung!

Vermutet man nach einem Sturz aufgrund der Unfallmechanik eine Verletzung im Schädel-Hirn-Bereich oder an der Wirbelsäule, und klagt der Betroffene über Taubheitsgefühle in Armen oder Beinen oder kann diese nicht bewegen, sollte man unbedarftes Drehen, Umlagern oder Transportieren vermeiden. Trotzdem kann und muß der Helfer bei Unfallopfern mit Herz- und Atemstillstand oder der Gefahr einer Aspiration bewußtloser Patienten sofort eingreifen, da die Behebung dieser lebensbedrohlichen Störungen durch Atemspende, Herzmassage oder stabile Seitenlage Vorrang hat.

Detailkenntnisse und praktische Übungen für die Erstversorgung Verunglückter eignet man sich mit Vorteil über Kurse bei den Hilfsorganisationen an.

Immer jedoch kann ein Ersthelfer zwei Dinge tun: einen qualifizierten Notruf anbringen (Wo ist was passiert? Welche Verletzungen? Wie viele Verletzte? Warten auf Rückfragen) und das Unfallopfer einfühlsam psychisch betreuen.

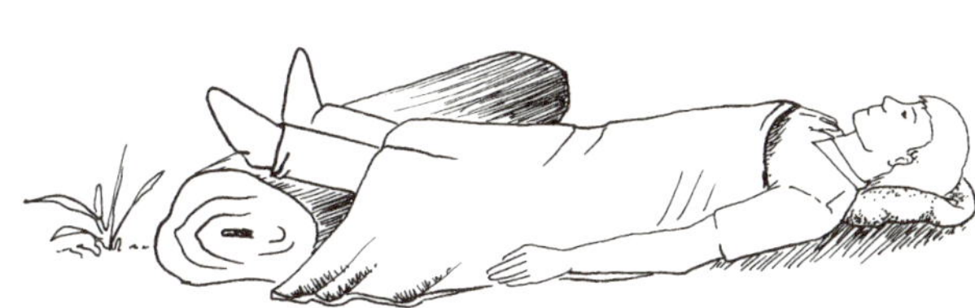

Bei Kreislaufproblemen (Schock, Ohnmacht) flach lagern, Beine hoch legen, bei niedriger Außentemperatur warm eindecken.

Die Rechtslage

Die wenigsten Reiter und Pferdehalter denken wohl in einer Notsituation mit fremden Pferden zuerst an eine zivilrechtliche Schadenshaftung oder gar an den Staatsanwalt. Trotzdem ist es sinnvoll, sich auch mit den rechtlichen Folgen der Ersten Hilfe vertraut zu machen.

Wer muß Erste Hilfe leisten?

Erleidet ein Mensch einen Unfall, eine schwere akute Krankheit oder eine Verletzung, so ist man grundsätzlich zur Hilfeleistung verpflichtet, wenn diese ohne eine unzumutbare Gefährdung der eigenen Gesundheit vorgenommen werden kann.

Bei Pferden gilt dieser Grundsatz nur für Situationen, in denen eine schnelle Hilfe durch den Besitzer oder Obhüter des Tieres nicht zu erwarten ist und das Eingreifen des Helfers dem Pferd schwere und langdauernde Qualen erspart. Zugleich muß die Hilfe ohne eine Gefährdung der eigenen Sicherheit möglich sein.

Eine besondere Regelung gilt allerdings für Personen, die mit fremden Pferden **gewerblichen** Umgang haben, etwa Reitstallbesitzer, Reitlehrer, Ausbilder oder Betreiber einer Deckstation. Sie sind als Obhüter der Pferde zur Ersten Hilfe **verpflichtet**.

Außerdem gehört es zur erforderlichen Sorgfalt ihrer Berufspflichten, den Dimensionen eines Pferdes entsprechende Verbandstoffe bereitzuhalten. Mit dem Verweis auf ein Verbandpäckchen für Menschen ist der genannte Personenkreis in Haftungsfragen nicht entlastet.

Wer haftet für Schäden durch falsche Erste Hilfe?

Entschließt sich ein Laie zur Erste-Hilfe-Leistung an einem verunglückten **fremden** Pferd und verursacht durch eine Fehlbehandlung einen gesundheitlichen Folgeschaden, so haftet er dafür **nicht**. Dabei ist es gleichgültig, ob er vom Besitzer oder Hüter des Pferdes zur Hilfeleistung aufgefordert wurde oder die Erste Hilfe in Abwesenheit des Besitzers vorgenommen hat, um diesem und seinem Pferd zu helfen (Geschäftsführung ohne Auftrag). Ausnahmen sind natürlich Vorsatz und grobe Fahrlässigkeit.

Er haftet sogar dann nicht, wenn er sich zu der nachweislich falschen Einschätzung hinreißen läßt, eine Nachuntersuchung durch den Tierarzt sei nicht erforderlich. Es obliegt immer dem Obhüter des Pferdes, einen Tierarzt zu befragen und sich nicht allein auf die Erste Hilfe eines Laien zu verlassen.

Auch gegen einen **Tierheilpraktiker** kann der Pferdehalter im Falle eines Behandlungsfehlers bei der Ersten Hilfe keine Ansprüche geltend machen, weil er eine für diese Anforderungen nicht ausreichend kundige Person zur Behandlung seines Pferdes ausgewählt hat.

Wer kommt für die Kosten der Ersten Hilfe auf?

Das Anlegen umfangreicher Verbände an verletzten Pferden kann wegen der speziellen Verbandstoffe sehr teuer werden. Der Helfer hat einen Rechtsanspruch auf den **Ersatz von Auslagen** für seine Maßnahmen an fremden Pferden. Dieser Anspruch gilt auch dann, wenn der Helfer wegen Abwesenheit des Besitzers diese Maßnahmen in sinnvollem Umfang ungefragt eingeleitet hat. Er mußte davon ausgehen, daß der Besitzer an einer Versorgung seines Pferdes grundsätzlich interessiert ist.

Kann man die Leistung der Ersten Hilfe für Pferde ablehnen?

Gerade bei unerzogenen und gefährlichen Pferden stellt sich die berechtigte Frage, ob etwa die Versorgung von Wunden an den Beinen für Laien nicht zu gefährlich ist. Auch kann die Verletzung so kompliziert und unübersichtlich sein, daß sich der Helfer überfordert fühlt. In diesen Fällen ist man **nicht** zur Leistung von Erster Hilfe verpflichtet, auch dann nicht, wenn das Tier offensichtlich große Schmerzen erleidet.

Auch ein **Tierarzt** kann die Behandlung eines aggressiven Pferdes **ablehnen**, wenn das Verhalten des Tieres und die Kompetenz und Anzahl der Hilfspersonen offensichtlich eine unverhältnismäßige Gefährdung der eigenen Gesundheit darstellen. Dies gilt auch für lebensbedrohlich erkrankte Pferde.

Wer haftet für Personenschäden bei der Ersten Hilfe?

Hier muß unterschieden werden:

Leistet man einem verletzten Pferd Erste Hilfe, **ohne** von dessen Besitzer oder dem Obhüter des Pferdes dazu aufgefordert worden zu sein, und wird der Helfer dabei verletzt, so trägt er diese Folgen selbst.

Wurde man dagegen ausdrücklich um Hilfe **gebeten**, so haftet der Besitzer des Pferdes beziehungsweise dessen Haftpflichtversicherung für Verletzungen des Helfers.

Grenzfälle sind in diesem Bereich möglich, wie das folgende **Beispiel** zeigt: Pferde waren aus einer Weide ausgebrochen, ein Unbeteiligter fing ein Pferd ein und erlitt dabei erhebliche Verletzungen.

Seine Ansprüche an den Halter der Pferde wurden vom Gericht anerkannt. Dies aber nicht, weil er dem Besitzer helfen und das Pferd retten wollte, sondern weil er Unbeteiligte schützen wollte, die auf der nahegelegenen Landstraße mit Pkw unterwegs waren.

Fazit: Zur Ersten Hilfe an fremden Pferden ist niemand gesetzlich verpflichtet. Der Obhüter eines Pferdes (Stallbesitzer, Reitlehrer, Pfleger und andere) ist zur Ersten Hilfe jedoch in jedem Falle verpflichtet, weil er Sorge und Betreuung für das Pferd vertraglich übernommen hat. Für Fehler bei der Ersten Hilfe an fremden Pferden, die nicht auf grober Fahrlässigkeit oder Vorsatz beruhen, haftet der Helfer nicht.

Diesbezügliche Bedenken dürfen also kein Grund sein, einem Pferd die dringend benötigte Hilfe zu verweigern. Begibt der Helfer sich durch nicht angeforderte Erste Hilfe an einem fremden Pferd freiwillig in Gefahr, so trägt er die Folgen eigener Verletzungen selbst. Für die bei der Hilfe geleisteten Aufwendungen hat er Ersatzanspruch gegen den Besitzer des Pferdes.

55 NOTFALLSITUATIONEN

SYMPTOME

- Auge sehr schmerzhaft, zugekniffen, Tränenfluß reichlich vorhanden
- Auge und Umgebung warm und geschwollen
- Berührungen sind unangenehm, werden mit Abwehrbewegungen beantwortet
- Größere Fremdkörper beim vorsichtigen Spreizen der Lider erkennbar

VERDACHT

Augenfremdkörperverletzung

Fremdkörper können in Lider, Bindehaut oder Hornhaut eindringen.

Häufig werden Holzstückchen der Einzäunung, Ästchen oder Stroh und Grannen gefunden. Am gefährlichsten sind Fremdkörper in oder an der Hornhaut. Wie alle Irritationen am Auge sind auch diese sehr schmerzhaft.

Meist entzündet sich das Auge stark, bei Hornhautschäden (s. S. 38 f.) kann das Augenlicht verlorengehen, wenn nicht sehr schnell die richtige Behandlung eingeleitet wird.

Findet man ein Pferd auf der Weide oder im Stall mit stark geschwollenem Auge vor, das überdies fest zusammengekniffen wird und schmerzempfindlich ist, so kann eine Untersuchung sehr schwierig werden.

Die Arbeit wird erleichtert, wenn man den Patienten zunächst in einen abgedunkelten Raum bringt und zur Untersuchung eine Taschenlampe benutzt. Kann man trotzdem nichts erkennen, so sollte kein Zwang angewendet werden. Der Tierarzt kann die Untersuchung nach leichter Sedierung sehr viel schonender vornehmen.

Es sollten keine Augensalben eingebracht werden, da eine falsche Auswahl den Verlauf der Krankheit negativ beeinflussen kann. Dies gilt besonders bei Verletzungen der Hornhaut, für die eine spezielle Therapie mit ausgewählten Salben erforderlich ist, deren Kombination nur vom Tierarzt beurteilt werden kann.

Verwechslung: **Mit Hornhautverletzung (s. S. 38 f.), Bindehautentzündung (s. S. 36 f.), Periodischer Augenentzündung (s. S. 46 f.). Die Symptome sind aber meist recht deutlich und verlangen daher immer nach einem Besuch des Tierarztes.**

MASSNAHMEN

- Vorsichtiges Spreizen der Lider bringt Fremdkörper oft spontan zum Vorschein.
- Entfernung durch tupfende Bewegungen mit dem Zipfel eines sauberen Tuches nach innen, also in Richtung der Nüstern.
- Befindlichkeit des Pferdes muß sich innerhalb der nächsten Stunden deutlich bessern, sonst hat man etwas übersehen und sollte den Tierarzt zu Rate ziehen.
- Ist der Fremdkörper eingespießt, überläßt man seine Entfernung dem Tierarzt!

WAS BRAUCHE ICH?

- sauberes Taschentuch

Vorsicht!

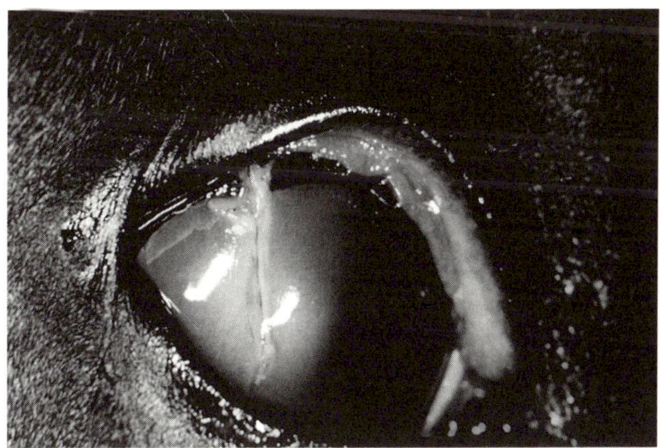

Fremdkörper (hier ein Strohhalm) in der Hornhaut bedeuten Erblindungsgefahr.

SYMPTOME

- **Blutungen der Augenlider oder der Augenumgebung**
- **Augenlid geschwollen und warm**
- **Gelegentlich zugekniffenes Auge**

VERDACHT

Augenlidwunde

Lidwunden treten meist am Lidrand auf. Sie entstehen durch Verletzungen an vorstehenden Ästen, Nägeln oder Drähten. Auch aus diesem Grund ist Stacheldraht keine geeignete Einzäunung für Pferdeweiden.

Wenn sich der Schaden nur auf das Augenlid, nicht aber auf die Hornhaut erstreckt, werden bei baldigem Vernähen der Wunde meist gute Heilerfolge erzielt.

Voraussetzung ist aber, daß die Verletzung in der Zeit bis zur Endversorgung entsprechend gehandhabt wird. Die Wundränder dürfen nicht austrocknen, eine Verschmutzung durch Insekten und Staub ist unbedingt zu vermeiden. Außerdem muß man darauf achten, daß sich der Patient nicht an dem Augenlid scheuert. Das Einbringen von Salben hat keinen Zweck, die Anwendung desinfizierender Mittel ist am Auge gefährlich.

Auch bei auf den ersten Blick nur geringen Verletzungen des Lides empfiehlt sich eine Kontrolle durch den Tierarzt, weniger aufgrund der äußeren Wunde, sondern vielmehr wegen der Gefahr unerkannter Hornhautdefekte.

Alle stark geschwollenen Verletzungen der direkten Augenumgebung müssen ebenfalls genauestens kontrolliert werden. Hier ist das Auge selbst oft mitbetroffen. Wenn solche Wunden durch Huftritte entstanden sind, kann die knöcherne Einbettung des Auges beschädigt sein.

Eine verschleppte Lidrandwunde verheilt unter Narbenbildung und läßt eine unsymmetrische Lidkante zurück. Diese kratzt dann bei jedem Wimpernschlag über die Hornhaut des Auges. Folgeschäden bis zur Erblindung sind vorprogrammiert.

Verwechslung: **Es ist darauf zu achten, ob neben der Lidwunde auch zusätzlich Verletzungen der Hornhaut (s. Seite 38 f.) vorliegen.**

MASSNAHMEN

- Verletzungen des Augenlides schnellstens tierärztlich versorgen lassen.
- Bis zum Eintreffen des Tierarztes das Pferd, besonders bei Gruppen- oder Weidehaltung, unter Aufsicht stellen
- Scheuern verhindern!
- Verbringen in eine abgedunkelte Box kann bei heller Sommersonne und Hitze erleichternd wirken.
- Sofortmaßnahme ist ein Kopfverband mit nicht fusselndem Polstermaterial (s. S. 21). Dabei für das gesunde Auge ein Sehloch freilassen. Der der Wunde aufliegende Polsterbereich wird mit Trinkwasser angefeuchtet, damit er nicht verklebt.

WAS BRAUCHE ICH?

Kopfverband:

- Verbandmull
- Schere
- selbsthaftende Bandagen

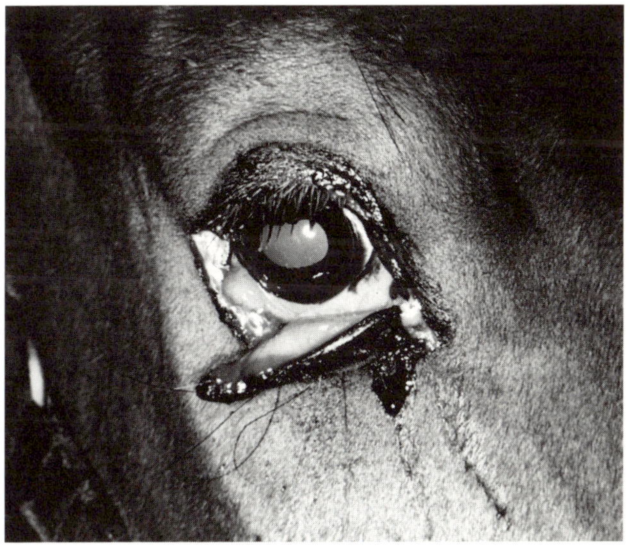

Verletzungen des Augenlides müssen bald genäht werden, sonst bleiben Folgeschäden zurück.

SYMPTOME

- Bindehäute eines oder beider Augen gerötet, vorquellend, geschwollen
- Zukneifen des Auges, vermehrte Wärme, Lichtscheu
- Reichlich Tränenfluß, wäßrig oder mit gelbflockigen Beimengungen
- Juckreiz veranlaßt Scheuern. Trotzdem wird Berührung und Untersuchung des Auges oft nicht toleriert.

VERDACHT

Bindehautentzündung

Die Bindehautentzündung des Auges (Konjunktivitis) hat verschiedene Ursachen. Neben einer Reaktion auf Staub und Insekten kann sie auch das Symptom von eingedrungenen Fremdkörpern, Verletzungen, bakteriellen Infektionen oder einem Anfall Periodischer Augenentzündung sein. Die Bindehautentzündung ist sehr oft Anlaß zu Fehldiagnosen!

Daraus ergibt sich, daß nur in geringgradigen Fällen, bei denen das Auge nicht zugekniffen wird und das Allgemeinbefinden des Pferdes ungestört ist, zunächst abgewartet werden kann. Dies gilt nur, wenn keine Fremdkörper oder Verletzungen zu erkennen sind. In allen anderen Fällen und bei einer Krankheitsdauer von über zwei Tagen sollte eine tierärztliche Untersuchung erfolgen.

Die Selbstbehandlung mit Resten von Augensalben aus bereits angebrochenen Tuben ist nicht empfehlenswert. Sie kann das Krankheitsbild durch den Eintrag von Keimen und Schmutz verschlimmern. Außerdem könnten versehentlich Salben mit falschen oder gefährlichen Inhaltsstoffen benutzt werden, etwa eine kortisonhaltige Salbe bei einer Hornhautverletzung. In diesem Fall kann die gut gemeinte Hilfe das Problem verschlimmern und der Erblindung des Pferdes Vorschub leisten.

Verwechslung: **Bei höhergradigen Fällen, zugekniffenem Auge, starkem Tränenfluß oder Störungen des Allgemeinbefindens besteht Verwechslungsgefahr mit Hornhautverletzung (s. S. 38 f.), Fremdkörper im Auge (s. S. 32 f.) und Periodischer Augenentzündung (s. S. 46 f.). Im Zweifelsfall möglichst bald untersuchen lassen, niemals über das Wochenende verschieben!**

MASSNAHMEN

- Verbringen in eine abgedunkelte Box, zumindest in den Schatten.
- Bei ruhigen Pferden: vorsichtige Untersuchung auf eingedrungene Fremdkörper oder Verletzungen.
- Fremdkörper, beispielsweise kleine Holzstückchen, Stroh, Heu, Grannen oder Spelzen, mit dem Zipfel eines sauberen Taschentuches vorsichtig entfernen. Nach innen wischen, in Richtung der Pferdestirn. Bei heftiger Abwehr oder unklarer Lage eines Fremdkörpers Aktion nicht wiederholen.
- Nach Entfernung Pferd noch einige Stunden im Dunkeln belassen. Wenn nicht gebessert, tierärztlich nachuntersuchen lassen.
- Bei Verletzungen an Lidern (s. S. 34 f.) oder Hornhaut (s. S. 38 f.) sowie unklaren Verletzungsursachen Tierarzt sofort benachrichtigen. Bis dahin Kopfverband (s. S. 21) mit fusselfreiem Polstermaterial anlegen.
- Scheuern verhindern, um keine Schäden an der Hornhaut (Erblindung) zu provozieren.
- Einreiben der Haut unter dem inneren Augenwinkel mit Vaseline verhindert Wundwerden durch die Tränenflüssigkeit.

WAS BRAUCHE ICH?

- sauberes Taschentuch
- ggf. Verbandstoffe:
- Verbandmull
- Schere
- selbsthaftende Bandagen

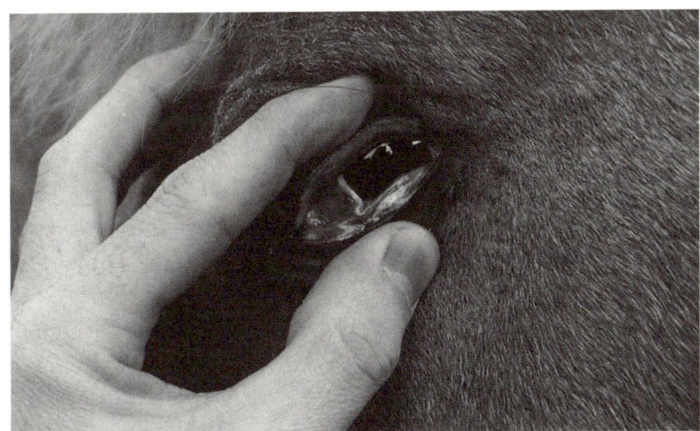

So kann man die Bindehaut und Teile der Hornhaut beurteilen.

SYMPTOME

- **Zukneifen des Auges, reichlich Tränenfluß**
- **Sehr schmerzhaft, Abwehrbewegungen bei Untersuchung**
- **Ausgeprägte Lichtscheu, Juckreiz, Scheuern**
- **Symptome offensichtlich nicht mit Lidwunde oder Fremdkörper unter den Lidern erklärbar**
- **Bei Untersuchung ist die Verletzung oft, aber nicht immer, mit bloßem Auge sichtbar.**

VERDACHT

Hornhautverletzung

Verletzungen der Hornhaut, also der äußeren Begrenzung des Augapfels, können vielfältige Ursachen haben: Fremdkörper, Drahtverletzungen und Trittwunden sind ebenso denkbar wie Kratzer durch Äste oder, was leider auch vorkommt, durch einen Gertenschlag. Immer droht der Verlust des Augenlichtes.

Bei tiefen Verletzungen, die alle Schichten der Hornhaut durchtrennen, kann dies durch direktes Auslaufen des Auges geschehen. Aber auch oberflächliche Wunden der Hornhaut sind gefährlich: Durch starken Juckreiz scheuern sich die Pferde und richten dabei weitere Schäden am Auge an.

Hat sich die Wunde zusätzlich infiziert, entwickelt sich ein tiefes Hornhautgeschwür. Auch hier droht Verlust der Sehkraft durch Auslaufen des Auges oder bleibende erhebliche Trübungen der Hornhaut.

Die Entscheidung über die Ernsthaftigkeit der Verletzung kann nur vom Tierarzt mittels spezieller Untersuchungstechniken getroffen werden. Die Ausheilung nimmt oft viele Wochen in Anspruch und dauert um so länger, je später die korrekte Therapie einsetzt. Diese besteht nicht nur in der Behandlung mit unterschiedlich zu kombinierenden Augensalben. Gerade in den ernsteren Fällen ist die zeitweilige Abdeckung des kranken Auges mit einem Verband und die Unterbringung in einer abgedunkelten Box eine der wesentlichen Maßnahmen, die der Tierarzt einleiten wird. Leider haben manche Pferdehalter für die zeitweilige „Dunkelhaft" ihres Lieblings wenig Verständnis und unterlaufen diese Anordnung. Das kann den Verlust des Auges bedeuten.

Verwechslung: **Die äußeren Symptome können von Laien mit einem Anfall Periodischer Augenentzündung verwechselt werden (s. S. 46 f.).**

MASSNAHMEN

- Hornhautverletzungen sind ein Notfall! (wie fast alle Augenerkrankungen).
- Auge sofort durch einen trockenen Kopfverband (s. S. 21 f.) mit fusselfreiem Polstermaterial abdecken, bis der Tierarzt eintrifft. Dadurch wird der Lichtschmerz gemindert und das Auge vor Scheuerwunden geschützt.
- Optimiert wird die Maßnahme durch Verbringen in eine dunkle Box.
- Hier wird der Patient notfalls so angebunden, daß er sich nicht scheuern kann, oder verbleibt besser noch unter Aufsicht.
- Keine Eigenbehandlung! Diese verzögert nicht nur die tierärztliche Untersuchung. Wenn etwa eine kortisonhaltige Salbe benutzt wird, können sich Bakterien oder Pilze explosionsartig vermehren und die Krankheit sehr verschlimmern.
- Tip: Für die schnellere Handhabung während einer tierärztlich angeordneten Salbentherapie läßt sich der Kopfverband durch eine Blende, wie sie für Galopper in der Startbox benutzt wird, ersetzen. Für das gesunde Auge muß nur noch ein Sehloch ausgeschnitten werden.

WAS BRAUCHE ICH?

- Verbandmull
- Schere
- selbsthaftende Bandagen

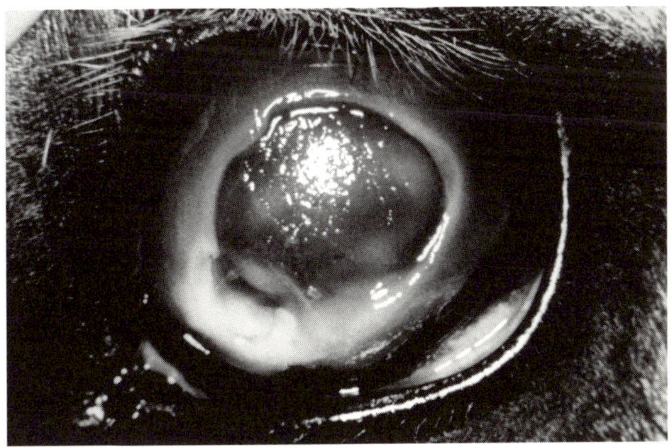

Hornhautverletzungen sind immer ein Notfall. Leicht entwickeln sich Geschwüre, Erblindung droht. Keine Eigentherapie, keine Verschleppung!

SYMPTOME

- **Lymphknoten in der Unterkiefergrube oder Ganaschengegend sind vergrößert oder schmerzhaft.**
- **Störungen des Allgemeinbefindens möglich**

VERDACHT

Lymphknotenschwellung

Geschwollene Lymphknoten sind ein Zeichen dafür, daß sich das Immunsystem mit eingedrungenen Viren und Bakterien auseinandersetzt, unter anderem durch die vermehrte Bildung bestimmter Abwehrzellen. Dabei können die Lymphknoten auch selbst infiziert und ihr Gewebe teilweise beschädigt werden.

In seltenen Fällen kommen bestimmte tumoröse Erkrankungen in Schwellungen der Lymphknoten zum Ausdruck. Hierbei sind aber zunächst nur die inneren Körperlymphknoten betroffen.

Aus der Vielzahl der Lymphknoten sind besonders die äußeren am Kopf leicht zu beurteilen: Zwischen den Unterkieferästen und in der Ganaschengegend können vergrößerte, schmerzhafte Lymphknoten der erste Hinweis auf eine Infektion sein (Druse, s. S. 124 f., Virushusten, s. S. 62 f.). Hochgradige Schwellungen verhindern ein Abbeugen des Kopfes und bewirken Schluckbeschwerden. In diesem Fall ist der Beginn einer Druseerkrankung höchstwahrscheinlich. Man sollte das erkrankte Pferd sofort von den anderen isolieren und auch dafür Sorge tragen, daß die Nachbarställe gewarnt werden.

Bei Weidepferden kann Zeckenbefall im Frühsommer die Lymphknoten anschwellen lassen. Zecken übertragen unter anderem die Borreliose, eine bakterielle Infektionskrankheit. Die Schwellung selbst wird aber meist durch unspezifische Schmutzkeime in der Wunde hervorgerufen.

Besonders bei älteren Ponys sind die Lymphknoten am Kopf oft ganzjährig geringgradig vergrößert, ohne daß eine akute Infektion vorliegt.

Verwechslung: **Es besteht Verwechslungsgefahr mit einer Entzündung der Speicheldrüsen.**

MASSNAHMEN

- Bei geringgradiger Schwellung Körpertemperatur messen.
- Wenn erhöht (über 38,0 Grad Celsius), Tierarzt rufen.
- Bei mittleren bis starken Lymphknotenschwellungen, Schmerzhaftigkeit und Allgemeinsymptomen in jedem Fall den Tierarzt rufen.

WAS BRAUCHE ICH?

- Fieberthermometer

Die äußeren Lymphknoten am Kopf liegen zwischen den Unterkieferästen und in der Ganaschengegend.

SYMPTOME

- Sekret in einer oder beiden Nüstern
- Farbe klar, weiß, gelb oder grünlich
- Konsistenz wäßrig, zäh oder brockig

VERDACHT

Nasenausfluß

Die Bedeutung von Nasenausfluß ist für Pferdehalter oft nur schwer abzuschätzen. Sie hängt unter anderem von weiteren begleitenden Symptomen ab.

Eine kleine Menge wäßriger Flüssigkeit in den Nüstern ist harmlos. Dabei handelt es sich um kondensierte Atemfeuchtigkeit und überschüssiges Augenwasser, das über den Tränennasenkanal abgeführt wird. Windiges Wetter und Arbeit bei niedrigen Außentemperaturen können diesen wasserartigen Ausfluß verstärken.

Zu Beginn einer Infektionskrankheit der Atmungsorgane wird das Sekret milchig und trübe, später gelblich durch eitrige Beimengungen. Es ist dann nicht mehr wasserartig, sondern in Abhängigkeit vom Grad der Schleimbildung in Lunge, Kehlkopf und Luftröhre schleimig und zäh. Mit diesem Sekret können Krankheitserreger auf andere Pferde übertragen werden.

Wird der Nasenausfluß dunkelgelb oder grünlich, liegt der Verdacht auf eine bakterielle Infektion nahe.

Auch versteckte oder zunächst nur geringgradige Entzündungen der Bronchien und der Lunge äußern sich oft in einer vermehrten Schleimproduktion, die besonders nach dem Reiten als Nasenausfluß in Erscheinung tritt.

Trotzdem können Pferde auch an einer schleichenden Erkrankung der Atemwege leiden, ohne daß Nasenausfluß beobachtet wird. Dann ist der Schleim in der Lunge entweder sehr zäh und festhaftend oder aber die Entzündung in einen trockenen Reizzustand übergegangen.

Besondere Vorsicht ist bei einseitigem Nasenausfluß geboten. In der Regel ist dieser das Zeichen für eine Erkrankung der Nasennebenhöhlen oder des Luftsackes.

Verwechslung: **In seltenen Fällen mit einer beginnenden Schlundverstopfung (s. S. 48 f), deren Gesamtsymptomatik aber anders ist. Es ist die Ursache des Nasenausflusses abzuklären.**

MASSNAHMEN

- Wäßriger Nasenausfluß bedarf keiner weiteren Klärung.
- Bei zähem oder milchig bis gelb oder grünlich gefärbtem Nasenausfluß Körpertemperatur messen und Atemfrequenz erfassen sowie auf weitere Symptome achten.
- Bei Temperatur über 38,0 Grad Celsius oder erhöhter Atemfrequenz (über 16 Atemzüge/Minute) Tierarzt umgehend benachrichtigen.
- Wenn nicht erhöht, am nächsten regulären Arbeitstag tierärztlich untersuchen lassen.

WAS BRAUCHE ICH?

- Fieberthermometer
- Stethoskop

SYMPTOME

- **Ein- oder beidseitiges Nasenbluten, tropfend oder strömend**
- **Blutfarbe hell- oder dunkelrot, manchmal schaumig**
- **Gelegentlich nach starker Atembelastung (Rennen, Military) auftretend**

VERDACHT

Nasenbluten

Nasenbluten ist keine definierte Krankheit, sondern Symptom verschiedenster Vorgänge. Oft sind kleine Gefäße der Nasenschleimhaut oder, wie bei Rennpferden häufig, im Kapillarbett der Lunge gerissen. Solche Blutungen kommen bald von selbst zum Stehen. Überdies kann ein erwachsenes Großpferd problemlos fünf bis sieben Liter Blut verlieren, ohne in Gefahr zu geraten.

Starke Blutungen nach Stürzen und Tritten weisen auf Verletzungen im Bereich der Nasennebenhöhlen oder Luftsäcke hin. Auch Entzündungen oder Tumoren der Atmungsorgane können heftiges Nasenbluten auslösen, ebenso ein Pilzbefall der Luftsäcke. Diese Pilze schädigen während ihres Wachstums die Arterienwände und können zu deren Riß mit nachfolgenden lebensbedrohlichen Blutungen führen.

Muß der Tierarzt bei Schlundverstopfungen oder Koliken die Nasenschlundsonde anwenden, ist auch bei größter Sorgfalt mit Blutungen aus der Nase zu rechnen. Diese entstehen häufig durch Abwehrbewegungen des Pferdes oder wenn zur Behebung einer Schlundverstopfung besonders lange gespült werden muß. Je versierter die Helfer sind und je besser erzogen das Pferd ist, desto geringer ist das Risiko für einen solchen Zwischenfall. Manche Tierärzte geben dem Pferd kurz vorher eine medikamentöse Ruhigstellung (Sedierung), um den Streß für das Pferd sowie das Risiko von Ausweichbewegungen und damit eines Nasenblutens zu verringern.

MASSNAHMEN

- Wenn das Blut in einem dünnen Faden in den Nüstern steht oder schlimmstenfalls aus den Nüstern tröpfelt, reicht das sofortige Ruhigstellen des Pferdes. Die Blutung hört nach einigen Minuten von selbst auf.
- In seltenen Fällen wird als Ursache eine Wunde im sichtbaren inneren Bereich der Nüstern gefunden. Blutet diese Verletzung stärker, wird die entsprechende Nüster mit einem sauberen Tuch (Baumwolle) fest austamponiert. Bei Erfolglosigkeit der Maßnahme ist der Tierarzt zu verständigen.
- Starke, lange und sich steigernde Blutungen sind ein Notfall. Austamponieren wie oben beschrieben kann versucht werden, ist aber meist nicht ausreichend, da die Ursache im Inneren der Nasenhöhle liegt.
- Bis zum Eintreffen des Tierarztes Pferd beruhigen, da jede Aufregung den Blutdruck steigen läßt und damit die Blutung verstärkt. Kopf in mittlerer Höhe halten!
- Wenn sich geringgradiges, von selbst wieder vergehendes Nasenbluten häufig einstellt, sollte die Ursache unbedingt abgeklärt werden.

WAS BRAUCHE ICH?

- Baumwolltuch

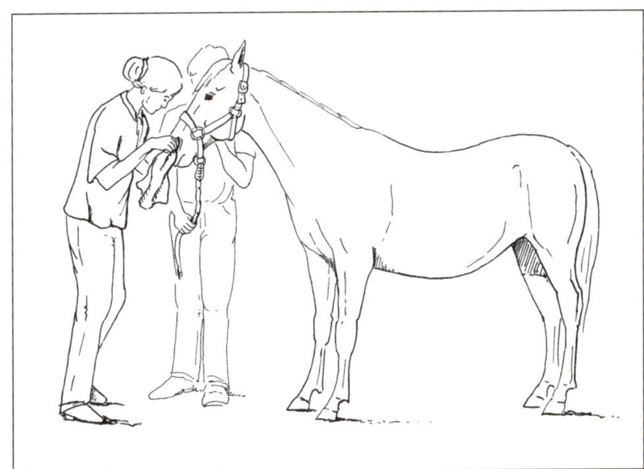

Starkes Nasenbluten hat seine Ursache meist im schlecht zugänglichen Inneren der Nasenhöhle. Trotzdem kann man eine Blutstillung mit Tüchern versuchen.

SYMPTOME

- **Akuter Anfall mit Lichtscheue, Zusammenkneifen der geschwollenen Augenlider, Tränenfluß, Bindehautreizung**
- **Temperaturerhöhung und Störungen des Allgemeinbefindens können auftreten, müssen am Anfang aber nicht sein.**
- **Später träge Pupillenreaktion und milchig-gelbe Trübung des Glaskörpers**

VERDACHT

Periodische Augenentzündung

Periodische Augenentzündung (Mondblindheit) ist eine Entzündung der Aderhaut und bewirkt Trübungen des Glaskörpers und umfangreiche Verwachsungen zwischen Iris und Linse. Später werden Netzhaut und Sehnerv zunehmend zerstört. Die schubweise Verschlechterung des Sehvermögens führt zur Erblindung, bei fehlender Therapie kann auch das zweite Auge erkranken.

Die genaue Entstehung der Krankheit ist noch nicht geklärt. Als Auslöser werden Bakterien, Blutparasiten und Mycotoxine (Pilzgifte) diskutiert, die offensichtlich die Ursache für umfangreiche Reaktionen des Immunsystems setzen.

Ein akuter Anfall, der für das Pferd sehr schmerzhaft ist, geht bei korrekter Behandlung nach etwa fünf Tagen vorbei. Ohne Therapie dauert er wesentlich länger. Nach 14 Tagen kann das Auge für den Laien äußerlich wieder in Ordnung sein. Weitere Anfälle sind nach vier bis sechs Wochen, aber auch in größeren Abständen (nach Jahren) zu erwarten.

Nur eine frühzeitig einsetzende Therapie kann das Risiko für weitere Anfälle und die Gefahr der Erblindung mindern.

Wird ein unerkannter Anfall als „Augenreizung“ oder „Bindehautentzündung“ bagatellisiert und nicht behandelt, verschlechtert sich die Prognose deutlich.

Die Krankheit ist gerichtsmedizinisch ein Hauptmangel.

Verwechslung: **Besonders mit Bindehautentzündung (s. S. 36 f.) und Hornhautverletzung (s. S. 38 f.).**

MASSNAHMEN

- Beim geringsten Verdacht den Tierarzt um eine Untersuchung bitten.
- Bis dahin lindert ein Kopfverband mit Abdeckung des erkrankten Auges (siehe Abbildung S. 21) und Verbringen in einen kühlen, nicht zu hellen Stall den Schmerz.

WAS BRAUCHE ICH?

- Verbandmull
- Schere
- selbsthaftende Bandage

SYMPTOME

- **Aus Nüstern und Maul fließen Speichel und Futterbestandteile**
- **Gestreckte Haltung von Kopf und Hals**
- **Würgebewegungen, krampfartiges Zusammenziehen des Halses**
- **Atmung kann erschwert sein. Patient dann ängstlich und unruhig, hustet und schnaubt.**

VERDACHT

Schlundverstopfung

Schlundverstopfungen treten meist während oder unmittelbar nach der Fütterung auf. Stark quellende, mehlige oder klebende Futtermittel stauen sich in der Speiseröhre an, ohne bis in den Magen zu gelangen. Sehr gefährlich sind nicht oder mangelhaft eingeweichte Trockenrübenschnitzel. Auch Brot und grobe Stücke von Äpfeln oder Möhren können zu einer Schlundverstopfung führen. Brot und Äpfel sind in größeren Mengen kein geeignetes Pferdefutter. Man sollte sie eher als Belohnung einsetzen. Brot muß immer ganz trocken und hart sein.

Bei einer Schlundverstopfung liegt der Engpaß oft unmittelbar vor dem Mageneingang. Dann frißt das Pferd zunächst weiter und füllt die gesamte Speiseröhre bis zum Schlund auf. Hastiges Fressen durch Futterneid erhöht das Risiko. Aus der überlaufenden Speiseröhre können Futterbestandteile und Speichel in Luftröhre und Lunge gelangen. Die Folge sind Erstickungsanfälle und schwerste Lungenentzündungen mit nicht selten tödlichem Ausgang.

Außerdem schädigen länger bestehende Schlundverstopfungen die Wand der Speiseröhre. Die Heilung erfolgt narbig. So entstehen neue Engpässe, die ihrerseits weitere Schlundverstopfungen fördern. Die Beseitigung der Verstopfung wird durch den Tierarzt in der Regel mit einem durch die Nüstern in die Speiseröhre eingeführten Schlauch (Nasenschlundsonde) vorgenommen. Diese Maßnahme kann je nach Lage des Falles einige Minuten bis zu zwei Stunden dauern. Das Verladen solcher Patienten und der Transport in die nächste Klinik ohne Abstimmung mit dem Haustierarzt kann tödlich enden, weil dabei leicht Futter und Speichel in die Lunge geraten und eine Lungenentzündung hervorrufen können.

Verwechslung: **Selten mit Atemnotanfällen (s. S. 120 f.). Dann jedoch kaum Speicheln und keine Futterpartikel.**

MASSNAHMEN

- **Jede weitere Aufnahme von Futter oder Wasser sofort verhindern!**
- **Tierarzt umgehend verständigen.**
- **Bis zu dessen Eintreffen den Kopf des Patienten möglichst tief halten, damit der Speichel frei nach unten abfließen kann und nicht in die Luftröhre gelangt.**
- **Pferd beruhigen. Bewegung ist nicht erlaubt, da sie die Atmung anregt und daher eine Lungenentzündung durch Verschlucken von Futterteilchen fördern kann.**
- **Wenn der verstopfte Bereich der Speiseröhre an der linken Halsseite zu fühlen oder zu sehen ist, kann versuchsweise vorsichtig in Richtung Kopf massiert werden.**

Achtung!

Löst die Massage verstärktes Würgen, Krämpfe, Abwehrbewegungen oder Unruhe aus, muß sie aus den bereits genannten Gründen sofort eingestellt werden!

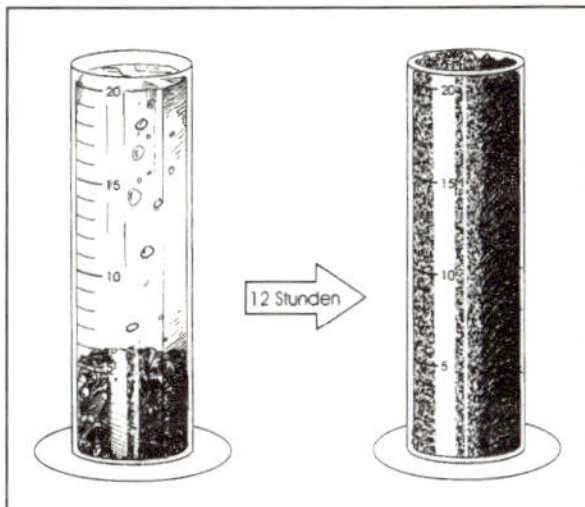

Mit Flüssigkeit vervielfachen trockene Zuckerrübenschnitzel ihr Volumen. Geschieht dies in der Speiseröhre oder im Magen, entstehen Schlundverstopfungen oder eine tödliche Magenzerreißung. Daher: Immer vor dem Verfüttern einweichen, für Pferde unerreichbar aufbewahren!

Bei Schlundverstopfung das Pferd nicht bewegen, Kopf und Hals sanft in unterer Position halten oder anbinden.

SYMPTOME

- Innenseite der Oberschenkel kotverschmutzt
- Kot ist breiig, wäßrig oder wasserdünn
- Geruch faulig oder übel
- Häufiger Absatz kleiner Mengen
- Durchfall begleitet von Krämpfen und Blähungen
- Erhöhung der Körpertemperatur selten

VERDACHT

Durchfall

Durchfall entsteht durch ein Ungleichgewicht im Fluß der Verdauungssäfte. Dadurch wird der Wasserhaushalt des Darmes gestört.

Eine häufige und harmlose Ursache sind Ernährungsfehler, etwa die abrupte Umstellung auf Weidegang oder der Umtrieb auf eine frische Koppel mit rohfaserarmem Gras. Aber auch verdorbene Futtermittel (verfilzter Hafer, angefrorenes Saftfutter, schlechte Silage) bewirken Durchfall.

Psychogener Durchfall tritt kurzfristig in Streßsituationen auf, bei Transport, Umstellung und auf Turnieren, oder als Zeichen völliger Erschöpfung bei Ausdauerleistungen.

Viele (Infektions-)Erkrankungen des Verdauungstraktes und anderer Organsysteme lösen Durchfall aus. Darunter sind auch für den Menschen gefährliche Erreger, beispielsweise Salmonellen.

Wäßriger Durchfall löst häufig krampfartige Koliken aus. Umgekehrt kann aber auch eine (meist sehr gefährliche) Kolik den Durchfall als Begleitsymptom haben.

Wie Fieber ist auch Durchfall zunächst als Regulationsmechanismus zu sehen: Infektionserreger oder Giftstoffe sollen ausgeschieden werden.

Trotzdem stellt wäßriger und länger anhaltender Durchfall für Pferde eine ernste Gefahr dar: der Körper verliert neben Wasser auch große Mengen Elektrolyte und Eiweiß. Die Patienten können bei starken Durchfällen in kurzer Zeit völlig austrocknen und in eine lebensbedrohliche Krise geraten.

Niemals darf versucht werden, einen Durchfallpatienten durch Wasserentzug zu „behandeln". Dieses Vorgehen kann tödlich enden (s. Dehydratation, S. 122 f.).

MASSNAHMEN

- Breiiger Durchfall heilt in der Regel von selbst ab. Gabe von etwa einem Liter Sauermilchprodukten (Dickmilch, Joghurt, Kefir) pro Tag, verteilt auf drei Mahlzeiten mit etwas Kleie oder Quetschhafer kann die Regeneration der Darmflora verbessern.
- Breiiger bis sehr breiiger Durchfall spricht gut auf ein eintägiges völliges Fasten an. Danach wird mit kleinsten Mengen guten Heues angefüttert.
- Wasser immer ausreichend und sauber zur Verfügung stellen!
- Wäßriger Durchfall gehört umgehend in tierärztliche Behandlung.
- Dies gilt auch für jede andere Form von Durchfall, die mit Fieber (über 38,0 Grad Celsius), Kolik, Freßunlust oder Störungen des Allgemeinbefindens verbunden ist.
- Hat ein Pferd über mehr als drei bis fünf Tage trotz diätetischer Maßnahmen stark breiigen Durchfall, sollte ebenfalls eine tierärztliche Untersuchung eingeleitet werden.
- Grundsätzlich ist die Umstellung auf Weidegang, auch wegen der Kolikgefahr, langsam vorzunehmen und gutes Heu oder Stroh ergänzend anzubieten.

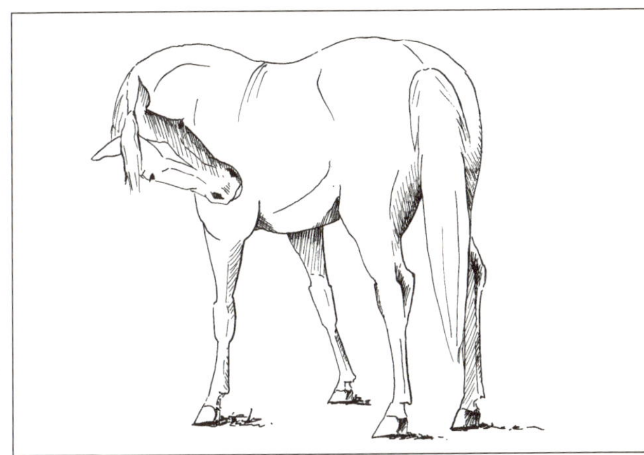

Durchfall in Verbindung mit Koliksymptomen bedeutet höchste Gefahr.

SYMPTOME

- **Husten in der Ruhe, beim Spielen, zu Beginn der Arbeit, während des Fressens, nach dem Wälzen**
- **Anfallsweise oder einzeln, unterschiedliche Tonqualität**
- **Betroffen: Einzeltiere oder ganzer Bestand**
- **Begleitsymptome: Fieber, Nasenausfluß, geschwollene Lymphknoten, Störung des Allgemeinbefindens, verminderte Leistungsfähigkeit**
- **Erhöhung der Atemfrequenz, gelegentlich Atemnot**

VERDACHT

Husten

Einer Hustenerkrankung können Veränderungen im gesamten Atmungstrakt, am Herzen und in der Bauchhöhle zugrunde liegen.

Die Palette der Grunderkrankungen reicht von akuten Infektionen über Allergien und Parasiten bis zu lokalen Ursachen in Form von Entzündungen oder Tumoren.

In der Regel ist Husten nur dann unbedenklich, wenn er durch Verschlucken ausgelöst wurde und nur einmalig auftritt. Sonst weist Husten immer auf Erkrankungen hin, deren Ursache tierärztlich abgeklärt werden muß. Auch das oft als „Anstoßen" bagatellisierte chronisch-geringgradige Husten ist pathologisch! Natürlich handelt es sich hierbei nicht um einen Notfall. Trotzdem sind diese Patienten als krank und damit bis zur Klärung der Ursache als nicht leistungsfähig zu betrachten.

In der Pferdehaltung sind Hustenerkrankungen gerade wegen ihrer chronischen und zunächst versteckten Verschlimmerung ein großes Problem. Die Verschleppung solcher Erkrankungen endet für viele Tiere langfristig in Reituntauglichkeit und Euthanasie wegen sogenannter Dämpfigkeit.

Bei der Prophylaxe von Hustenerkrankungen sind Impfungen gegen Virushusten von Bedeutung sowie eine staubreduzierte Aufstallung (Naßheu, Silage, Graspellets, Hobelspaneinstreu) mit sehr guter Luftqualität oder, besser noch, eine Offenbox- oder Offenstallhaltung. Therapeutisch sind diese haltungsverbessernden Maßnahmen sogar noch wichtiger als die medikamentöse Behandlung. Für Pferde mit diagnostiziertem chronischen Husten ist nach Absprache mit dem Tierarzt eine Bewegungstherapie oft sehr wichtig.

Vorsicht ist aber immer geboten, wenn plötzliche Atemnot oder Fieber auftreten.

Verwechslung: **Man sollte immer an eine noch nicht erkannte Schlundverstopfung denken (s. S. 48 f.) und gegebenenfalls das Teilsymptom der Atemnot (s. S. 120 f.) gesondert abschätzen. Für den Sonderfall „Virushusten" s. S. 62 f.**

MASSNAHMEN

- Bei plötzlichem Husten Körpertemperatur und Atemfrequenz messen. Außerdem auf weitere Symptome achten.
- Einzelnes Husten ohne erkennbare weitere Beeinträchtigungen, insbesondere ohne Fieber und Atemnot, sollte in den nächsten Tagen tierärztlich untersucht werden.
- Das Pferd kann in diesem Fall, wenn es willig folgt, leicht geritten werden. Verstärkt sich der Husten dadurch oder wird die Atmung erschwert, ist die Bewegung vorsichtshalber einzustellen. Weidegang ist wegen der frischen Luft förderlich.
- Starkes und anfallsweises Husten oder gleichzeitiges Auftreten weiterer Symptome, etwa Fieber (über 38,0 Grad Celsius), erhöhte Atemfrequenz (über 16 Atemzüge/Minute) oder Lymphknotenschwellung muß noch am selben Tag untersucht werden.
- Bis dahin Handhabung wie unter „Fieber“ besprochen.
- Reiten ist dann natürlich nicht möglich.
- Bis zur Klärung der Ursache das Infektionsrisiko für den Bestand und Nachbarställe durch größtmögliche Isolierung minimieren.

WAS BRAUCHE ICH?

- Fieberthermometer
- Stethoskop

Fenster in Pferdeställen anzulegen reicht alleine nicht aus – man muß sie auch öffnen!

SYMPTOME

- **Milde Symptome: Flehmen, anfallsweise Scharren, Unruhe, Umsehen nach dem Bauch, Schlagen gegen den Bauch, gestreckte Stellung, ruhiges Hinlegen**
- **Schwere Symptome: Schweißausbruch, rücksichtsloses Hinwerfen, Toben; Puls steigt auf 60 bis 100 Schläge und mehr**
- **Mittlere Symptome: alle Stufen dazwischen. Die Höhe des Pulses kann als Gradmesser genommen werden**

VERDACHT

Kolik

Kolik ist die Sammelbezeichnung für Schmerzen im Bauch- oder Beckenraum.

Zwar sind meistens die Verdauungsorgane betroffen, gelegentlich aber auch der tragende Uterus, Nieren, Blase oder andere Organe. Entsteht die Krankheit aus einer Störung am Magen-Darm-Trakt, liegen die Ursachen zumeist in Fütterungsfehlern: plötzliche Futterumstellung, besonders im Frühsommer auf Weidegang, zuwenig Strukturfutter (Rohfaser) und übertriebene Kraftfuttermengen, überwiegende Strohfütterung bei mangelnder Bewegung, leicht vergärbare Kohlenhydrate, verdorbene Futtermittel (verschimmelt, verheft, vergoren), Verfütterung von Kraftfutter für Geflügel oder Schweine mit für Pferde schädlichen Inhalten (Monensin).

Häufig treten Krampf-, Aufgasungs- und Verstopfungskoliken auf. Grundsätzlich ist jede Kolik als ein Notfall zu betrachten. **Es gibt keine harmlosen Koliken**! Leider bessern sich Krampfkoliken oder milde Verstopfungen gelegentlich von selbst und haben daher dieses für Pferde oft tödliche Vorurteil geprägt.

Sie können aber auch jederzeit in einen lebensbedrohenden Darmverschluß übergehen. Bei Darmverschluß durch Drehung, Lähmung oder Verlagerung eines Darmteils dürfen nur wenige Stunden (!) bis zur Operation vergehen. Verzögerungen bedingen oft, daß Darmabschnitte absterben. Diese müssen entfernt werden, was die Prognose verschlechtert. Außerdem haben spät operierte Patienten mit geschwächtem Kreislauf größere Probleme mit der Narkose. Also: bei jeder Kolik muß baldigst eine tierärztliche Diagnose gestellt werden!

Vorsicht: Werden zunächst tobende Koliker plötzlich sehr ruhig bei unverändert hohem Puls (über 60/min), besteht besondere Gefahr (Darmriß, Einklemmung).

Verwechslung: **Mit Schmerzzuständen anderer Ursache, mit Kreuzverschlag (s. S. 56 f.), selten mit Kreislaufstörungen wie Hitzschlag (s. S. 134 f.). Begleitsymptom bei Vergiftungen (s. S. 140 f.).**

MASSNAHMEN

- Es eilt immer! Sofort Tierarzt benachrichtigen, Pulswert am Telefon nennen, am besten auch die Körpertemperatur.
- Bei kühlem Wetter eindecken, denn Wärme entspannt.
- Keine Selbstbehandlung. Kolik ist kein Anwendungsgebiet für Naturheilkunde.
- Futter und Wasser aus der Box entfernen, bei Gruppenauslaufhaltung Maulkorb anlegen.
- Bei Puls unter 60 Schlägen pro Minute und wenn das Pferd willig folgt, führen.
- Tobende Pferde in verletzungsgesicherte Box mit viel Einstreu bringen.
- Wälzen ist nicht verboten!
- Bis zum Eintreffen des Tierarztes entspannende Massage von Bauch, Ohrgrund und Zahnfleisch (Tellington-Touch).

WAS BRAUCHE ICH?

- Fieberthermometer
- Stethoskop
- ggf. Decke
- ggf. Maulkorb

Findet man ein Pferd mit verdächtig ruhigem Verhalten vor, so können Abschürfungen an Kopf und Hüfthöckern Hinweise auf eine Stunden zuvor abgelaufene sehr schmerzhafte Darmeinklemmung sein. Die danach eintretende Duldungsphase ist tückisch: Sie wiegt den Besitzer in Sicherheit, während für sein Pferd in Wirklichkeit Lebensgefahr besteht!

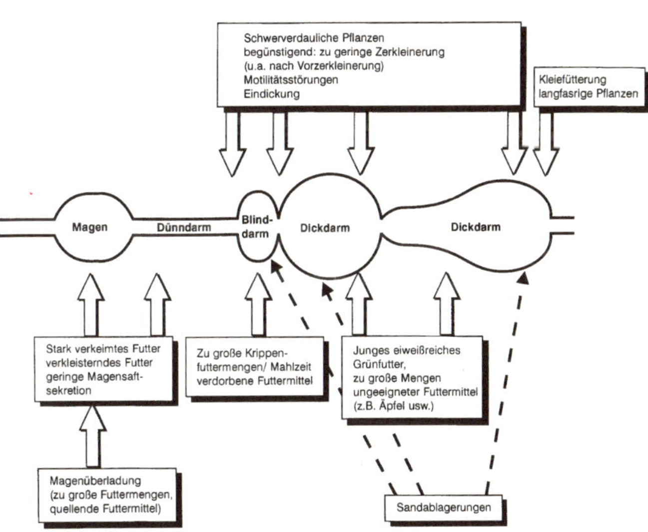

Fütterungsfehler als Ursache für Koliken (in Anlehnung an MEYER 1979)

SYMPTOME

- Bewegungen unmittelbar nach Arbeitsbeginn zunehmend steif und unwillig, Widersetzlichkeit gegen reiterliche Hilfen
- Kruppenmuskulatur verkrampft und schmerzhaft, später Absatz von rot- bis schwarzbraunem Urin
- Zunehmendes Schwitzen, Muskelzittern, in hochgradigen Fällen und bei weiterer Belastung Einknicken in der Hinterhand, Festliegen
- Erhöhte Puls- und Atemfrequenz, Anstieg der Körpertemperatur deutlich über den Normalwert möglich, ängstlicher Gesichtsausdruck

VERDACHT

Kreuzverschlag

Kreuzverschlag (Lumbago) wird auch als Feiertagskrankheit bezeichnet, weil er bei den schweren Arbeitspferden früherer Zeiten häufig nach bewegungsarmen Tagen mit gleichbleibend gehaltvoller, kohlenhydratreicher Fütterung auftrat.

Es handelt sich um eine schwere, schmerzhafte Entzündung der Rücken- und Kruppenmuskulatur. Durch eine Anhäufung von Milchsäure werden Teile der Muskulatur zerstört. Deren Zerfallsprodukte können zu Kreislaufproblemen und Nierenversagen führen.

Als charakteristisch gilt das Auftreten zu Beginn einer körperlichen Belastung und besonders nach mehrtägigen Trainingspausen. Wenn die Arbeit nicht sofort eingestellt wird, droht ein tödlicher Schock. Bei rechtzeitiger Therapie hingegen erholen sich die Patienten in der Regel völlig. Trotzdem ist mit wiederholter Erkrankung anfälliger Tiere zu rechnen, besonders bei Pferden aus warmen Ställen, die bei niedrigen Umgebungstemperaturen zu Beginn der Arbeit ungenügend aufgewärmt werden. Kaltblüter und Pferde mit starker Hinterhand (Quarter Horses) sind besonders gefährdet.

Eine ähnliche Krankheit (*tying-up syndrome*), deren Symptome zunächst weniger dramatisch sind, kann auch **nach** der reiterlichen Belastung auftreten. Hier gelten die gleichen Hilfsmaßnahmen.

Vorbeugend empfiehlt sich, Pferde an Ruhetagen überwiegend mit Rauhfutter zu versorgen und die Kraftfuttermenge um zwei Drittel zu kürzen.

Für anfällige Tiere kann man zusätzlich die Versorgung mit Vitamin E und Selen versuchsweise erhöhen.

Verwechslung: **Selten mit Schwächezuständen bei Hitzschlag (s. S. 134 f.) und völliger Erschöpfung (s. S. 126 f.), dann aber keine Muskelsteifheit.**

MASSNAHMEN

- Arbeit sofort einstellen, auch wenn die Erkrankung zunächst nur geringgradig erscheint, auch nicht transportieren.
- Tierarzt sofort verständigen. Bei Ausritten kommt er zum Pferd ins Gelände. Ist man alleine unterwegs, muß das Pferd notfalls provisorisch angebunden und mit einer Jacke oder einem Pullover über der Lendengegend warmgehalten werden. Zum Weglaufen wird es keine Lust haben.
- Der Tierarzt entscheidet, ob man im Schritt zurückführen darf, im Hänger transportieren muß oder ob zuerst eine Notbehandlung vor Ort erforderlich ist.
- Pferd warm eindecken, besonders Rücken und Kruppe. Wärme entspannt, dämpft den Schmerz und steigert die Durchblutung der Muskulatur. So können Stoffwechselgifte schneller abtransportiert werden.
- Wenn vorhanden, Wasser anbieten.
- Eine Symptomatik nach der Arbeit, die sich von selbst bessert, sollte trotzdem tierärztlich untersucht werden.

WAS BRAUCHE ICH?

- Decke oder
- Pullover, Jacke

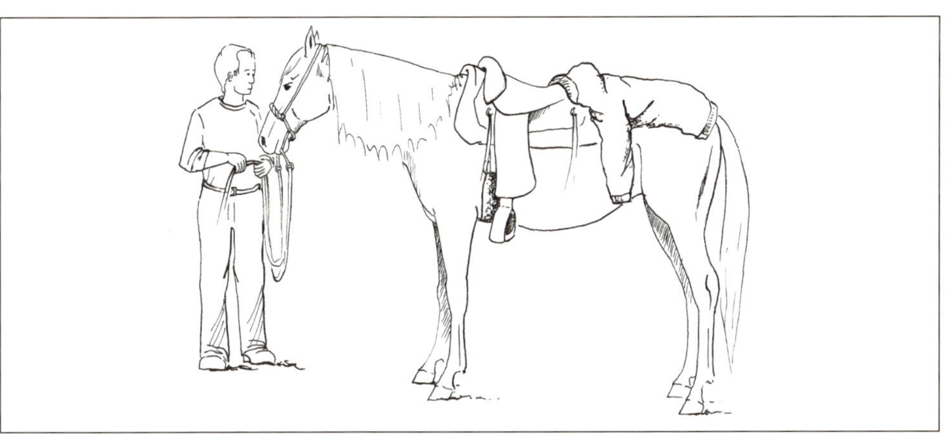

Bei Kreuzverschlag ist Wärme für die Kruppenmuskeln wichtig. Notfalls reicht ein Kleidungsstück.

SYMPTOME

- **Diffuse Schwellungen an Beinen, Kopf, Unterbauch, Penisvorhaut**
- **Nicht entzündlich, daher kühl und nicht schmerzhaft, teigig eindrückbar**

VERDACHT

Ödem

Ödeme sind Ansammlungen von Körperflüssigkeit, die durch Stauungen aus den Blutgefäßen in das Bindegewebe übergetreten ist. Der Grund kann in mangelnder Bewegung und Schwächen des Bindegewebes liegen, zum Beispiel bei den angelaufenen Beinen vor allem älterer Pferde in Stallhaltung. Im Stehen versackt das Blut in den Beinen, das Herz muß verstärkt arbeiten. Durch den Druck des langsam fließenden Blutes treten die nichtzelligen, wäßrigen Bestandteile durch die Venenwand in das umliegende Gewebe. Im Bereich der Beugesehnen können Ödeme das erste äußerlich sichtbare Zeichen einer Überforderung sein.

Sind sie geringgradig, gelten sie in der Regel als harmlos. Trotzdem sollten die Ursachen abgestellt werden: dem Leistungsvermögen angepaßte Arbeit, Bewegungsmöglichkeit im Paddock oder auf der Weide und eine nicht zu eiweißreiche Ernährung.

Höhergradige Ödeme mit massiven Schwellungen, besonders wenn sie neben den Beinen auch Kopf, Unterbauch und Penisvorhaut umfassen, weisen auf schwere Stauungen und Wandveränderungen im Endstromgebiet der kleinen Gefäße hin. Ursachen können sein: Herzschwäche, Veränderungen in der Lunge, Bauchwassersucht, eine heftige Immunreaktion, falsches Futter oder der Beginn einer gefährlichen Krankheit (Petechialfieber).

Ödematöse Schwellungen sind kalt und teigig eindrückbar, eine Phlegmone (Einschuß) ist hingegen warm und schmerzhaft.

Verwechslung: **Vor allem mit einem Einschuß (Phlegmone, s. S. 66 f.).**

MASSNAHMEN

- Geringe Beinödeme klingen nach Abstellen der Ursache von selbst ab. Trockene, gut gepolsterte Druckverbände beschleunigen die Resorption besser als naßkalte Verbände.
- Sofort Tierarzt rufen, wenn Ödeme am Rumpf, Hals oder Kopf auftreten, weitere Symptome (Lahmheit, Schmerz, Müdigkeit) bestehen oder die Schwellung sehr stark ist.
- Vorbeugend gegen angelaufene Beine nach dem Reiten ausgiebig kühlen und Pferd möglichst nicht in reiner Boxenhaltung unterbringen.

WAS BRAUCHE ICH?

- Verbandwatte
- Schere
- selbsthaftende Bandage

Nicht von der Kamera verzerrt, sondern eine extreme Form des Ödems: der Nilpferdkopf. Selbstverständlich ein Notfall!

SYMPTOME

- Über bestimmten Hautarealen trocknet das verschwitzte Fell nach dem Abnehmen des Sattels schneller
- Später Scheuerstellen und Schwellungen
- Verletzungen in der Sattellage mit anderen Ursachen (Biß, Tritt)

VERDACHT

Satteldruck

Sattel- und Geschirrdruck treten trotz sorgfältigen Putzens und gepflegten Leders gelegentlich auf. Besonders gefährdet sind nicht nur dünnhäutige Pferde (Araber, Achal-Tekkiner), sondern auch langfellige Robustpferde, in deren Winterpelz sich Sandkörner leicht verstecken.

Besonders auf Wanderritten sollte daher bereits auf kleinste Anzeichen eines Druckes sofort reagiert werden. Die Tagesetappe reitet man vorsichtshalber nicht zu Ende, sondern führt sein Pferd. Man kann zwei Formen unterscheiden: **Offene** Scheuerstellen entstehen durch Sandkörnchen im Fell, durch unsaubere Satteldecken und harte Lederkanten.

Die Ursache für **geschlossene** Schwellungen liegt meist in Gewebequetschungen in der Tiefe durch Polsterungsfehler im Sattel, Falten im Woilach oder nach Insektenstichen. In kurzer Zeit werden solche Schwellungen zusätzlich wund.

Umfangreiche Satteldrücke mit wunder Haut heilen nur langsam ab. Der dauernde Schmerz kann Verspannungen und einen klammen Gang hervorrufen. Das Pferd ist dann nicht mehr reittauglich.

Ein Sonderfall sind derbe, bindegewebige Knötchen, die mit wechselnder Reitbelastung dicker werden. Nach längeren Reitpausen, bei Benutzung eines anderen Sattels oder eines Gel-Pads verschwinden sie manchmal spontan, um dann später erneut aufzutreten. Der Tierarzt kann diese Veränderungen langfristig mit Medikamenten unterspritzen oder chirurgisch angehen.

Verwechslung: **Mit Insektenstichen (s. S. 94 f.) in der Sattellage. Das Vorgehen ist identisch.**

MASSNAHMEN

- Wenn die Schwellung im Vordergrund steht, fixiert man einen in kaltem Wasser ausgedrückten Schwamm mit einem Deckengurt oder einer elastischen Binde so auf der Druckstelle, daß ein sanfter, aber dauernder Druck ausgeübt wird.
- Liegt das Problem mehr bei der wunden Stelle, gibt man etwas (für Pferde zugelassene) milde Heilsalbe darauf und legt darüber einen leichten, gepolsterten Verband an (Rumpfverband, s. S. 21).
- Nach den Ursachen suchen, Sattel und Decke kontrollieren und der Wunde Zeit zum Ausheilen geben!
- Lokale Entlastung schafft man durch Unterlegen einer weiteren Satteldecke aus Filz, in die über der Druckstelle ein Loch geschnitten wird.

WAS BRAUCHE ICH?

- Schwamm oder Verbandmull
- Deckengurt oder selbsthaftende Bandage
- milde Heilsalbe

Mit einem feuchten Schwamm und einem Deckengurt kann man die Schwellung beim Satteldruck zurückdrängen.

SYMPTOME

- **Plötzlich einsetzender trockener Husten, oft mit Fieber und Futterverweigerung**
- **Nasenausfluß am Anfang nur spärlich und wäßrig, später milchige Konsistenz, Lymphknoten verdickt**
- **Abgeschlagenheit, wenig Interesse für die Umwelt**
- **Krankheit erfaßt Nachbartiere oder ganzen Bestand**

VERDACHT

Virushusten

Virushusten ist eine akute, infektiöse Erkrankung der Luftwege. Er ist gegen chronische Hustenformen auf allergischer Basis abzugrenzen.

Unabhängig von diesem Ausdruck ist es aber fast die Regel, daß virusbedingte Atemwegserkrankungen der Pferde auch eine bakterielle Sekundärinfektion nach sich ziehen.

Gerade aus diesem Grund ist eine tierärztliche Behandlung unbedingt erforderlich. Nur der Tierarzt kann den Grad der Erkrankung und die Ausdehnung auf andere als die Atmungsorgane beurteilen und eine entsprechende Therapie einleiten.

Die Impfung gegen Influenza- und Herpesviren sollte zur selbstverständlichen Prophylaxe gehören.

Viele Pferde entwickeln im Gefolge eines zunächst problemlos ausheilenden Virushustens einen chronisch-allergischen Husten. Die Allergie richtet sich meist gegen Inhalte des Stallstaubs, vornehmlich gegen die Sporen (Dauerformen) der Schimmelpilze aus Heu und Stroh. Durch eine staubarme Haltung (Offenstall, Naßheufütterung, Hobelspaneinstreu) kann diese Gefahr verringert werden. Umgekehrt ist ein gutes Stallklima mit frischer und staubarmer Luft wichtig, um die Anfälligkeit der Pferde für Viruserkrankungen der Atemwege zu reduzieren.

Wichtig: Eine lungengesunde Haltung mit viel frischer Luft im Offenstall härtet zugleich auch gegen andere Infektionen ab, beugt vielen Krankheiten vor und stabilisiert die Psyche des Pferdes enorm. Es ist eine falsche Aussage, daß Leistungspferde in warmen Einzelboxen gehalten werden müssen, um bei Kondition zu bleiben.

Verwechslung: **Anfänglich mit Druse (s. S. 124 f.), selten mit Schlundverstopfung (s. S. 48 f.), bei welcher allerdings Futter und Speichel aus Maul und Nüstern laufen.**

MASSNAHMEN

- ➡ Akut und fieberhaft erkrankte Tiere nicht reiten!
- ➡ Temperatur messen, fiebernde Pferde (über 38,0 Grad Celsius) vor Kälte und Hitze schützen (gegebenenfalls eindecken).
- ➡ Atemfrequenz messen (Normalwert: 8–16 Atemzüge/Minute).
- ➡ Tierarzt innerhalb der nächsten 24 Stunden zu Rate ziehen. Bei Temperaturen über 39,0 Grad Celsius sollte er umgehend bestellt werden.
- ➡ Trockene und zugfreie Unterbringung, aber trotzdem für gute Belüftung sorgen!
- ➡ Zur Vermeidung einer Allergisierung auf Stallstäube das Heu prophylaktisch für zwei Wochen naß verfüttern (mehrere Minuten ganz untertauchen).
- ➡ Weitere Staubreduzierung durch Verwendung von Hobelspänen als Einstreu.
- ➡ Infektionsgefahr für andere Ställe durch weitgehende Isolierung minimieren.

WAS BRAUCHE ICH?

- Fieberthermometer
- Stethoskop

Impfschema Hustenerkrankungen (Influenza- und Herpesviren)

Grundimmunisierung:
Zweimal im Abstand von vier bis sechs Wochen, dann nach einem halben Jahr
Auffrischungsimpfungen:
Jedes halbe Jahr

SYMPTOME

- Blutungen unterschiedlichsten Ausmaßes
- Schnitt-, Riß-, Stich-, Biß- und Trittwunden
- Manchmal mit Lahmheit verbunden

VERDACHT

Beinwunde

Beinwunden sind bei Pferden eine sehr häufige Verletzung. Sie sind, mit Ausnahme ganz sicher nur oberflächlicher Hautwunden (s. S. 90 f.), sehr infektionsgefährdet und sollten daher grundsätzlich unter Verband gestellt werden. Dadurch wird weitere Verschmutzung verhindert, der Schmerz läßt nach, und durch den Druck des Verbandes wird einer Schwellung der Wundumgebung vorgebeugt. Dies erleichtert eine später erforderliche Wundnaht. Auch sind gerade größere Wunden an den Beinen während der Heilung aufgrund der Druckverhältnisse anfällig für die Bildung von „wildem Fleisch", einer überschießenden Gewebszubildung. Auch diese wird durch den kontinuierlichen Gegendruck des Verbandes verhindert.

Achtung!

Besonders in der unteren Beinhälfte liegt die Haut dem Knochen fast direkt auf. Bei Abschnürung stirbt sie ab. Daher kein Beinverband ohne **ausreichende Polsterung** (s. S. 19 f.).

Laien können nicht erkennen, welche Strukturen in der Tiefe betroffen sind. Größte Vorsicht daher besonders in Gelenk- und Sehnennähe und am Kronsaum (s. S. 96 f.). In einem infizierten Gelenk beginnt bereits nach wenigen Stunden die Zerstörung des Knorpels durch bakterielle Stoffwechselprodukte. Auch eine Sehneninfektion hat eine sehr schlechte Prognose. Beschränkt sich eine Infektion anfänglich noch auf die Umgebung eines Gelenks oder einer Sehnenscheide, so kann sie dennoch später auf selbige Strukturen direkt überspringen.

Jede Beinwunde ist tetanusgefährdet (s. S. 136 f.). Außerdem birgt sie das Risiko einer Phlegmone (Einschuß, s. S. 66 f.). Auf Wanderritten sollte man ein fertig zugeschnittenes Stück Polstermaterial, eine sterile Wundabdeckung und eine selbsthaftende Bandage dabei haben, um Beinwunden bis zum Eintreffen des Tierarztes versorgen zu können. Gerade in fremder Gegend kann dies schon einmal länger dauern.

Verwechslung:

Bei stumpfer Verletzung und Lahmheit immer an Knochenbruch denken (s. S. 74 f.). Immer kann die äußere Wunde auch lediglich ein Teil des Gesamtschadens sein!

MASSNAHMEN

- Nur oberflächliche Hautwunden mit (für Pferde zugelassenem) filmbildendem Abdeckspray versorgen.
- Alle anderen Wunden tierärztlich untersuchen lassen.
- Bis dahin verbinden (s. S. 19 ff.).
- Vorher keine Desinfektionssprays oder -puder benutzen und keine Salben auftragen! Die Übersicht im Wundgebiet geht verloren, die Naht wird erschwert, die Heilung kann behindert werden.
- Auch im Strahl blutende arterielle Wunden können mit einem Druckverband (s. S. 19) in der Regel zum Stehen gebracht werden. Vom Abbinden ist dagegen abzuraten: geringe Wirkung, sehr schmerzhaft für das Pferd, gefährlich für die Helfer!

WAS BRAUCHE ICH?

- Sterile Wundabdeckung
- Polstermaterial
- Schere
- selbsthaftende Bandagen

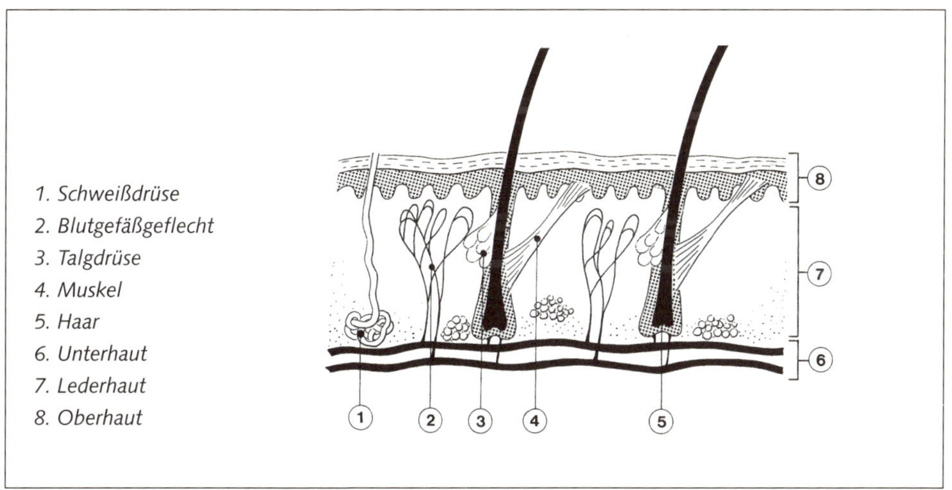

Die Haut ist ein kompliziertes Organ mit vielen Funktionen. Reicht die Verletzung bis zur Unterhaut, besteht Infektionsgefahr (s. S. 66: Einschuß).

SYMPTOME

- **Plötzlich auftretende, zunächst flach abgegrenzte, warme Schwellung an den Beinen**
- **Schwellung wird schnell größer, ganzes Bein kann teigig verdickt sein**
- **Später heiß, schmerzhaft, mit Lahmheit auf dem erkrankten Bein, das sich nicht mehr beugen läßt**
- **Körpertemperatur steigt, dann Futterverweigerung**

VERDACHT

Einschuß

Einschuß oder Phlegmone bedeutet, daß eiterbildende Bakterien durch kleine, häufig nicht sichtbare Verletzungen unter die Haut gebracht wurden. Die Wunden können auch im dichten Fesselbehang verborgen und durch Dornen oder Drahtspitzen entstanden sein. Die Keime vermehren sich in der Unterhaut und im Bindegewebe. Es entstehen ausgedehnte Zonen entzündlicher Schwellung, das Gewebe wird zunehmend zerstört. Durch die Schwerkraft versackt der Eiter überwiegend nach unten, in Richtung Huf. Über die Blutbahn abgeschwemmte Keime lösen Fieber aus.

Die Mehrzahl der Phlegmonen beim Pferd wird an den Beinen beobachtet, überwiegend unterhalb des Vorderfußwurzel- bzw. Sprunggelenkes. Ohne Therapie können die erkrankten Bereiche abszedieren, also mit Eiter gefüllte Kammern im Gewebe bilden. Diese Eiteransammlungen entleeren sich in der Regel nach außen und ziehen besonders langwierige Wundprozesse und umfangreiche derbe, bindegewebige Zubildungen nach sich. Der Eiter kann aber auch mit schwerwiegenden Folgen in Blutgefäße oder Gelenke einbrechen.

Bei Pferden sollten daher auch kleine Wunden an den Beinen möglichst bald unter einen sterilen, gepolsterten Verband gebracht werden. Stichwunden sind besonders gefährlich. Hier können Keime direkt in Gelenke oder Sehnenscheiden geschoben werden und verheerende Schäden bewirken.

Eine typische Phlegmonewunde ist auch tetanusgefährdet.

Verwechslung: **Phlegmonen im Bereich der Beugesehnenscheide können im Anfangsstadium mit Schwellungen durch frische Sehnenschäden verwechselt werden (s. S. 78 f.). Meist klärt die Vorgeschichte diesen Zweifel. Im Gegensatz zu Ödemen (Wasseransammlungen im Gewebe), die als kalte, teigig eindrückbare Schwellungen in Erscheinungen treten, sind Phlegmonen warm und schmerzhaft.**

MASSNAHMEN

- Bei Verdacht Pferd ruhigstellen.
- Messung der Körpertemperatur (Normalwert: bis 38,0 Grad Celsius) kann Auskunft darüber geben, wie lange das Krankheitsbild bereits besteht.
- Tierarzt sofort benachrichtigen, damit die Therapie schnell beginnen kann.
- Bis dahin die betroffene Gliedmaße intensiv kühlen: Wasser, Eispackung oder Kühlpad benutzen.
- Tetanusschutz anhand des Impfbuches oder anderer Aufzeichnungen überprüfen!

WAS BRAUCHE ICH?

- Fieberthermometer

SYMPTOME

- **Riß vom Tragrand in Richtung Kronsaum oder umgekehrt oder Querriß**
- **Tiefe und Breite unterschiedlich**
- **Lahmheit nur, wenn der Riß bis auf die Lederhaut geht und sich infiziert**

VERDACHT

Hornspalt

Hornspalte (senkrechte Risse) und Hornklüfte (horizontale Risse) können bei beschlagenen wie barhufigen Pferden auftreten. Risse, die vom Tragrand hoch in Richtung Kronsaum laufen, sind weniger gefährlich als solche der umgekehrten Richtung. Ebenso bringen Spalte im Seiten- und Trachtenbereich mehr Probleme als im Zehenhorn. Entscheidend ist die Tiefe, weniger die Länge. Vom Kronsaum ausgehende Risse können die Bildung einer Hornsäule bewirken, die später mit Lahmheit einhergeht. Querverlaufende Risse sind seltener. Sie können aus Verletzungen des Kronsaums entstehen. Kronsaumverletzungen müssen daher immer sorgfältig behandelt und nach Möglichkeit vernäht werden.

Geht der Riß bis auf die Lederhaut, können Bakterien eindringen und dort eine langwierig zu behandelnde Entzündung bewirken. Das Pferd geht lahm, es kann im Extremfall ausschuhen. Dann löst sich die Hornkapsel flächig von der Lederhaut. Die Prognose ist sehr schlecht.

Stark ausgetrocknete, mangelhaft gepflegte Hufe und solche mit loser Wand sind besonders gefährdet.

Je nach Lokalisation sind für die Ausheilung eines Hornwandrisses 6 bis 12 Monate mit intensiver Betreuung durch den Hufschmied und Tierarzt zu veranschlagen. Deren Ziel ist es, die weitere Ausdehnung des Spalts zu verhindern, das Nachwachsen gesunden und stabilen Hufhorns zu ermöglichen und eventuelle Infektionen auszuräumen. In Abhängigkeit von Lage und Ausdehnung wird die Behandlung unterschiedlich vorgenommen. Durch ein spezielles Hufeisen kann der Hufschmied erreichen, daß die Hornwand in dem gerissenen Teil des Hufs frei schwebt.

Manchmal bietet sich der Einsatz von Metallklammern oder anderer mechanischer Verfahren an, die das weitere Einreißen verhindern. Mit Kunstharzen können breite Spalte zeitweise ausgefüllt und überbrückt werden.

MASSNAHMEN

- Vom Tragrand ausgehende Risse durch Einraspeln einer Querfurche am oberen Ende stoppen.
- Vom Kronrand ausgehende Risse am unteren Ende stoppen.
- Querrisse auf beiden Seiten stoppen.
- Furche muß geringgradig tiefer als der Riß sein.
- Baldigst vom Schmied behandeln lassen.
- Bestehen Lahmheit, Wärme oder Schmerz, Tierarzt umgehend verständigen.
- Tetanusschutz kontrollieren!

WAS BRAUCHE ICH?

- Hufraspel

Einen Riß in der Hornwand kann man auch mit zwei linken Händen stoppen – dazu reicht eine Hufraspel.

SYMPTOME

- Mittel- bis hochgradige Lahmheit
- Pulsation an den Arterien des Fesselkopfes verstärkt
- Untersuchung mit der Hufzange zeigt Druckempfindlichkeit bestimmter Hornbereiche auf.
- Manchmal erhöhte Körpertemperatur

VERDACHT

Hufabszeß

Hufabszesse, umgangssprachlich oft als Hufgeschwüre angesprochen, sind zumeist abgekapselte, eitrige Veränderungen im Hufhorn der Wand, der Eckstrebe oder der Sohle. Sie entstehen durch Eiterkeime, die in feinen Hornrissen aufsteigen, sich dort ausbreiten und am Übergang zur gut durchbluteten, schmerzempfindlichen Lederhaut unter Druck stehende Kammern bilden.

Hufabszesse sind meist sehr schmerzhaft, die Pferde stehen nicht selten nur auf drei Beinen. Das Bild ist hochdramatisch und erinnert an einen Bruch. Nachdem der Tierarzt den Abszeß eröffnet hat, läßt der Schmerz aber bald nach. Mußte dabei sehr viel Horn weggenommen werden, empfiehlt es sich danach unter Umständen, für einige Wochen ein Deckeleisen anzubringen, um die Sohle zu schützen und einem Lederhautvorfall vorzubeugen. Bei kleinen Abszessen ohne Fieber ist meist keine antibiotische Behandlung erforderlich.

Unbehandelte Hufabszesse können das gesamte Sohlenhorn unterhöhlen oder am Kronsaum durchbrechen und große Schäden setzen. Außerdem ist eine Keimverschleppung in lebenswichtige Organe möglich.

Ungepflegte, trockene und rissige Hufe neigen verstärkt zu Hufabszessen. Aber auch Pferde, die lange Zeit auf zu kurzen Barhufen laufen müssen, sind anfällig für diese Erkrankung. Wenn das Wandhorn vollständig abgelaufen ist und das Pferd daher auf dem Sohlenhorn läuft, ist ein Hufschutz dringend erforderlich. Das Schmerzempfinden der Pferde orientiert sich nicht an hufpflegerischen Modeströmungen.

Verwechslung: **Bei starken Schmerzen und fehlender Belastung des kranken Beines immer mit Beinbruch (Knochenbruch, s. S. 74 f.). Wird ein Pferd so vorgefunden, ist es im Zweifelsfall wie bei Bruchverdacht zu behandeln, insbesondere absolut ruhigzustellen.**

MASSNAHMEN

- Der Tierarzt sollte noch am selben Tag kommen, bei hochgradiger Lahmheit mit Verdacht auf einen Bruch sogar umgehend.
- Pferd bis dahin nicht unnötig bewegen, bei Bruchverdacht gar nicht.
- Wichtig ist ein gut gepolsterter Hufverband (s. S. 18), der stündlich mit warmem Wasser angegossen wird. Dem Wasser fügt man einen Spritzer Spülmittel oder Seife zu, um eine schnellere Benetzung zu bewirken. Dieses Erweichen des Hufhornes dämpft den Schmerz und erleichtert dem Tierarzt die Eröffnung des Abszesses.
- Impfschutz gegen Wundstarrkrampf unbedingt überprüfen und gegebenenfalls erneuern oder mit einer Serumgabe überbrücken.

WAS BRAUCHE ICH?

- Verbandwatte
- Schere
- selbsthaftende Bandage
- Gewebeklebeband

SYMPTOME

- Steifer, ängstlicher Gang, Trachtenfußung mit vorgeschobenen Vorderbeinen, Hinterbeine unter der Körpermitte
- Weigerung, einen Huf zu geben, weil der Schmerz auf den anderen Hufen dann zunimmt
- Festliegen möglich
- Hufe warm, Blutgefäße am Fesselkopf prall gefüllt und pulsierend
- Schmerzbedingtes Schwitzen, Zittern, Pulserhöhung und gelegentlich kolikartige Symptome

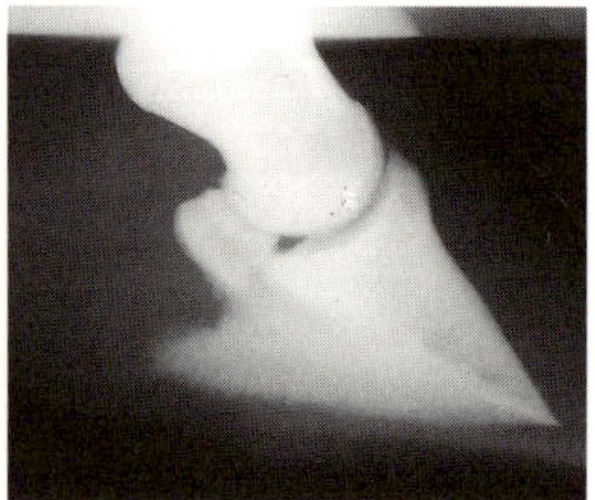

Hufrehe ist ein Notfall, es droht eine Hufbeinsenkung.

VERDACHT

Hufrehe

Hufrehe ist eine äußerst schmerzhafte, nicht infektiöse Entzündung der Huflederhaut. Sie kann durch Ernährungsfehler (rohfaserarme Futterration mit leicht vergärbaren Kohlenhydraten), nach Koliken und Durchfall, akuter Überlastung auf hartem Boden, bei Nachgeburtsverhaltung oder nach der Gabe bestimmter Medikamente auftreten.

Hufrehe kommt an den Vorderhufen häufiger vor als an den Hinterhufen, in der Regel paarweise. Trotzdem können auch alle vier Hufe betroffen sein, oder es kann ein einzelner Huf erkranken. Die letztgenannte Form tritt häufig dann auf, wenn das Nachbarbein durch große Schmerzen, beispielsweise nach Operationen, entlastet und damit das Gewicht vermehrt auf das andere Bein verlagert wird.

Hufrehe ist ein Notfall! Durch die entzündungsbedingte Schwellung der Huflederhaut lösen sich deren Zotten und Blättchen vom Hufhorn ab. Dann kann das Hufbein durch das Gewicht des Pferdes und den Zug der tiefen Beugesehne aus seiner natürlichen Lage bewegt werden. Es drohen eine Drehung oder Senkung des Hufbeines, Durchbruch der Hufbeinspitze durch die Hufsohle und komplettes Ausschuhen (Verlust der Hornkapsel). Nur eine intensive Behandlung innerhalb weniger Stunden kann diesen Gefahren und damit einer Unbrauchbarkeit des Pferdes vorbeugen. Hufrehe eignet sich nicht für eine rein homöopathische Behandlung, besonders nicht in der Anfangsphase.

Besonders nach einer fütterungsbedingten Hufrehe besteht die Tendenz zu rückfallartigen weiteren Reheanfällen. Solche Pferde müssen dann ganzjährig sehr rohfaserreich gefüttert werden (Stroh, grobes Heu, nur wenig und am besten altes, verholztes Weidegras). Für die weitere Behandlung sind spezielle Beschlagformen in Abhängigkeit von der jeweiligen Ausprägung der Krankheit wichtig. Schmied und Tierarzt müssen hier zum Wohl des Pferdes gut zusammenarbeiten.

Das Auftreten einer Hufrehe ist immer eine kritische Situation; auch bei schneller und korrekter Therapie ist die Prognose manchmal unsicher. Besonders wichtig ist daher die Vorsorge!

MASSNAHMEN

- Patient bis zum Eintreffen des Tierarztes nicht unnötig bewegen.
- Legt er sich hin, darf er nicht aufgetrieben werden: Liegende Pferde entlasten den Aufhängeapparat des Hufbeines und mindern damit das Risiko einer Verlagerung desselben.
- Patient auf weichen Boden stellen: Box großzügig einstreuen, am besten mit Sand oder Spänen.
- Hufverband (s. S. 18 f.) anlegen und in kurzen Abständen mit kaltem Wasser angießen. Das dämpft den Schmerz.
- Ideal ist das vorübergehende Verbringen in den schlammigweichen Uferbereich eines natürlichen Gewässers.

WAS BRAUCHE ICH?

- Verbandwatte
- Schere
- selbsthaftende Bandage
- Gewebeklebeband

Trachtenfußung bei Hufrehe, Pulsation an den Fesselköpfen fühlbar: Extreme Schmerzen für das Pferd, daher kein Raum zum Abwarten oder für alternative Heilmethoden!

Verwechslung

Eventuell mit Kreuzverschlag (s. S. 56 f.) oder einem Knochenbruch (s. S. 74 f.). Diese Krankheiten treten aber sehr plötzlich auf: Kreuzverschlag im Zusammenhang mit Belastung, das Pferd kann die Beine meist einzeln heben, und es liegt keine Pulsation am Fesselkopf vor. Bei Knochenbrüchen wird das betroffene Bein entlastet, Pulsation am Fesselkopf ist die Regel.

SYMPTOME

- Pferd wird mit mittel- oder hochgradiger Lahmheit vorgefunden
- Geht unter dem Reiter plötzlich hochgradig lahm
- Belastet das Bein nicht, man fühlt eine Stufe im Knochen oder Pulsation, eventuell Bruchenden sichtbar

VERDACHT

Knochenbruch

Knochenbrüche im unteren Beinbereich haben heute eine vergleichsweise gute Prognose.

Liegt der Bruch allerdings im oberen Drittel des Beines, hat er Gelenkflächen zerstört, zu Knochensplitterungen geführt oder umfangreiche Zerreißungen des umliegenden Gewebes bewirkt, sind Heilung und Wiederherstellung der Gebrauchsfähigkeit oft fragwürdig.

Ungünstig ist auch ein offener Bruch. Hier haben Knochensplitter die Haut durchdrungen und die Infektionsgefahr damit deutlich erhöht. Eine Knocheninfektion der Bruchenden stellt eine schwerwiegende Komplikation dar.

Brüche oberhalb von Knie- oder Buggelenk sind im umliegenden Gewebe für den Laien kaum zu erkennen, da sie von Muskulatur umgeben sind. Auch innerhalb des Hufes (Hufbein, Kronbein) ist ein Bruchspalt nicht direkt sichtbar.

Ein Griffelbeinbruch bedeutet keine akute Gefahr, da diese paarig angelegten Knochen keine tragende Funktion haben. Er führt zu Lahmheit unterschiedlichen Grades. Die tierärztliche Therapie richtet sich nach Lage und Kompliziertheit des Bruches. Sie besteht unter Umständen in einem chirurgischen Eingriff.

Eine gute Prognose besteht, wenn der Knochen nur gerissen, nicht aber ganz gebrochen ist, oder wenn die Bruchenden noch dicht beieinander liegen. In diesen Fällen kann eine korrekte Erste Hilfe die Heilung deutlich verbessern, indem sie die Bruchenden in dieser zunächst noch günstigen Lage fixiert.

Verwechslung: **Huf und Hufeisen kontrollieren! Ansonsten mit Hufabszeß (s. S. 70 f.) oder mit Hufrehe (s. S. 72 f.).**

MASSNAHMEN

- Tierarzt sofort rufen, vorher nicht bewegen, nicht transportieren. Tierarzt bei Ausritt ins Gelände bitten.
- Keine Schmerzmittel geben. Sie würden das Pferd zur Belastung des Beines veranlassen.
- Nur notfalls: Stützverband (s. S. 21) zur Fixierung der Knochen anlegen (darunter Polsterverband). Als Schiene eignen sich Äste, Stücke von Kunststoffrohren, eine Hufraspel o. ä.

Diese Maßnahme wird, da für Ungeübte sehr schwierig, nur dann ergriffen, wenn das Pferd ohne Tierarzt auf einen eventuellen Kliniktransport vorzubereiten ist. Absoluten Vorrang hat das Ruhigstellen des Patienten unter Abwarten auf den Tierarzt!

- Bei offenem Bruch nicht schienen, nur die äußere Wunde mit Verband vor weiterer Verschmutzung schützen.

WAS BRAUCHE ICH?

- Ggf. sterile Wundabdeckung
- Verbandwatte oder Verbandmull
- Schere
- selbsthaftende Bandagen
- viel Gewebeklebeband
- Schiene

Achtung!

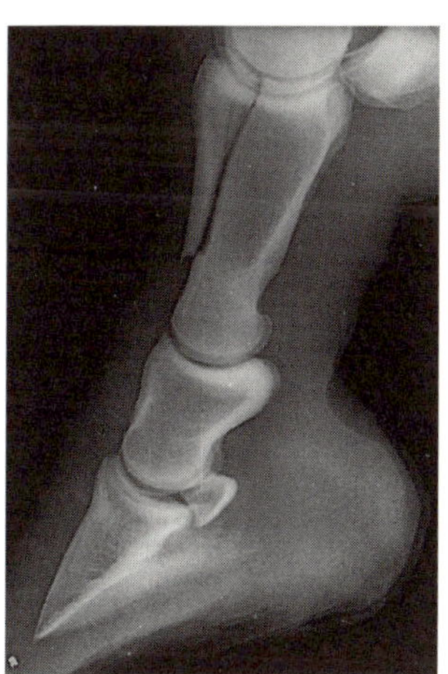

Unkomplizierter Bruch des Fesselbeines, Prognose aber trotzdem zweifelhaft, da Gelenkfläche beteiligt.

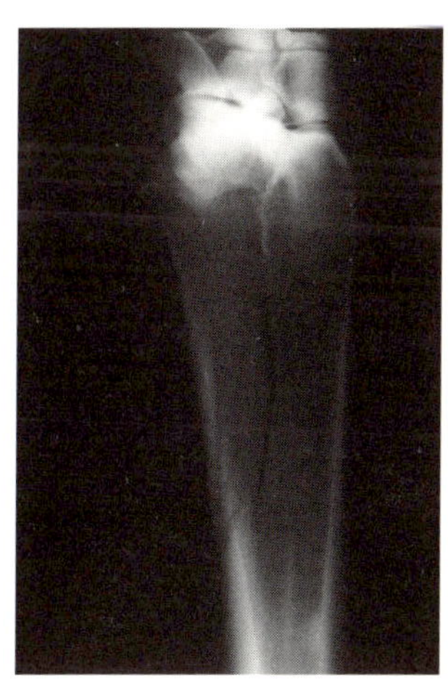

Hier liegt nur ein Knochenriß vor: Prognose bei sofortiger Ruhigstellung und richtiger Erstversorgung gut! Bei falscher Reaktion Ausweitung zum Bruch möglich und deutliche Verschlechterung der Prognose.

SYMPTOME

- Bewegungsablauf unregelmäßig, unsymmetrisch, nicht mehr fließend
- Betroffene Gliedmaße wird vorsichtig aufgesetzt, kürzer nach vorne geschwungen
- Beim Auffußen keine volle oder nur kürzere Übernahme des Körpergewichtes
- Regel: Das Pferd fällt auf das gesunde Bein („Nicken")

VERDACHT

Lahmheit

Im medizinischen Sinn sind Lahmheiten Unregelmäßigkeiten des Ganges, die durch einen krankhaften Zustand oder eine schmerzhafte Empfindung (nicht nur der Beine) hervorgerufen werden. Diese Definition sollte aber nicht über die Tatsache hinwegtäuschen, daß jede Lahmheit für ein Pferd mit Schmerzen verbunden ist, auch wenn sie sekundär durch Verspannungen entsteht. Daher: Lahme Pferde sind grundsätzlich nicht reittauglich.

Vor allem geringgradige und unregelmäßig auftretende Lahmheiten können das Resultat falschen, unsensiblen Reitens und chronischer Überforderung eines Pferdes sein. Ein derartig im Ungleichgewicht gerittenes Pferd zieht sich dann wiederum auf lange Sicht organische Schäden am Bewegungsapparat zu.

Der Versuch der Verschleierung von Lahmheiten durch eine Verabreichung der einschlägig bekannten schmerzstillenden Medikamente, auch im Sinne der Leistungssteigerung, durch Laien ohne tierärztliche Untersuchung bewirkt meist eine deutliche Verschlimmerung der krankhaften Veränderung und ist daher abzulehnen. Statt dessen ist aufgrund der unabsehbar großen Zahl von Gründen für eine Lahmheit deren baldige und sorgfältige Klärung unbedingt erforderlich.

Solche Untersuchungen sind langwierig. Oft erfordern sie mehrere Anläufe, besonders bei jenen geringgradigen Lahmheiten, die auf Verschleißerscheinungen der Gelenke, Sehnen und Bänder zurückgehen. Dies ist dann kein Zeichen für diagnostische Schwächen des entsprechenden Tierarztes, sondern eher für ein besonders sorgfältiges Vorgehen.

Falsches Vortraben

Verwechslung:

Bei Kreuzverschlag (s. S. 56 f.) und Hufrehe (s. S. 72 f.) betrifft die Lahmheit nicht nur ein einzelnes Bein. Bei allen Zuständen allgemeiner körperlicher Schwäche (Hitzschlag, s. S. 134 f., Erschöpfung, s. S. 126 f.) wirkt sie oft diffus.

MASSNAHMEN

- Bei hochgradiger Lahmheit wird das entsprechende Bein gar nicht mehr belastet. Hier besteht unter anderem immer Verdacht auf einen Knochenbruch (s. S. 74 f.) oder ein gravierendes Sehnenproblem (Sehnenschaden, s. S. 80 f.).
- Die Ursache einer hochgradigen Lahmheit möglichst schnell klären. Das Pferd bis dahin nicht bewegen, nicht transportieren. Keine Schmerzmittel verabreichen! Diese könnten den Patienten zu festerem Auftreten veranlassen und das Problem damit verschlimmern.
- Bei geringgradiger Lahmheit (im Schritt nicht erkennbar, wohl aber im Trab) kann bis zu drei Tagen abgewartet werden. Pferd in dieser Zeit ruhigstellen, Kraftfutter um zwei Drittel kürzen (Gefahr von Kolik und Kreuzverschlag). Besser aber den Tierarzt auch hier am nächsten regulären Arbeitstag nachsehen lassen.
- Solche Lahmheiten werden zum Notfall, wenn sie sich innerhalb von Stunden verschlimmern oder im Zusammenhang mit erkennbar ernsten Erkrankungen wie Nageltritt (s. S. 78 f.), Phlegmone (Einschuß, s. S. 66 f.), Hufabszeß (s. S. 70 f.) o. ä. stehen.
- Alle mittelgradigen Lahmheiten sind in Abhängigkeit von den weiteren Symptomen entweder als Notfall zu betrachten und umgehend zu behandeln, oder aber spätestens am nächsten regulären Arbeitstag.

Anmerkung: Selbstverständlich ist die (auch langfristige) Anwendung von schmerzstillenden Medikamenten bei älteren, nicht mehr arbeitenden Pferden, denen mit einer ursächlichen Therapie nicht mehr geholfen werden kann, manchmal sinnvoll: Auch Pferde haben ein Recht auf Schmerzlinderung.

Voraussetzung ist aber eine klare Diagnose und laufende tierärztliche Überwachung von Wirkung und Nebenwirkung der Therapie.

WAS BRAUCHE ICH?

- Ggf. Verbandstoffe

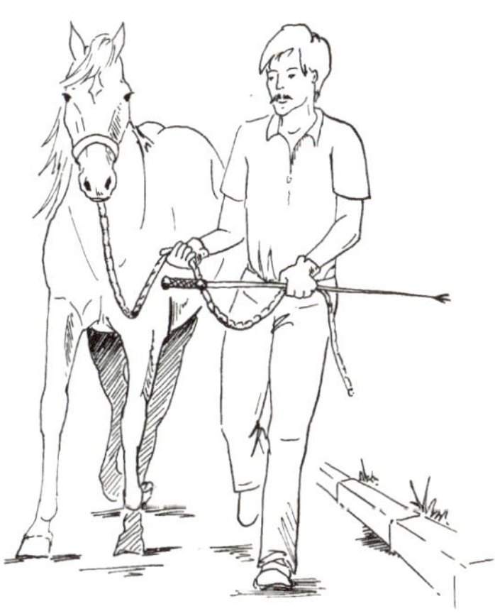

Richtiges Vortraben: Pferd läuft am lockeren Strick geradeaus, auf festem Boden, der Führende trägt Gerte und Handschuhe, in den Wendungen geht er um das Pferd herum, das Pferd wendet nicht um ihn.
Vorsicht: Nie vortraben, wenn Pferd schon im Stand oder Schritt deutlich lahm ist! Ruhigstellen, Tierarzt sofort rufen!

SYMPTOME

- **Unterschiedlich starke Lahmheit**
- **Bei Verletzung während des Reitens tritt plötzliche Lahmheit auf**
- **Findet man Pferde mit einem Nageltritt vor, sind oft schon Entzündungserscheinungen am Huf festzustellen:**
- **Pulsation der Arterien am Fesselkopf, vermehrte Wärme**
- **Beim Aufheben des Hufes ist der eingespießte Gegenstand nicht unbedingt zu sehen!**

VERDACHT

Nageltritt

Nageltritte können natürlich nicht nur durch Nägel, sondern auch durch Drahtstückchen und andere metallische Gegenstände hervorgerufen werden. In Ausnahmefällen können auch Glasscherben (Flaschenböden) weiches Strahlhorn bis in die Tiefe durchtrennen. Diese durchdringen die Hornschicht des Hufes und verletzen darunterliegende Gewebe. In einigen Fällen wird nur die schmerzempfindliche Lederhaut beschädigt.

Dramatisch kann es werden, wenn Hufgelenk, Schleimbeutel der Hufrolle, Hufbein oder andere funktionelle Strukturen betroffen sind. Damit ist besonders dann zu rechnen, wenn der Nagel am tiefsten Punkt der Strahlfurche nahe der Eckstrebe eingedrungen ist.

Infektionen im Inneren des Hufes sind nur schwer zu beherrschen und führen oft zur Reituntauglichkeit oder Euthanasie des Pferdes. Ihre Behandlung ist nicht nur langwierig, sondern auch sehr teuer. Außerdem äußern sie sich erst dann mit Schmerzen und Lahmheit, wenn sie bereits gefährlich weit fortgeschritten sind. Die Vorbeugung ist also wichtig.

Überdies ist eine Nageltrittwunde die typische Eintrittspforte für den Erreger des **Wundstarrkrampfes.**

Unabhängig von Ausdehnung und Lahmheitsgrad gehört jeder Nageltritt umgehend in tierärztliche Behandlung.

Vorsorglich sollten Weide und Auslauf auf weitere Gefahrenquellen für die anderen Pferde abgesucht werden.

Verwechslung: **Kaum möglich, wenn der Fremdkörper gefunden wird. Ansonsten denkt man je nach Lahmheitsgrad an einen Hufabszeß (s. S. 70 f.) oder Bruch (Knochenbruch, s. S. 74 f.).**

MASSNAHMEN

- Nagel nicht entfernen! Stichrichtung und Eindringtiefe geben dem Tierarzt Hinweise auf die inneren Schäden.
- Ragt der Nagel so weit über den Tragrand hinaus, daß er bei jedem weiteren Schritt tiefer einzudringen droht, kneift man ihn mit der Zange entsprechend ab.
- Nur im Notfall wird er herausgezogen. Dann aufheben, Stichrichtung und Eindringtiefe merken.
- Als Schutz bis zum Eintreffen des Tierarztes Hufverband (s. S. 18) anlegen.
- Tetanusschutz kontrollieren!

WAS BRAUCHE ICH?

- Verbandwatte
- Kneifzange
- Schere
- selbsthaftende Bandage
- Gewebeklebeband

Nageltritt: den Nagel nicht entfernen! Verband anlegen, Tierarzt benachrichtigen, Tetanus-Impfschutz kontrollieren.

SYMPTOME

- Plötzliche hochgradige Lahmheit, Durchbiegigkeit in der Fessel
- Geringe Lahmheit nach Belastung
- Angelaufene Beine, Beugesehnenpakete wadenartig verdickt, warm, druckempfindlich
- Vorführen des Beines nicht mehr möglich, knickt über die Fessel nach vorne (Überköten)

VERDACHT

Sehnenschaden

Sehnenschäden können die Streck- oder Beugesehnen betreffen. An den **Strecksehnen** handelt es sich oft um Unfälle, bei denen diese Strukturen durch Scherben oder andere scharfe Gegenstände durchtrennt werden. Meist heilen aber sogar zerschnittene Strecksehnen nach einigen Monaten völlig aus.

Beugesehnenverletzungen sind gefährlicher.

Eine völlige Durchtrennung entsteht beim Treten in Glasscherben oder metallische Schneiden sowie bei einem Abriß durch Fehlbelastung. Ist der **Fesselträger** betroffen, so spricht man vom Niederbruch: extreme Durchtrittigkeit, hochgradige Lahmheit und Schmerz. Abriß des **Fersensehnenstrangs** oder seines Gegenspielers äußert sich in unnatürlicher, nicht gleichsinnig zum Kniegelenk durchführbarer passiver Beweglichkeit des Sprunggelenkes. Kurz über demselben bilden sich beim Strecken nach hinten deutliche Falten.

Sehnenfaserrisse können unterschiedlich umfangreich sein. In der Regel steigern sich die Symptome parallel zur Menge der zerstörten Fasern. Im Wundgebiet bilden sich schnell Blutergüsse und Ödeme, das Gewebe quillt auf, die Heilung wird so verzögert. Die Vernarbung läuft unter Knötchenbildung ab, Verklebungen mit der Sehnenscheide sind möglich. Dadurch entstehen bei jeder Belastung weitere Reizungen mit nachfolgender Entzündung, die dann das Problem verschlimmert.

Die Prognose ist in Abhängigkeit von Sitz und Umfang der Zerstörungen unterschiedlich, in bezug auf die Brauchbarkeit für Spitzenbelastung sehr vorsichtig zu stellen.

Auch die sogenannten „**dicken Beine**" können eine Reaktion auf überlastete Sehnen sein und sollten den vorsichtigen Reiter zu einer Überprüfung des Arbeitspensums für sein Pferd veranlassen.

Verwechslung: **U. U. mit Knochenbrüchen (s. S. 74), Phlegmone (Einschuß, s. S. 66 f.) oder Ödemen (s. S. 58 f.).**

MASSNAHMEN

- In hochgradigen Fällen Arbeit sofort einstellen, bei starker Lahmheit Rücktransport erst nach Untersuchung durch den Tierarzt.
- Mittelgradige Fälle sofort intensiv mit Eis oder Kältepackung kühlen.
- Wenn nicht möglich, legt man sofort einen straffen trockenen Stützverband an, um das Aufquellen des Gewebes durch Gegendruck zu hemmen.
- Bald tierärztlich untersuchen lassen.
- Gering angelaufene, warme Beine: Zuerst intensiv im Eiswasserbad kühlen, dann trockenen Druckverband anlegen.
- Mehrere Tage absolute Ruhe, dann sehr langsam antrainieren und Anforderungen reduzieren.
- Wiederholt sich die Symptomatik, Tierarzt konsultieren.

WAS BRAUCHE ICH?

- Verbandwatte
- Schere
- selbsthaftende Bandage

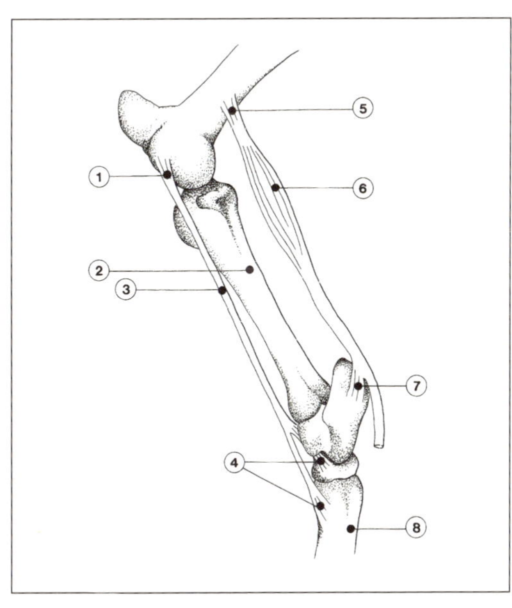

1. Ursprung am Oberschenkelknochen
2. Unterschenkelknochen
3. Gegenspieler des Fersenschnenstranges
4. Ansatzstellen
5. Ursprung am Oberschenkelknochen
6. Fersensehnenstrang
7. Teilansatz
8. Röhrbein

Spannsägenkonstruktion: Kann man das Knie beugen und zugleich das Sprunggelenk strecken, ist der Fersensehnenstrang oder sein Gegenspieler gerissen. Pferd sofort ruhigstellen.

SYMPTOME

- **Kleine, nadelstichartige Verletzungen an Beinen, Maul oder Nüstern**
- **Zweigeteilte, gequetscht erscheinende Fellabschabungen im Rücken- und Kruppenbereich**

VERDACHT

Bißverletzung

Auch kleinste Bißverletzungen sind bei Pferden sehr ernst zu nehmen. Hundebisse infizieren sich wegen der nadelstichartigen Zahnabdrücke sehr leicht und können umfangreiche, eiternde Entzündungen hervorrufen. Auf den ersten Blick ist die Tiefe solcher Wunden schwer abzuschätzen. Oft sind funktionelle Strukturen in der Tiefe betroffen, an den Beinen etwa die Gelenke oder Sehnenscheiden. Auch wenn solche empfindlichen Gewebe zunächst unverletzt bleiben, kann sich die Entzündung nach Tagen dorthin ausbreiten.

Findet man Pferde, besonders auf abgelegenen Weiden, mit Verletzungen vor, die Hundebissen ähnlich sind, sollte auch an Füchse (Tollwut) gedacht werden.

Nur bei wirklich großen, gezielt beißenden Hunden sind bedrohlich blutende Wunden an der oberen Beinhälfte oder am Hals zu erwarten. Solche Situationen sind eher selten.

Im Gegensatz zu Hunden beißen Pferde quetschend. Bleibt die Haut weitgehend intakt, so resorbiert sich der Bluterguß bald. Sehr große Blutergüsse sollte man vom Tierarzt behandeln lassen, da bei ihrer bindegewebigen Organisation verunstaltete Hautbezirke zurückbleiben können. Werden Pferde von Artgenossen in den Rücken gebissen, muß man mit dem Reiten einige Tage aussetzen.

Sind bei dem Pferdebiß jedoch Keime unter die Haut verschleppt worden, breiten sie sich in dem gequetschten Gewebe schnell aus. Liegt die Wunde oben im Rücken- oder Kruppenbereich, versacken die Keime bodenwärts und können umfangreiche, flächige Schäden anrichten.

Verwechslung: **Kaum möglich, wenn man die Gesamtsituation mitberücksichtigt. Es sind die Maßnahmen für Tiefenwunden (s. S. 106 f.) und Phlegmone (Einschuß, s. S. 66 f.) zu beachten.**

MASSNAHMEN

- Wunden unter Verband stellen (s. S. 16 ff.).
- Umfangreiche Pferde- sowie alle Hundebisse werden tierärztlich untersucht.
- Tetanusschutz überprüfen!
- Bei Hundebissen zuzüglich den Tollwut-Impfschutz kontrollieren!

WAS BRAUCHE ICH?

- Sterile Wundabdeckung
- Verbandmull oder Verbandwatte
- Schere
- selbsthaftende Bandage

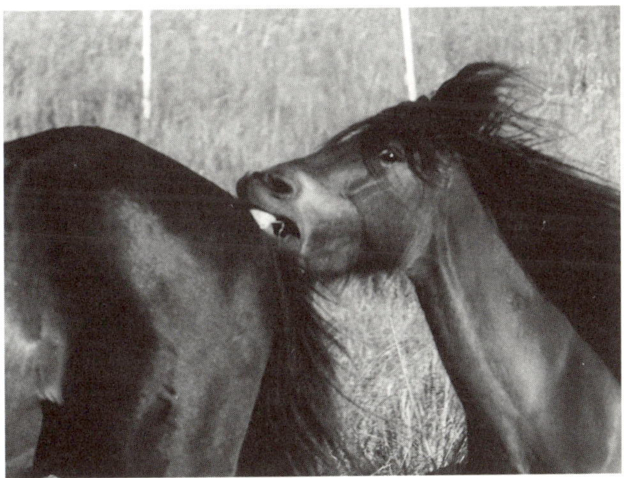

Pferde beißen quetschend. Während sich kleinere Blutergüsse meist schnell resorbieren, kann ein Durchtrennen der Haut mit Keimverschleppung zur Ursache für schwere Infektionen werden.

SYMPTOME

- **In größerem Umfang meist nach Stall- oder Hängerbrand**
- **Größere Zerstörungen von Haut, Unterhaut und Bindegewebe**
- **Schwerer septischer Kreislaufschock**

VERDACHT

Brandwunde

Verbrennungen zerstören die Haut als größtes Stoffwechselorgan. Wasserhaushalt, Atmung und Infektionsabwehr werden massiv geschädigt. Bei umfangreichen Verbrennungen kann durch Gifte aus dem verbrannten Gewebe ein schwerer, lebensbedrohlicher Kreislaufschock einsetzen. Solche Patienten benötigen eine Intensivtherapie mit Infusionen.

Nach der akuten Phase besteht die Gefahr großflächiger Infektionen, da die Haut ihre natürliche Funktion als erste Abwehrbarriere des Körpers nicht mehr erfüllen kann. Die Heilung einer Brandwunde wird besonders schwer und entsprechend langwierig bei umfangreichen zusammenhängenden Zerstörungen ohne dazwischenliegende intakte Hautinseln, von denen gesunde Zellen nachwachsen können.

Verbrennungen 1. und 2. Grades äußern sich mit Rötungen, Bläschen und Schwellungen. Wenn nicht mehr als etwa ein Drittel bis knapp die Hälfte der Körperoberfläche betroffen ist, gilt die Prognose als relativ gut. Verbrennungen 3. und 4. Grades bedeuten umfangreiche Zerstörungen auch tieferer Gewebeschichten oder regelrechte Verkohlungen. Sie heilen unter erheblicher Narbenbildung aus und können damit die spätere Nutzung des Tieres beeinträchtigen. Ist etwa die Hälfte der Hautfläche oder mehr verbrannt, gehen die Patienten in der Regel ein.

Großflächige Verbrennungen sind bei Stall- oder Hängerbränden zu erwarten. Kleinflächige Brandwunden beurteilt man je nach Ausdehnung als Hautwunde (s. S. 90 f.) oder Tiefenwunde (s. S. 106 f.).

Im Zweifelsfall überläßt man die Einordnung dem Tierarzt.

MASSNAHMEN

- ➡ Kleine Verbrennungen mit einem sehr lockeren sterilen Verband abdecken, diesen mit Trinkwasser gegen Verklebungen anfeuchten!
- ➡ Großflächige Brandwunden bis zur Endversorgung mit sauberen feuchten Tüchern ohne Druck abdecken, um die Infektionsgefahr zu vermindern.
- ➡ Tränkwasser anbieten, für temperaturneutrale Umgebung sorgen (nicht zu kalt, nicht zu warm).

WAS BRAUCHE ICH?

- Sterile Wundabdeckung
- Verbandmull
- Schere
- selbsthaftende Bandage
- ggf. großes dünnes Baumwolltuch

SYMPTOME

- Gesträubte Haare, schorfige Knötchen, Krusten oder wunde Stellen auf der Haut
- In einigen Fällen Juckreiz, Unruhe, Scheuern

VERDACHT

Ekzem

Der Ausdruck „Ekzem" ist ein Sammelbegriff für unterschiedliche Hauterkrankungen.

Ursächlich kommen verschiedene Faktoren in Betracht. Hautentzündungen im engeren Sinn werden durch Milben und Pilze hervorgerufen, sie können aber auch durch Futtermittel wie Kartoffeln und Schlempe oder durch Sonneneinstrahlung nach Aufnahme von photosensibilisierenden Stoffen (Johanniskraut) ausgelöst werden. Der Juckreiz ist in diesen Fällen meist nur gering. Ein typisches Beispiel ist die Mauke.

Durch Kontaktstoffe wie Lederpflegemittel, Pferdekosmetika und pflanzliche Stoffe (Nesseln, Wolfsmilchgewächse, Disteln) entsteht eine unterschiedlich stark juckende Hautentzündung mit Haarausfall und Krustenbildung.

Schließlich können allergische Reaktionen zu Reizungen der Haut führen. Diese gehen zumeist mit erheblichem Juckreiz einher.

Bekannt ist das **Sommerekzem** nördlicher Pferderassen. Hier kommen verschiedene Faktoren zusammen, vornehmlich Fütterungsbesonderheiten, Insektenbefall, Temperatur- und Stoffwechselprobleme.

Ekzeme können sich innerhalb weniger Stunden entwickeln, meist dauert es aber doch einige Tage bis zur vollständigen Ausprägung des Krankheitsbildes. Sie stellen keinen Notfall dar, können durch den Juckreiz aber eine große Belastung sein. Besonders auf Pferde mit Sommerekzem muß unbedingt Rücksicht genommen werden. Solche Patienten ohne kühlen und dunklen Stall im Sommer auf eine Weide zu stellen ist Tierquälerei.

Außerdem kann nur eine rasche Abstellung der Ursache die zeitweilige oder langfristige Reituntauglichkeit durch Schäden in der Sattel- und Geschirrlage verhindern.

Verwechslung: **Ekzematöse Hautveränderungen können die Spätfolge eines Nesselfiebers (s. S. 98 f.) sein. Man denke auch an einen etwaigen Pilzbefall oder an Hautparasiten.**

MASSNAHMEN

- Wenn ohne weitere Symptome und ohne starken Juckreiz, reicht eine Behandlung am nächsten regulären Arbeitstag des Tierarztes.
- Bei starkem Juckreiz aus tierschützerischen Gründen baldigst behandeln lassen.
- Bis dahin kühl und dunkel aufstallen, im Sommer mit Wasser kühlen.
- Milde Heilsalbe (für Pferde zugelassen) auftragen.
- Ursachen suchen: Futtermittel, Kontaktstoffe, Insekten, Pflegemittel…
- Obwohl kein eigentlicher Notfall, sind Ekzeme trotzdem eine ernstzunehmende Erkrankung!

WAS BRAUCHE ICH?

- Wundsalbe

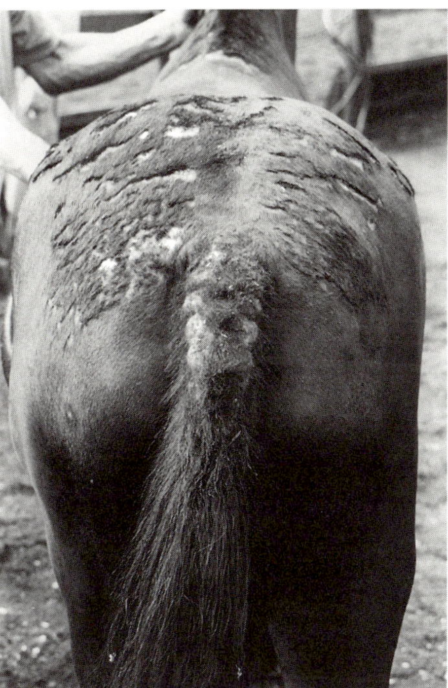

Sommerekzem ist in höhergradigen Fällen für die Patienten sehr belastend. Es muß intensiv behandelt werden, die Haltung ist umzustellen: Insektenschutz und kühler Stall, nur nachts weiden lassen, eiweißarm füttern.

SYMPTOME

- **Fremdkörper in Kopf, Hals, Rumpf oder Beine eingedrungen**
- **Blutung unterschiedlichen Ausmaßes**

VERDACHT

Fremdkörperverletzung

Spektakuläre Unfälle mit in den Rumpf eingespießten Ästen, Zaunlatten oder Wagendeichseln kommen gelegentlich vor und stellen immer eine lebensbedrohliche Situation dar. Steckt der Gegenstand als Pfropf in einem Blutgefäß, kann falsches Entfernen durch Laien tödliche Blutungen hervorrufen. Außerdem ist es dann bei der endversorgenden Operation kaum noch möglich, den Wundkanal exakt zu erkennen, in die Tiefe zu verfolgen und alle infizierten Teile des Fremdkörpers, vor allem Holzsplitter, zu entfernen. Alle im Pferd zurückbleibenden Partikel können aber schwere Entzündungen auslösen. Eine der gefährlichsten Komplikationen ist die oft tödlich endende Bauchfellentzündung.

Aber auch kleine Verletzungen dieser Art können vor allem an den Beinen durch Keimverschleppung in Sehnenscheiden und Gelenke gefährlich sein, wenn sie nicht erkannt oder aber zu spät versorgt werden. Außerdem besteht immer die Gefahr eines Einschusses (Phlegmone). Neben der Abdeckung der Wunde als Schutz vor weiterer Verschmutzung ist es daher wichtig, möglichst bald eine Endversorgung vornehmen zu lassen.

Außerdem empfiehlt sich eine Kontrolle von Stall, Weide oder Auslauf auf weitere Gefahrenquellen für andere Pferde. Lose Holzstapel, landwirtschaftliche Geräte oder Gerümpel in der Nähe von Pferden zu lagern bedeutet immer das Risiko schwerwiegender Verletzungen. Dabei sind neugierige spielende Fohlen und Jungpferde besonders gefährdet.

Verwechslung: **Sonderfälle sind der Nageltritt (s. S. 78 f.), bei dem ein Fremdkörper im Huf steckt, und das Vorliegen eines Augenfremdkörpers (s. S. 32 f.).**

MASSNAHMEN

- Gegenstand nicht herausziehen!
- Tierarzt sofort benachrichtigen.
- Wenn Kliniktransport erforderlich, vorstehende Fremdkörper auf 10 cm kürzen.
- Dann den Stumpf mit zahlreichen Lagen Klebeband oder einem fest verknoteten Baumwolltuch direkt über der Haut umwickeln und so gegen weiteres Eindringen in den Pferdekörper sichern.
- Wunde vorsichtig und ohne Druck mit Verband abdecken.
- Tetanusschutz überprüfen!

WAS BRAUCHE ICH?

- Gewebeklebeband
- Verbandmull
- Schere
- selbsthaftende Bandage

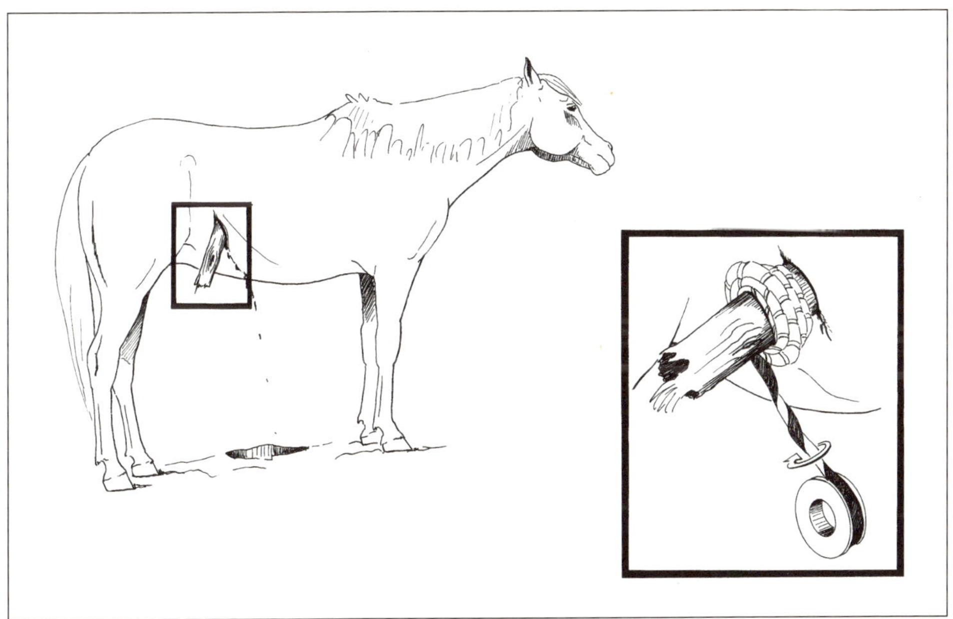

Eingespießte Fremdkörper nicht entfernen! Mit Klebeband vor weiterem Eindringen sichern, bei Transport auf etwa 10 cm kürzen.

SYMPTOME

- Verletzung an Kopf, Rumpf oder Beinen, klein und wenig blutend
- Nicht oder nur ganz gering verschmutzt
- Keine Wundtaschen oder -höhlen, die Wunde geht offensichtlich nicht durch die Haut hindurch
- Umgebung der Wunde nicht geschwollen oder schmerzhaft
- Pferd zeigt keine Lahmheit

VERDACHT

Hautwunde

Haut- oder Oberflächenwunden sind Verletzungen, die die Haut nicht durchtrennen und daher nicht in tiefere Gewebeschichten reichen. Ein Sonderfall sind Schürfwunden (s. S. 100 f.).

Solche Wunden sind in der Regel harmlos, besonders wenn sie an Kopf und Rumpf auftreten, da die Verschmutzungsgefahr hier geringer ist als an den Beinen. Sie bedürfen keiner tierärztlichen Behandlung.

Wichtig ist es für die Beurteilung aber, daß die Ausdehnung der Wunde klar zu erkennen ist. Wenn ein versteckter Wundkanal in die Tiefe führt, kann dieser leicht zum Ausgangspunkt für eine Phlegmone (Einschuß, s. S. 66 f.) oder Wundstarrkrampf (Tetanus, s. S. 136 f.) werden. Außerdem können dann immer auch empfindliche tiefe Strukturen betroffen sein, etwa Sehnenscheiden oder Gelenke. Oberflächliche Wunden an den Beinen sollte man im Zweifelsfall daher lieber vom Tierarzt kontrollieren lassen, als das Risiko einer verschleppten Infektion einzugehen.

Auch ist es natürlich denkbar, daß die äußere Wunde nur ein harmloser Teil der gesamten Verletzung ist, zum Beispiel nach einem Sturz oder Rangkämpfen mit Bissen und Huftritten. Daher achtet man auf die Wundumgebung, auf Schwellung, Schmerz und Lahmheiten, um zusätzliche Probleme nicht zu übersehen.

Zahlreiche kleine Wunden an den Beinen, am Kopf und den Hüfthöckern können im Einzelfall nach rücksichtslosem Wälzen durch Kolik (s. S. 54 f.) auftreten. Dann ist natürlich höchste Gefahr im Verzuge, auch wenn das Pferd mittlerweile wieder ruhig geworden ist. Gerade diese duldsame Ruhe kann trügerisch sein und das Vorliegen eines Darmverschlusses zunächst verschleiern.

Verwechslung: **Verwechslungsgefahr besteht insofern, als man sicher sein muß, daß die Verletzung die Haut wirklich nicht durchdrungen hat.**

MASSNAHMEN

- Ergibt die sorgfältige Begutachtung der Wunde, daß die Haut nicht durchdrungen ist (siehe auch Abbildung S. 67), kann sie mit einem filmbildenden Wundspray (für Pferde zugelassen) abgedeckt werden.
- Besteht der Verdacht einer Beteiligung tiefer Gewebeschichten, wird nicht vor der Untersuchung durch den Tierarzt gesprayt!
- Größere Verschmutzungen mit Wasserstrahl (Trinkwasser) ausspülen.
- Abdeckung mit Verband nur bei Insektenplage erforderlich.
- An den folgenden Tagen muß die Wunde komplikationslos abheilen, insbesondere ohne Schwellung, Schmerzen oder Lahmheit.
- Bei Zweifel an der Ausdehnung der Wunde oder Verschlechterung an den Folgetagen ist der Tierarzt hinzuzuziehen.

WAS BRAUCHE ICH?

- Wundspray
- ggf. Verbandstoffe

Achtung!

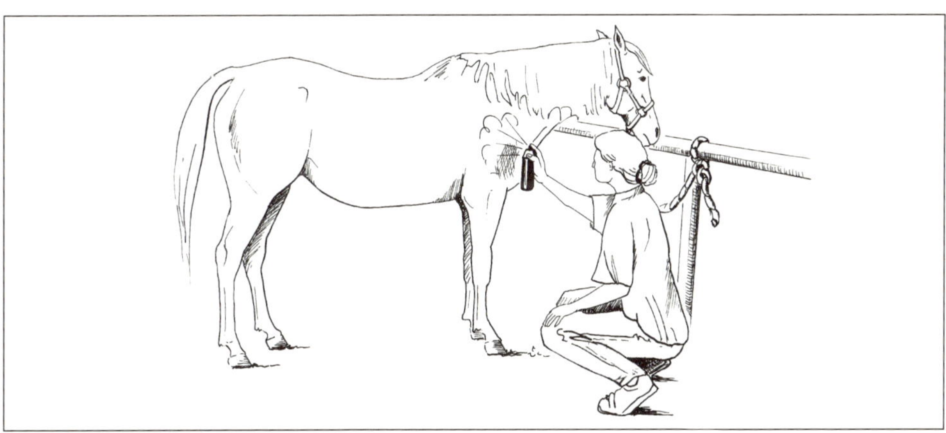

Wenn es ganz sicher ist, daß nur eine Hautwunde ohne Beteiligung tiefer Gewebeschichten vorliegt, kann ein abdeckendes Wundspray aufgetragen werden. Muß der Tierarzt aber nachsehen, benutzt man vorher keine Medikamente.

SYMPTOME

- **Hautabschabungen geringen Umfangs mit relativ großen Schwellungen der tieferen Gewebe**
- **Vornehmlich an Hinterbeinen, Brust, Oberarm und Rippenbogen**
- **Lahmheit trotz offenbar nur kleiner äußerer Wunde**

VERDACHT

Huftrittverletzung

Huftritte kommen bei Weide- und Auslaufhaltung oder gemeinsamen Ausritten gelegentlich vor. Solche stumpfen Traumen sind äußerlich unauffällig, das Problem liegt aber darin, die Schäden in der Tiefe zu beurteilen.

Schläge auf den Rumpf werden in der Regel durch Haut und Muskulatur abgefangen. Schmerzhafte Blutergüsse vergehen schnell. Ist der Bluterguß allerdings sehr groß, kann eine tierärztliche Behandlung erforderlich werden, um Folgeschäden durch Narbenbildung zu verhindern. Tritte gegen die Beine können die Bildung einer knöchernen Zubildung, eines Überbeins, bewirken. Überbeine sind oft nur ein Schönheitsfehler, können aber auch die Funktion von Sehnen und Sehnenscheiden beeinträchtigen und dann zu Lahmheiten führen. Verletzungen an den Gelenken sind selten, der spektakuläre Beinbruch nach Pferdetritten ist sogar sehr selten.

Der weitaus überwiegende Anteil dieser Verletzungen entsteht bei neu zusammengestellten Pferdegruppen durch die Rangordnungskämpfe in den ersten Tagen. Daher sollte man gewachsene Gemeinschaften nicht unnötig umgruppieren. Werden einzelne Pferde neu in die Herde aufgenommen, so stellt man sie zunächst für einige Tage in einen direkt angrenzenden Paddock mit **doppeltem** Elektrozaun, so daß die Pferde sich zwar sehen, riechen und hören können, aber keinen direkten Kontakt haben. Der körperliche Erstkontakt ist dann viel gelassener.

Natürlich läßt sich die Verletzungsgefahr durch **Abnahme der Eisen** stark verringern.

Herdenleben und Außenhaltung bieten einem Pferd enorme gesundheitliche und psychische Vorteile. Das Verletzungsrisiko steht dazu in keinem Verhältnis und wird oft überschätzt.

Verwechslung: **Mit allen Tiefenwunden (s. S. 106 f.) und Hautwunden (s. S. 90 f.) anderer Herkunft. Die Behandlung ist entsprechend.**

MASSNAHMEN

- Hautwunden an Rumpf und Kopf mit einem Abdeckspray (für Pferde zugelassen) versehen. Mäßige Schwellungen des umliegenden Gewebes resorbieren sich meist in kurzer Zeit von alleine.
- Tiefe und stark blutende Wunden müssen tierärztlich versorgt werden. Bis dahin gepolsterten Verband (s. S. 16 ff.) anlegen
- An den Beinen verfährt man nach demselben Schema, sollte hier allerdings nicht nur tiefe, sondern auch oberflächliche Hautwunden bei Schwellung, Wärme oder Lahmheit vom Tierarzt kontrollieren lassen.

WAS BRAUCHE ICH?

- Abdeckspray für oberflächliche Wunden
- sterile Wundabdeckung
- Verbandmull oder Verbandwatte
- Schere
- selbsthaftende Bandage

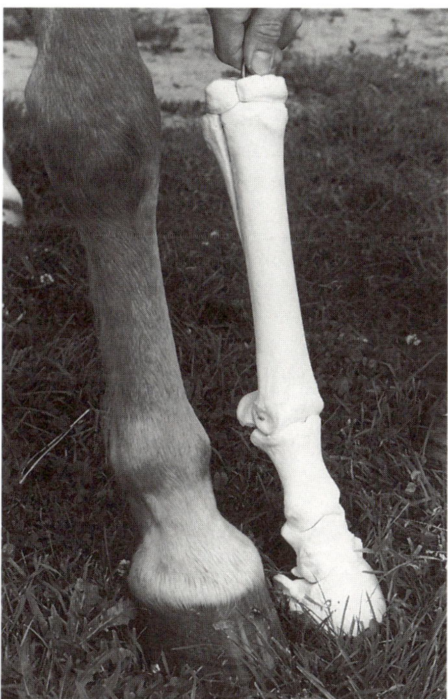

Die Evolution hat das Pferd zum Zehenspitzengänger gemacht: Das ganze Gewicht ruht im unteren Beinabschnitt auf der ehemaligen Mittelzehe. Ein so differenziertes Organ ist natürlich anfällig für Störungen.

SYMPTOME

- **Knötchen, Quaddeln, Blutpunkte an Unterbauch, Brust, Schlauch und Euter**
- **Insekten werden direkt beobachtet**
- **Juckreiz, Unruhe, Scheuern**
- **Später schorfige Krusten, Hautinfektionen, Ekzeme**
- **Lebensbedrohliche Kreislaufprobleme bei Massenanflug von Wespen oder Kriebelmücken**

VERDACHT

Insektenstich

Insektenstiche sind als lokale Veränderungen meist harmlos. In der Sattellage können sie allerdings die Erstursache für Sattelknötchen oder Scheuerstellen werden. Ein Wanderritt muß daher meist unterbrochen werden. Ebenso spielen sie eine wichtige Rolle für das Auftreten des Sommerekzems. Infizierte Stiche können eine großflächige Entzündung der Haut verursachen.

Gefährlich sind allergische Allgemeinreaktionen mit Kreislaufschock. Diese sind aber in der Regel nur bei zahlreichen Stichen von Wespen oder Hornissen zu erwarten. Selten wird ein Pferd beim Verschlucken von Wespen in Maul, Gaumen oder Schlundkopf gestochen. Dann ist ein rasches Eingreifen notwendig, denn ein Erstickungsanfall droht.

Kriebelmücken *(Simuliidae)* stellen im Frühjahr ein besonderes Problem dar. In den Uferzonen begradigter und damit schneller Flußläufe, vor allem im Rhein-Main-Gebiet, fühlen sie sich besonders wohl. Der Massenanflug der ersten Generation im April und Mai fordert alljährlich Todesfälle bei Weidetieren. Das im Speichel enthaltene Gift löst schwere Schockerscheinungen mit Erstickungsanfällen aus. Im Laufe des Sommers gewöhnen sich die Tiere an das Gift. Betroffen sind daher weniger die Offenstallpferde, als vielmehr abrupt auf Weidegang umgestellte Stallpferde ohne ausreichenden chemischen Insektenschutz.

Allgemein gilt: Eine sommerliche Weidehaltung in insektenreicher Lage, bei der die Tiere ohne dunkle Schutzhütte Tag und Nacht draußen stehen, ist keine Robusthaltung, sondern eine Pferdehölle. Massive Anwendung von effektiven chemischen Insektensprays ist dann unbedingt erforderlich und in einigen Fällen (sumpfige Niederungen, Waldrand, Tallage) ein Aufstallen während der Hauptflugzeit der Insekten unumgänglich.

Verwechslung: **Mit geringgradigem Nesselfieber (s. S. 98 f.), bei welchem die Haut über den Quaddeln aber unverletzt ist.**

MASSNAHMEN

- Bei Störungen des Allgemeinbefindens den Tierarzt umgehend benachrichtigen!
- Stiche in der Sattellage durch Auflegen eines feuchten Schwamms behandeln. Den Schwamm mit einem Deckengurt oder einer elastischen Binde so fixieren, daß er einen sanften, aber dauerhaften Druck auf die geschwollene Stelle ausübt.
- Kühllotionen zur Behandlung von einzelnen Insektenstichen können zusätzlich verwendet werden. Die Wirksamkeit ist aber oft zweifelhaft. Besser: Eine Scheibe rohe Zwiebel auflegen.
- Vorsorge vor weiteren Stichen durch ein Insektenabwehrmittel.
- Stiche in der Maulhöhle und innen im Kehlkopfbereich sind ein Notfall, weil Erstickung droht.

WAS BRAUCHE ICH?

- Schwamm oder Verbandmull
- selbsthaftende Bandage oder Deckengurt

SYMPTOME

- Verletzung im Bereich des Ballens oder Kronsaums
- Auch kleine Wunden dieser Art bluten zu Beginn heftig (Sickerblutungen), die Blutung kommt aber oft von selbst zum Stehen
- Ballentritte in der Regel an den Vorderhufen, Kronentritte besonders an der Innenseite der Hinterhufe

VERDACHT

Kronentritt

Kronen- und Ballentritte kommen bei beschlagenen Pferden häufiger vor und sind meist tiefer als bei barhufigen Pferden. Besonders verletzungsträchtig sind Stollen, vor allem solche mit Stahlstiften. Nach längerem Gebrauch wird das weiche Material des Stollens mehr und mehr abgelaufen, während der harte Stahlkern als Dorn übrigbleibt. Auch aus orthopädischen Gründen sind Stollen eine zwiespältige Angelegenheit, da sie den natürlichen Ablauf der Fußung stören können. Ihr Einsatz sollte sich auf unumgängliche Situationen beschränken.

Verletzungen am Kronsaum bluten meist sehr stark, da Krone und Ballen von einem gut ausgebildeten Netz feinster Blutgefäße durchzogen sind, um die für die Bildung des Hufhorns erforderliche intensive Blutversorgung zu ermöglichen. Trotzdem ist die Gefahr des Verblutens an dieser Stelle des Pferdebeins nicht gegeben, da die Gefäße in ihrem Durchmesser zu klein sind.

Viel wichtiger ist es, bei Zerstörungen im Kronsaum durch eine rasche Endversorgung mit Naht die Wundränder so zu adaptieren, daß das empfindliche hornbildende Gewebe keine Dauerschäden davonträgt. Dann nämlich wird in diesem Bereich fortan dünnes, minderwertiges oder Krüppelhorn gebildet und beeinträchtigt die Stabilität des ganzen Hufs erheblich.

Der Kronsaum liegt dicht am Erdboden, daher ist die Verschmutzungs- und Infektionsgefahr groß. Eine verschmierte, geschwollene und mit Keimen übersäte Wunde kann aber kaum noch erfolgreich genäht werden. Es ist deshalb sehr wichtig, die Wunde direkt durch einen Verband abzudecken.

Typische Situationen für das Auftreten von Kronen- und Ballentritten sind Transport und Geländeritte. Auf einen entsprechenden Schutz durch ausreichend lange Gamaschen oder Glocken sollte man nach Möglichkeit achten.

Verwechslung: **Kleine, tiefe Wunden sind anfällig für Phlegmone (Einschuß, s. S. 66 f.) und Tetanus (s. S. 136 f.).**

Maßnahmen

- Trotz der meist recht starken Blutungen ist immer noch Zeit, das Wundgebiet vorsichtig auf Ausdehnung und eventuelle Verschmutzungen zu untersuchen.
- Bei starken Verschmutzungen nicht reiben oder mit den Händen in der Wunde suchen.
- Statt dessen mit einem Wasserschlauch oder notfalls aus dem Eimer mit größeren Mengen Wasser (Trinkwasserqualität) abspülen.
- Wenn Sand oder kleine Steinchen festsitzen, darf der Wasserdruck hoch sein.
- Danach Wundumgebung abtrocknen und sofort Druckverband anlegen (s. S. 16 ff.).
- Tierarzt sofort benachrichtigen, Pferd ruhigstellen, Tetanusschutz überprüfen.
- Wenn Wunden sehr stark bluten oder geblutet haben und wenn zugleich keine Verbandstoffe vorhanden sind, unterläßt man das Spülen.

Was brauche ich?

- Sterile Wundabdeckung
- Verbandmull
- Schere
- selbsthaftende Bandage
- Gewebeklebeband

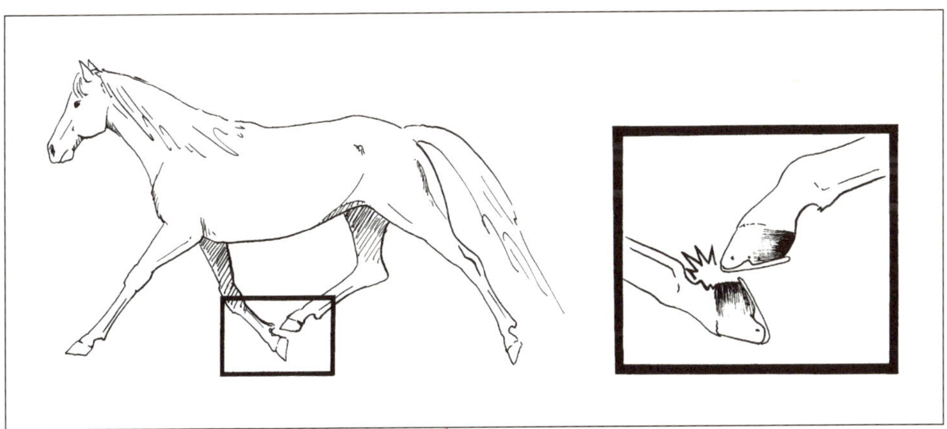

Verletzungen im Bereich des Kronrandes können in der Tiefe das Saumband verletzen. Ohne baldige Wundversorgung, nach Möglichkeit mit Naht, kann sich daraus verkrüppeltes Hufhorn entwickeln.

SYMPTOME

- Plötzlich auftretende einzelne bis zahlreiche, unterschiedlich große Hautquaddeln
- Quaddeln können zu beetartigen Schwellungen zusammenfließen
- Sie sind nicht entzündlich, in der Regel auch nicht schmerzhaft oder juckend
- Nach einigen Tagen Ausschwitzung von etwas klarer Flüssigkeit

VERDACHT

Nesselfieber

Nesselfieber (Urtikaria) ist das Symptom einer heftigen Reaktion des Immunsystems, die sich auch auf der Haut zeigt. Ursächlich kommen unverträgliche Futterbestandteile, bestimmte Medikamente oder Kontaktstoffe (Einstreu, Pflegelotionen, Geschirr) in Betracht, aber auch Insektenstiche und andere Reizungen. Außerdem kann Nesselfieber der Vorbote einer gefährlichen Immunkomplex-Krankheit (Petechialfieber) sein, wie sie beispielsweise im Gefolge einer Druseerkrankung möglich ist.

Die Quaddeln sind meist auf Hals und Rumpf lokalisiert, gelegentlich auch nur an den Beinen anzutreffen.

Der Anblick ist sehr eindrucksvoll und beunruhigt Pferdehalter stark. Trotzdem verschwinden die Quaddeln oft innerhalb einiger Stunden von selbst wieder. Es empfiehlt sich aber, nach der Ursache zu forschen, um Rückfällen vorzubeugen und andere Pferde des Bestandes zu schützen.

Gefährlich ist ein Überschießen der allergischen Reaktion in Form von Kreislaufstörungen, die eine baldige Intensivtherapie erfordern. Die Pferde werden dann zunehmend matt und apathisch, legen sich hin, verlieren das Interesse an der Umwelt. Der Puls steigt stark an und wird zugleich sehr schwach.

Etwa ein bis drei Tage nach dem Abschwellen der Quaddeln wird wäßrige Flüssigkeit aus den beetartigen Veränderungen abgesondert. Es bilden sich Krusten, die unter Verlust einiger Haare abfallen. Die Schädigung der Haut reicht aber meist nicht sehr tief. Trotzdem kann man erst dann wieder reiten, wenn Veränderungen in der Sattel- und Gurtlage vollständig verheilt sind.

Verwechslung: **Vorsicht ist geboten, wenn zugleich Schwellungen (Ödeme, s. S. 58 f.) am Kopf oder Unterbauch auftreten. Tierarzt dann sofort verständigen!**

MASSNAHMEN

- Pferd nicht in die pralle Sonne stellen.
- Werden nur einige wenige Quaddeln beobachtet und sind keine weiteren Krankheitserscheinungen festzustellen, kann zunächst einige Stunden abgewartet werden.
- Meist bilden sich die Veränderungen dann zurück. Kühlen ist hilfreich, es sollten aber keine Lotionen oder ähnliches benutzt werden, da sie ihrerseits möglicherweise allergen wirken, sondern nur Wasser, gegebenenfalls mit einem Schuß Obstessig.
- Bei massenhaftem Auftreten von Quaddeln oder zusätzlichen Allgemeinbeschwerden ist der Tierarzt zu benachrichtigen.
- Geritten werden darf erst nach Abklingen der Schwellungen und Verheilen der Krusten, auch um einem Satteldruck vorzubeugen.

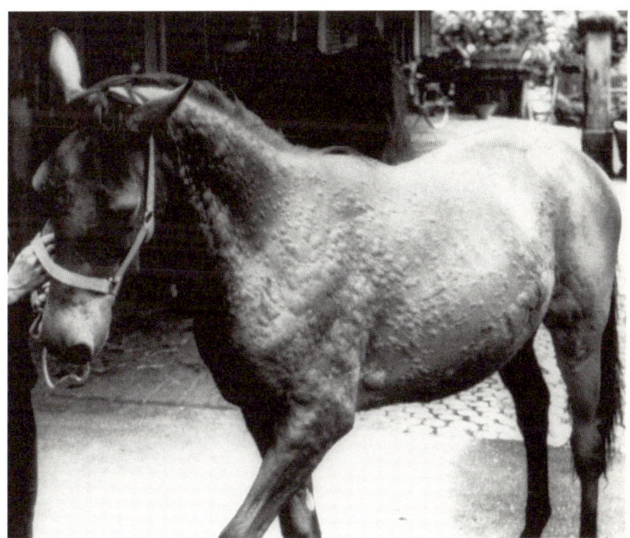

Nesselfieber (Urtikaria) ist behandlungsbedürftig, wenn weitere Symptome auftreten oder das Allgemeinbefinden gestört erscheint.

SYMPTOME

- **Flächige Verletzungen, häufig an Hüfthöcker, Kopf, Sprung- und Vorderfußwurzelgelenk**
- **Abgeschabtes Fell, Haut und Bindegewebe**
- **Schmutzpartikel in die Wunde eingerieben**

VERDACHT

Schürfwunde

Schürfwunden entstehen nach Reibekontakt mit Stalltüren, Weidepfählen und anderen festen Gegenständen sowie nach Stürzen auf Asphalt und Beton. Tiefere Schürfwunden bluten sehr stark, der Blutverlust ist aber nicht erheblich.

Unangenehm sind alle Formen von stark verschmutzten Schürfwunden. Nach Stürzen auf Kies- und geschotterten Feldwegen sind oft zahlreiche Steinchen und Schmutzpartikel in das Gewebe eingerieben. Meist sitzen sie aber nicht sehr tief. Solche Wunden sind selten eine ernste Gefahr, außer bei abriebbedingter Eröffnung eines Gelenks. Typisch ist diese Verletzung nach einem Sturz mit Vollbremsung auf dem Vorderfußwurzelgelenk. Bei Stürzen auf festem Boden kann ein Beckenbruch entstehen. Anschließende Lahmheit, auch am nächsten Tag, muß ernst genommen und nachuntersucht werden.

Schürfwunden an Kopf und Hüfthöcker mit Einstreu im Fell können ein Hinweis darauf sein, daß das Pferd in der Nacht festgelegen oder sich in großem Schmerz rücksichtslos hingeworfen hat (**Kolikverdacht**, s. S. 54 f.). In diesem Fall ist das Allgemeinbefinden vor allem von verdächtig ruhigen Patienten genau zu prüfen: Möglicherweise befinden sie sich im vorübergehend schmerzarmen Zustand eines Darmverschlusses. Diese Duldungsphase tritt manchmal dann ein, wenn Darmteile bereits längere Zeit abgeklemmt sind. Das Pferd „gewöhnt" sich dann an den Schmerz, der völlig abgestorbene Darm schließlich tut nicht mehr weh. Dieser Zustand wird vielfach mit einer Besserung verwechselt. Trotzdem ist der Patient lebensbedrohlich erkrankt und muß sehr schnell operiert werden. Eine abgewandelte Form der Schürfwunde sind auch wundgescheuerte Stellen durch unter die Gamaschen eingedrungene Sandkörnchen.

MASSNAHMEN

- Wunde mit scharfem Wasserstrahl reinigen. Steinchen mit Pinzette entfernen, aber nicht mit Tüchern reiben.
- Danach mit gepolstertem Verband abdecken, mit Trinkwasser anfeuchten, um Verklebungen zu vermeiden.
- Große Schürfwunden, tiefe in Gelenknähe sowie alle mit Lahmheit verbundenen vom Tierarzt kontrollieren lassen.

WAS BRAUCHE ICH?

- Verbandmull
- Schere
- selbsthaftende Bandage

SYMPTOME

- **An unpigmentierten Körperstellen zunächst Bläschen und Rötungen, später Sekret, rissige Krusten und Juckreiz**
- **Als Folgeerkrankung gelegentlich eitrige Hautentzündung, Mauke**

VERDACHT

Sonnenbrand

Sonnenbrand beschränkt sich auf weiße, unpigmentierte Hautpartien, vor allem an Maul, Nüstern und Fesseln. Schimmel, Füchse und Isabellen sind besonders gefährdet.

Die Sonneneinstrahlung muß entweder sehr stark sein, oder es wurden zusätzlich Substanzen aufgenommen, die eine Lichtsensibilisierung bewirken. Johanniskraut, Buchweizen und gelegentlich Klee oder Luzerne enthalten solche Stoffe. Johanniskraut wächst bevorzugt auf trockenen, extensiv genutzten Magerweiden. Es ist eine vorzügliche Heilpflanze, nur eben nicht als Futter.

Auch bestimmte Leberschäden können die Empfindlichkeit gegen UV-Licht erhöhen. Dabei werden Stoffwechselprodukte im Körper angereichert, die eine ähnliche Wirkung haben wie das Johanniskraut.

Früh erkannte Sonnenbrände auf den Nüstern sind meist harmlos, starke Formen und solche an den Beinen können sehr langwierig sein. Hautentzündungen und Infektionen mit Eiterkeimen in der Fesselbeuge sowie Mauke stellen nach Sonnenbrand eine unangenehme Komplikation dar. Die Beine können zusätzlich anlaufen und werden schmerzhaft.

Im Verdachtsfall (Johanniskraut in der Weide, Wanderritt im Hochsommer) Vorbeugung durch Einreiben der weißen Stellen mit Sonnenöl höchsten Lichtschutzfaktors oder Aufstallung während der heißen Tageszeit.

Zu einer artgerechten Weidehaltung gehört für Pferde aller Rassen (besonders für die nördlichen Robustpferde) die Möglichkeit, sich bei starker Sonneneinstrahlung unter dichten Baumkronen, einem Schutzdach oder in einem Offenstall unterstellen zu können.

Verwechslung: **Mit Ekzemen und Kontaktallergien anderer Ursache. Der zeitliche Zusammenhang zur Sonneneinstrahlung ist meist gegeben.**

MASSNAHMEN

- Patient unbedingt schattig unterbringen, Krusten mit milder Heilsalbe (für Pferde zugelassen) behandeln.
- Betroffene Beine unter Verband stellen.
- Bei starker Schwellung, Allgemeinstörungen oder gelben Schleimhäuten Tierarzt rufen.
- Weidebewuchs überprüfen, andere Pferde eventuell umstellen.

WAS BRAUCHE ICH?

- ggf. Verbandstoffe
- milde Heilsalbe

Das gelb blühende Johanniskraut (Hypericum perfoliatum) enthält Hyperizin. Dieser Stoff konzentriert sich in der Haut und kann im Zusammenwirken mit Sonnenlicht eine schwere, sonnenbrandähnliche Allergie auslösen.

SYMPTOME

- **Scheinbar kleine Wunden, oft kreisrund geformt, unscheinbar, versteckt**
- **Schwellung des umliegenden Gewebes**
- **Geringe Blutungsneigung**
- **Besonders oft im Fesselbereich**

VERDACHT

Stichwunde

Stichwunden entstehen immer noch durch Mistgabeln, häufiger aber durch Dornen, Drahtstücke und metallischen Schrott am Wegrand. Oft sind die Beine betroffen. In der Fesselbeuge werden solche Wunden besonders bei dichtem Haarkleid meist übersehen und wegen ihrer Kleinheit ganz allgemein oft unterschätzt.

Nur selten werden große Blutgefäße getroffen, eventuelle Blutungen kommen schnell zum Stillstand, da sich die Haut elastisch zusammenzieht und das Gefäß auf diese Weise abdichtet.

Stichwunden sind sauerstoffarm und bieten dem Erreger des Wundstarrkrampfs (Tetanus, s. S. 136 f.) damit ideale Voraussetzungen. Dafür müssen die Gegenstände, die die Verletzung verursachten, weder rostig noch besonders schmutzig sein! Fast immer werden bei Stichwunden eiterbildende Keime unter die Haut transportiert und können dort eine Phlegmone (Einschuß, s. S. 66 f.) auslösen.

Außerdem besteht die Gefahr, daß wichtige Strukturen in der Tiefe verletzt wurden: Eine unerkannte Infektion von Gelenk oder Sehne und Sehnenscheide hat eine sehr schlechte Prognose. Für den Beginn der Behandlung zählt jede Stunde, da die Keime bei ihrer Vermehrung Enzyme freisetzen, die Sehnenfasern zerstören und den Knorpel auflösen. Die Behandlung eines infizierten Gelenks kann sehr langwierig werden und ist oft nur bei stationärer Aufnahme in eine Pferdeklinik durchführbar. Daher kann eine sachgerechte Erste Hilfe nicht nur das Pferd retten, sondern dem Besitzer auch große Unkosten ersparen. Das etwas teurere Verbandmaterial der guten Qualität rechnet sich in jedem Fall.

Auch Nageltritte (s. S. 78 f.) und Bißverletzungen (s. S. 82 f.) sind Formen der Stichverletzung.

Verwechslung: **Mit Hunde- oder Fuchsbissen (Bißverletzung, s. S. 82 f.), vor allem, wenn sich die Einstichstellen symmetrisch gegenüberliegen.**

MASSNAHMEN

- Stichwunden an den Beinen sofort unter Verband (s. S. 19 f.) bringen.
- Jede Stichwunde muß tierärztlich kontrolliert werden.
- Man überprüft sofort den Tetanusschutz und im Verdachtsfall (bißartige Wunden) auch den Tollwutschutz.

WAS BRAUCHE ICH?

- Sterile Wundabdeckung
- Verbandmull oder Verbandwatte
- selbsthaftende Bandage

Auch kleinste Stichwunden sind für Pferde sehr gefährlich und sollten unbedingt tierärztlich kontrolliert werden.

SYMPTOME

- **Verletzung durchdringt die Haut**
- **Blut sickert, tröpfelt oder spritzt aus der Wunde**
- **Tiefere Gewebeschichten offenbar mitbetroffen**

VERDACHT

Tiefenwunde

Tiefenwunden haben die Haut durchdrungen und Schäden in der Tiefe des Gewebes gesetzt. Sie können in einigen Fällen stark bluten. Schwere arterielle Blutungen lösen beim Reiter meist Panik aus, sind aber mit einem Druckverband in der Regel beherrschbar. Unterhalb von Vorderfußwurzel- bzw. Sprunggelenk besteht in der Regel keine Verblutungsgefahr, da die Blutgefäße hier einen kleinen Durchmesser haben. Blutlachen auf festem Boden werden leicht überschätzt. Ein Großpferd kann ohne Probleme fünf bis sieben Liter Blut verlieren. Man muß zwar zügig handeln, hat aber trotzdem Zeit für kurzes Nachdenken. Verbände an den Hinterbeinen erregter und zappelnder Pferde dürfen trotz starker Blutungen nicht ohne Sicherung des Helfers (s. S. 10 ff.) vorgenommen werden.

Unterschätzt werden dagegen meist unscheinbare Tiefenwunden mit verdeckter Eröffnung von Gelenk oder Sehnenscheide. Hier führen Infektionen oft zu Reituntauglichkeit oder Euthanasie, wenn Gelenkknorpel zerstört oder Sehnenfasern aufgelöst werden. Dies gilt auch für unübersichtliche Wunden, die aber in der Nähe von Gelenken liegen. Kann man die Tiefe nicht abschätzen, ist Vorsicht geboten.

Richtige Erstmaßnahmen erleichtern die Endversorgung durch den Tierarzt beträchtlich und können Leben und Gebrauchsfähigkeit des Pferdes retten. Das Nähen einer sauberen, nicht ausgetrockneten und nicht geschwollenen Wunde ist viel erfolgreicher. Das gilt auch für Wundsalben und Desinfektionssprays. Diese können nicht nur die Wundheilung verzögern, sondern erschweren auch das Nähen und behindern die Übersicht im Wundgebiet, wenn sie gefärbt sind. In tiefen Wunden haben sie vor der Untersuchung durch den Tierarzt keinen Sinn.

Als Wanderreiter in abgelegener Gegend mit einer stark blutenden Verletzung seines Pferdes konfrontiert zu werden ist nicht sehr angenehm. Am besten hat man dann ein sauber verpacktes Notfallpäckchen mit einem fertig geschnittenen Stück Verbandmull und einer selbsthaftenden Bandage dabei (s. S. 14 f.).

MASSNAHMEN

- Blutungen im Strahl: Die Blutstillung hat Vorrang, Sauberkeit ist weniger wichtig. Kurz nachdenken, die Helfer absichern (s. S. 10 ff.), dann sofort Druckverband (s. S. 19) anlegen.
- Abbinden einer Gliedmaße: wegen unsicherer Wirkung, starker Schmerzen für das Pferd und Huftrittgefahr für die Helfer nicht ratsam.
- Sicker- und Tröpfelblutungen geben genug Zeit, um steril zu verbinden (s. S. 19).
- Impfschutz gegen Tetanus überprüfen!
- Alle Tiefenwunden vom Tierarzt kontrollieren lassen. Nähen ist nur in den ersten Stunden nach der Verletzung möglich.
- Keine Salben oder Desinfektionsmittel auftragen!

WAS BRAUCHE ICH?

- Sterile Wundabdeckung
- Verbandwatte oder Verbandmull
- Schere
- selbsthaftende Bandage

SYMPTOME

- Nach Bedeckung an der Hand Rißverletzungen an den Schamlippen
- Blutungen aus der Scheide
- Nach dem Decken zeigt die Stute Anzeichen einer Kolik, Unruhe, häufiges Absetzen kleiner Harnmengen

VERDACHT

Deckverletzung

Deckverletzungen kommen beim freien Decken in der Herde viel seltener vor als beim Sprung an der Hand. Es ist leicht nachvollziehbar, daß ein natürliches Paarungsverhalten, bei dem sich beide Partner zuerst kennenlernen und die Stute dem Hengst so lange aus dem Weg gehen kann, bis sie deckbereit ist, viel weniger Verletzungsrisiken birgt. Überdies ist die Befruchtungsrate höher. Der Nachteil besteht darin, daß Verletzungen bei extensiver Überwachung der Stutenherde meist zu spät erkannt werden.

Im anderen Fall trifft dagegen ein übermäßig erregter Hengst, der zudem möglicherweise den ganzen Tag in der Box zubringt und nur zu dieser Betätigung herausgeholt wird, auf eine nicht gut vorbereitete, mit Spannstricken und Bremse fixierte und oftmals weit transportierte Stute. Der Unsinn und die Risiken dieser Situation sind offensichtlich. Besondere Vorsicht ist geboten bei der Bedeckung einer Maidenstute mit einem übererregten Hengst, der für Probleme beim Decken bekannt ist.

Zumindest bezüglich des Verletzungsrisikos (und der Befruchtungsrate) ist die künstliche Besamung eine Alternative.

Deckverletzungen können innerlich oder äußerlich sein. Risse am äußeren Genitale der Stute oder Schleimhautverletzungen der Scheide werden meist bei der Nachkontrolle erkannt oder bluten so stark, daß sie auffallen. Solche Wunden sind in der Regel für die Allgemeingesundheit der Stute weniger bedeutsam. Sie können aber ein Hinweis auf weitere, innere Verletzungen sein. Auch beeinträchtigen sie die künftige Fruchtbarkeit, weil durch den mangelhaften Schluß der Schamlippen Keime in das Genitale eindringen und langwierige Infektionen bewirken können. Gefürchtet sind deckbedingte Risse im Scheidenbereich, bei denen Keime in das Bindegewebe oder in die freie Beckenhöhle gelangen. In diesem Fall entwickelt sich meist eine heftige, überwiegend tödliche Bauchfellentzündung.

Verwechslung: **Bei inneren Verletzungen in der Anfangsphase mit Kolik (s. S. 54 f.). Später tritt hohes Fieber auf (s. S. 130 f.).**

MASSNAHMEN

- Äußerlich sichtbare Deckverletzungen unabhängig von deren Größe tierärztlich kontrollieren lassen. Es besteht u. a. die Gefahr reduzierter Fruchtbarkeit durch mangelhaften Schluß der Schamlippen.
- Bei starken Blutungen nimmt man in der Wartezeit auf den Tierarzt saubere Hand- oder Geschirrtücher und tamponiert die Scheide damit straff aus.
- Dabei steht man neben der Stute. Ein Helfer nimmt das gleichseitige Vorderbein hoch, ein weiterer hält den Kopf.
- Jegliche Störungen des Allgemeinbefindens, insbesondere Fieber und kolikartige Schmerzen, die unmittelbar oder bis 48 Stunden nach dem Decken auftreten, sofort tierärztlich kontrollieren lassen.

WAS BRAUCHE ICH?

- Ggf. saubere Tücher

SYMPTOME

- **Anfänglich Lahmheit durch Zugschmerz, das Fohlen wird abgeschlagen**
- **Euter heiß, schmerzempfindlich, derb und hart**
- **Umfangsvermehrung im Schenkelspalt und kopfwärts (Voreuterbildung)**
- **Später Futterverweigerung, Apathie, deutlich erhöhte Körpertemperatur**

VERDACHT

Euterentzündung

Euterentzündungen können während der Trächtigkeit ebenso auftreten wie während der Saugphase oder unabhängig vom Fortpflanzungsgeschehen. Die Krankheit kann auch weibliche Jungtiere und sogar Fohlen betreffen (Hexeneuter).

Die krankmachenden Keime kommen nur dann zum Zuge, wenn eine resistenzschwächende Situation vorliegt: Milchstau durch schwaches Fohlen, das wenig saugt, oder durch plötzlichen Fohlentod, Zitzenverletzungen durch Saugen oder scharfe Gegenstände, Keimübertragung durch stechend-saugende Insekten, verschleppte Infektionen aus anderen Organen, Witterungswechsel und Streß.

Die Entzündung wird vom Pferdehalter oft zu spät erkannt, da die ersten Anzeichen unauffällig sind. Schwere Störungen des Allgemeinbefindens mit Fieber treten bei fehlender Therapie fast regelmäßig auf. Im Gegensatz zur Kuh, die nur einen großen Zitzenkanal hat, besitzt die Stute zwei kleine Milchkanäle pro Zitze. Die lokale Behandlung des Euters durch den Tierarzt mittels Spülungen ist daher nicht leicht durchführbar. Um so wichtiger ist die systemische Therapie, also durch Injektionen und über das Futter.

Bei ungenügender Ausheilung geht die akute Entzündung in ein chronisches Stadium über, das die Milchdrüse irreversibel schädigen kann.

Die Milch einer Stute mit Euterentzündung ist voller Keime und kann infektiös für andere Pferde sein. Das Ausmelken muß daher auf einem gut zu reinigenden, befestigten Boden stattfinden. Die ermolkene Milch wird unschädlich beseitigt.

Verwechslung: **Das physiologische Euterödem kurz vor der Geburt ist weder heiß noch schmerzhaft.**

MASSNAHMEN

- Wichtig ist die rechtzeitige Diagnose und tierärztliche Therapie.
- Wegen der Schmerzhaftigkeit werden erleichternde Maßnahmen wie kaltes Abwaschen meist nicht geduldet und können zu Schlagverletzungen bei den Helfern führen.
- Mit Schlauch und drucklosem Wasserstrahl kann ein Kühlungsversuch unternommen werden.

Schlägt die Stute das Fohlen ohne erkennbaren Grund ab, so kann dies der Hinweis auf eine schmerzhafte Euterentzündung sein.

SYMPTOME

- **Gesund geborene Fohlen erkranken in den ersten Stunden, Tagen, oder der zweiten Lebenswoche**
- **Fieber, reduzierte Sauglust, liegen viel**
- **Gelenke schmerzhaft, vermehrt gefüllt**

VERDACHT

Fohlenlähme

Bei einem regelhaften Verlauf von Trächtigkeit und Geburt nimmt das neugeborene Fohlen, dessen eigenes Immunsystem noch nicht vollständig ausgebildet ist, alle notwendigen Abwehrkörper, die Immunglobuline, in den ersten 24 Lebensstunden über die erste Stutenmilch (Biestmilch, Kolostrum) auf.

Bei verzögerter, unvollständiger oder gänzlich fehlender Kolostrumversorgung in dieser Zeit, etwa durch Frühgeburt, Kaiserschnitt, Milchmangel der Stute, lebensschwache Fohlen oder Abschlagen derselben, bleiben die Neugeborenen ungeschützt. Infektionen mit spezifischen Bakterien können dann, besonders bei weiteren Belastungsfaktoren (Unsauberkeit von Stall und Streu, Umstellung, Lebensschwäche) zur Fohlenlähmeerkrankung mit eitriger Gelenkentzündung, Blutvergiftung und Tod oder späterem Kümmern führen.

Über einen vom Tierarzt im Stall durchzuführenden Schnelltest ist der Immunglobulingehalt im Fohlenblut leicht und sicher bestimmbar. Der Test wird mit Vorteil spätestens bis zur 18. Lebensstunde durchgeführt, um bei Bedarf (niedrige Werte) noch Kolostrum, eventuell auch von anderen Stuten, in mehreren Portionen über die Sonde eingeben zu können. Nach 24 Stunden ist die Darmschranke des Fohlens für die Antikörper nicht mehr passierbar. Dann muß ersatzweise Stutenplasma in größeren Mengen infundiert werden, was für das Neugeborene belastender ist.

Antibiotische Maßnahmen werden nur in bestimmten Fällen, etwa bei bereits ausgebrochener Erkrankung, begleitend vorgenommen. Als alleinige Prophylaxe können sie einen Immunglobulin-Mangel nicht ausgleichen, bei Regelgeburten gelten sie als schädlich.

Eine günstige Zusammensetzung des Kolostrums erreicht man durch frühzeitiges (vier Wochen vor der Geburt) Verbringen der Stute in die Abfohlumgebung. Der Wert von Impfungen wird unterschiedlich beurteilt.

Verwechslung: **Zu Beginn mit anderen fieberhaften Infektionen, zum Beispiel der Atemwege.**

MASSNAHMEN

- Prognose hängt sehr von der schnell einsetzenden Therapie ab. Daher Tierarzt sofort benachrichtigen.
- Isolation von anderen Fohlen des gleichen Alters.
- Optimale Unterbringung: trocken, mit sauberer weicher Einstreu, gute Luftqualität, Stute gut gefüttert und mit gepflegten Hufen.
- Wichtig: Die Bestimmung der Immunglobuline im Blut eines jeden Neugeborenen in den ersten 18 Lebensstunden bietet maximale Sicherheit.
- Fohlen muß innerhalb von ein bis zwei Stunden nach der Geburt mit dem Saugen am Euter beginnen und in den ersten 12 Stunden mindestens eineinhalb Liter Kolostrum trinken.
- Anderenfalls Tierarzt unbedingt schnell benachrichtigen!

Fohlenlähme im fortgeschrittenen Stadium: Gelenkentzündung, Fieber, Festliegen. Ein im Stall durchführbarer Bluttest kann in den ersten Lebensstunden klären, ob das Fohlen durch einen Immunitätsmangel gefährdet ist.

SYMPTOME

- Nur der Fohlenkopf sichtbar
- Kopf und nur ein Bein sichtbar
- Nur ein Bein oder drei Beine zugleich sichtbar
- Sohlen der Hufe zeigen nach oben
- Kopf und Beine geboren, aber Fruchthüllen geschlossen
- Geburt stockt vor dem völligen Durchtritt des Kopfes

VERDACHT

Geburtsstörung

Geburtsstörungen treten in vielen Formen auf. Korrekturbedürftige Störungen sind selten, dann aber meist gravierend. Hilfestellung ist für den Laien unübersichtlich, in vielen Fällen sogar schädlich. Meist besteht die beste Maßnahme darin, den Tierarzt sofort zu benachrichtigen.

Im Regelfall sollen Kopf und Vorderfüße des Fohlens zugleich durch die Scheide treten, wobei die Sohle der Hufe nach unten zeigt und die Fruchthüllen gerissen sind. Bis zur völligen Austreibung vergehen dann im Mittel noch etwa 30 Minuten.

Nur ganz geringe Störungen kann man selbst beheben. Im Zweifelsfall schiebt man das Fohlen besser in die Stute zurück. Solange die Schultergelenke noch nicht zu sehen sind, hat man Zeit, da die Nabelschnur noch intakt ist und das Fohlen mit Sauerstoff versorgt wird.

Das Neugeborene lagert man hinten höher als vorne und streicht Schleim aus Nüstern und Maul mit zuvor gewaschenen Händen. Es sollte direkt nach der Geburt sorgfältig abgetrocknet werden. Nach ein bis zwei Stunden muß das Neugeborene ohne Hilfe stehen können und intensiv am Euter saugen.

Wichtig ist die mehrfache Nabeldesinfektion (Jodtinktur), da der Stumpf dann schneller abtrocknet (Nabelinfektion, s. S. 116 f.). Einer Nabelentzündung wird damit vorgebeugt, und die Keime können nicht über den Nabel in den Körper eindringen und etwa eine Erkrankung an Fohlenlähme verursachen.

Das Darmpech wird vom Fohlen innerhalb der ersten 4 bis 12 Stunden nach der Geburt ausgeschieden. Eine Verhaltung kündigt sich durch Saugunlust, vermehrtes Liegen und Koliken an.

In den ersten beiden Stunden nach der Geburt sollte die Nachgeburt bei der Stute abgegangen sein. Geschieht dies nicht, ist der Tierarzt sofort zu benachrichtigen.

Verwechslung: **Koliken (s. S. 54 f.) bei hochtragenden Stuten und unmittelbar nach der Geburt sind ein absoluter Notfall!**

MASSNAHMEN

- Finger weg!
- Tierarzt benachrichtigen und den telefonischen Anweisungen folgen.
- Wenn die Stute mit der Scheide fest vor einer Wand liegt, auftreiben.
- Kommt bei zunächst regelhafter Lage des Fohlens ein Bein nicht mehr mit, hilft leichter Zug (maximal zwei Personen) mit sauberen Stricken, die über dem Fesselgelenk angelegt werden. Ziehen nur gleichzeitig mit den Wehen (von außen als Bauchpresse sichtbar). Keinesfalls zu früh und zu stark ziehen!
- Öffnen der Eihäute, wenn der Kopf aus der Scheide ausgetreten ist, aber nie mit spitzen Gegenständen.
- In allen anderen Fällen die Geburt bis zur Ankunft des Tierarztes unterbrechen durch Auftreiben und Führen der Stute; dabei das Fohlen maximal weit in die Stute zurückschieben.
- Problemgeburten können die Aufnahme der ersten Stutenmilch (Kolostrum, Biestmilch) durch das Fohlen verzögern. Unbedingt den Immunglobulingehalt im Fohlenblut innerhalb der ersten 18 Stunden nach der Geburt bestimmen lassen, bei Mangel droht u. a. Fohlenlähme!

WAS BRAUCHE ICH?

- Nabeldesinfektionsmittel
- ausgekochte Stricke
- Händewaschmöglichkeit

Achtung!

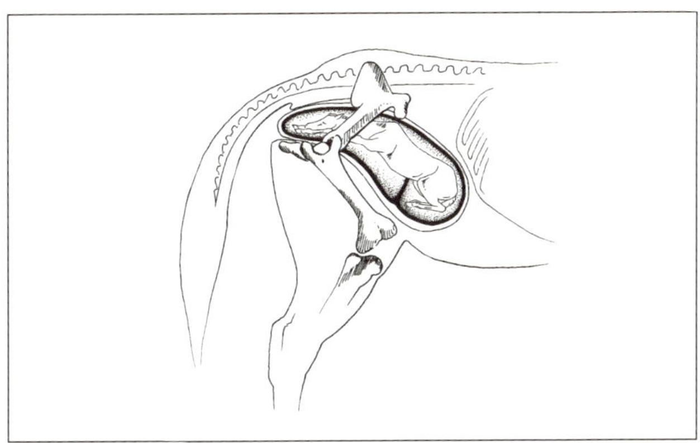

So liegt das Fohlen richtig: Beine gestreckt, Hals gerade, Hufsohlen zeigen nach unten.

SYMPTOME

- **Nabel warm, geschwollen, etwa fingerdick und größer, schmerzhaft**
- **Fieber, mangelnde Sauglust, Abmagerung**

VERDACHT

Nabelinfektion

Nabelinfektionen sind nicht nur eine eigenständige Erkrankung, sondern können auch die Fohlenlähme, von der es verschiedene Formen gibt, begleiten und verschlimmern.

Der Nabel sollte nach der Geburt mehrfach mit Jod desinfiziert werden, um die Austrocknung zu beschleunigen und ihn gleichzeitig als Eintrittspforte für Keime zu schließen. Am dritten Tag ist er dann nur noch maximal bleistiftstark, trocken und druckunempfindlich.

Infektionen des Nabels sind meist eitrig. Solche Eiterherde können sich verkapseln oder unter Abfluß des Eiters nach außen entleeren. Wenn sie nach innen durchbrechen, besteht die Gefahr einer Keimverschleppung über das Blut, beispielsweise in Lunge, Leber und Gelenke, und einer Bauchfellentzündung. An den Folgen der so entstandenen Sekundärinfektionen leiden die betroffenen Fohlen dann lange. Sie wachsen schlecht und kümmern.

Andere Fohlen können durch das Belecken des entzündeten Nabels oder durch Maulkontakt angesteckt werden.

Nabelinfektionen müssen frühzeitig erkannt und intensiv behandelt werden. Eine bereits erfolgte Keimverschleppung macht die Prognose zweifelhaft bis ungünstig. Auch bei völliger Gesundung erleiden diese Fohlen zunächst einen Rückschlag in ihrer körperlichen Entwicklung.

Aufgrund der in der Regel besseren hygienischen Verhältnisse werden Nabelentzündungen, ebenso wie Fohlenlähme, bei Weidefohlen seltener beobachtet.

Verwechslung: **Eventuell liegt eine angeborene Fehlbildung vor, die die Austrocknung des Nabels verhindert. Auch ist ein Nabelbruch denkbar.**

MASSNAHMEN

- Frühes Erkennen verbessert die Heilungserfolge deutlich. Tierarzt sofort rufen.
- Nabel vor allem in der ersten Lebenswoche täglich kontrollieren, dabei aber nicht befingern, nur ansehen!
- Peinlich saubere Einstreu und sonstige Hygiene, am besten Weidehaltung

WAS BRAUCHE ICH?

- Nabeldesinfektionsmittel

Durch mehrfaches Tauchen in Jodlösung trocknet der Nabel ohne Infektionen ab.

SYMPTOME

- **Nachgeburt nicht innerhalb der ersten beiden Stunden nach der Geburt abgestoßen**
- **Nachgeburt offenbar nur unvollständig ausgeschieden worden**

VERDACHT

Nachgeburtsverhaltung

Als Nachgeburtsverhaltung bezeichnet man eine Verzögerung in der Abstoßung der mütterlichen Eihäute nach der Geburt des Fohlens. Diese Krankheit ist bei Stuten eine im Vergleich zu anderen Tierarten gefährliche Situation.

In kürzester Zeit zersetzen sich die in der Gebärmutter verbliebenen Eihäute bakteriell. Dabei werden Gifte frei, die schwere Allgemeinstörungen bis zum Kreislaufschock und vor allem eine Hufrehe, die sogenannte **Geburtsrehe**, auslösen können.

Der Tierarzt wird zunächst versuchen, die Eihäute durch Infusion mit dem wehenauslösenden Hormon Oxytocin auszutreiben. Dies ist die schonendste Lösung und bringt keine Fremdkeime in den Uterus. Wenn die Ablösung nicht medikamentös gelingt, muß sie mit der Hand durchgeführt werden.

Von einem verzögerten Abgang der Nachgeburt spricht man bereits ab zwei Stunden nach der Geburt. Aber auch das Zurückbleiben einzelner Teile der Nachgeburt, zum Beispiel in den Spitzen des Uterus, ist problematisch. Daher ist es auch bei einem regelhaften Abgang der Nachgeburt unmittelbar im Anschluß an die Geburt wichtig, deren Vollständigkeit genau zu kontrollieren.

Dazu sortiert man die Eihäute so auf den Boden, daß die beiden Spitzen nach vorne-oben weisen. Hilfsweise können sie auch mit Wasser gefüllt werden, um fehlende Bestandteile ausfindig zu machen. Im Zweifelsfall fragt man einen erfahrenen Züchter oder den Tierarzt.

Verwechslung: **Bei aufmerksamer Beobachtung der Stute kaum möglich. Denkbar wäre ein Vorfall der Gebärmutter nach der Geburt, welche dann teilweise aus der Scheide heraushängt. Die Unterscheidung dieses massiven, schweren rötlichen Organs von den Eihäuten dürfte aber auch für Laien möglich sein. Auch grober Zug an der noch festsitzenden Nachgeburt kann einen Gebärmuttervorfall bewirken. Bis zum Eintreffen des Tierarztes mit feuchten Tüchern sauber abdecken!**

MASSNAHMEN

- Wird die Nachgeburt nicht innerhalb der ersten beiden Stunden nach der Geburt ausgeschieden, muß der Tierarzt sofort benachrichtigt werden. Es handelt sich um einen Notfall!
- Nicht an den halb aus der Scheide heraushängenden Eihäuten ziehen und keinesfalls in die Stute hineingreifen (Gefahr eines Gebärmuttervorfalls).
- Droht die Stute auf einen heraushängenden Zipfel zu treten, schneidet man diesen in Höhe der Sprunggelenke ab.

SYMPTOME

- **Atemfrequenz erhöht, Atmung erschwert**
- **Patient atmet pumpend und angestrengt, geweitete Nüstern, Bauchflankenatmung**
- **Mit zunehmender Atemnot ängstlicher Gesichtsausdruck**
- **Durch den Sauerstoffmangel bläuliche Maulschleimhäute**

VERDACHT

Atemnot

Atemnot ist ein Zeichen für erhebliche Störungen an den Atmungsorganen und bedarf in jedem Fall einer umgehenden Klärung durch den Tierarzt noch am selben Tag. **Starke Atemnot ist ein absoluter Notfall.**

Die möglichen Ursachen sind vielfältig. Allergische Schwellungen des Kehlkopfes, zum Beispiel nach Insektenstichen (s. S. 94 f.), können die Luftwege verlegen, Blutungen im Brustraum oder raumfordernde Prozesse in der Bauchhöhle engen die Lunge ein.

Eine häufige Ursache ist chronischer Husten, der sich unter erschwerenden Bedingungen, beispielsweise durch zu hohe Leistungsanforderungen bei feuchtwarmer Witterung, bis zu einem asthmaähnlichen Anfall verschlechtert. In diesem Zustand werden bei jedem Atemzug Lungenbläschen unwiderruflich vernichtet. Bei solchen Patienten helfen meist nur sofort angewendete hohe Dosen Kortison.

In der Praxis kommt es leider nicht selten vor, daß diese Behandlung vom Besitzer wegen vermeintlicher Nebenwirkungen verweigert wird. Höhergradige Atemnot bedeutet aber für ein Pferd **Todesangst**. Der Zustand muß schnell geklärt und noch schneller behandelt werden. Für diese Behandlung ist die Effektivität entscheidend, nicht die alternative Ideologie. Die Nebenwirkungen von kurzwirkenden Kortisonen tendieren bei kontrollierter Anwendung gegen Null. Trotzdem sollte man natürlich intensiv nach Möglichkeiten einer ursächlichen Änderung suchen. Im Falle des chronischen Hustens ist die radikale Umstellung auf staubarme **Außenhaltung** meist die einzige Überlebenschance für den Patienten (Hobelspan- oder Papiereinstreu, Naßheu, Grassilage, Trockengrasprodukte).

Verwechslung: **Aufgrund der symptomatischen Eindeutigkeit kaum möglich. Wichtig ist aber, auch eine vermeintlich geringgradige Atemnot ernst zu nehmen!**

MASSNAHMEN

- Notfall!
- Tierarzt in jedem Fall umgehend verständigen.
- Bis zu seinem Eintreffen alles vermeiden, was den Patienten aufregt und damit den Sauerstoffverbrauch erhöht.
- Keine unnötige Bewegung!
- Nach Möglichkeit auch nicht transportieren.
- Im Sommer achtet man auf einen schattigen Platz. Bei hohen Außentemperaturen ist kaltes Wasser hilfreich, aber nur an den Beinen und nach langsamer, für das Pferd streßfreier Gewöhnung.

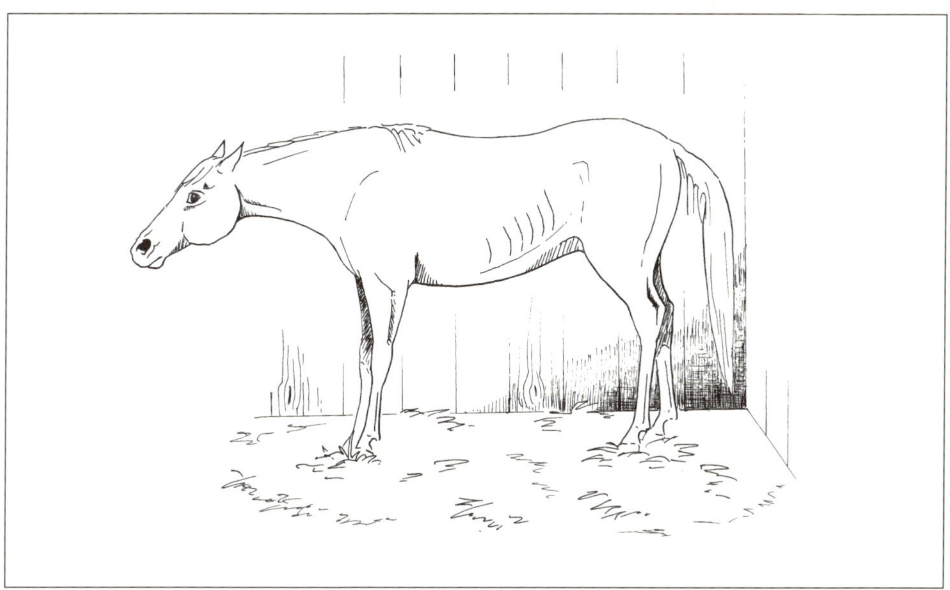

Atemnot weist auf eine schwerwiegende Störung hin. Mittel- und hochgradige Atemnot bedeuten Todesangst für das Pferd: ein absoluter Notfall, der keinen Aufschub duldet.

SYMPTOME

- **Nach längerer, stark schweißtreibender Belastung schlechte Erholung**
- **Puls bleibt überhöht bei etwa 60 bis 80 Schlägen pro Minute, Temperatur ist deutlich erhöht**
- **Seitlich des Halses oder über der Schulter aufgezogene Hautfalte verstreicht nur zögernd**
- **Schwankender Gang, Schwäche**
- **Verdauungsprobleme, Kolik**

VERDACHT

Dehydratation

Dehydratation, zu deutsch Austrocknung, bedeutet einen hochgradigen Verlust an Körperwasser, der vom Pferd nicht mehr durch vermehrtes Trinken ausgeglichen wurde.

Ursache kann mangelndes Tränken bei Ausdauerleistungen in großer Hitze sein oder heftige anhaltende Durchfälle.

Als Folge des Wassermangels kommt es zum Erliegen der Urinproduktion mit Nierenschäden und einer Anhäufung harnpflichtiger Stoffe, zur Bluteindickung und Minderversorgung lebenswichtiger Organe mit Sauerstoff. Schließlich entwickelt sich ein tödlicher Kreislaufschock durch Volumenmangel. Dehydrierte Pferde erleiden überdies besonders leicht einen Hitzschlag (s. S. 134 f.). Unter maximaler Arbeits- und Hitzebelastung verliert ein 500-kg-Pferd pro Stunde etwa 10 Liter Schweiß und zusätzlich Elektrolyte (Salz, Kalium, Magnesium, Kalzium, Vitamine). Der Ersatz dieser Mengen durch tatsächlich aufgenommenes Tränkwasser muß genau kontrolliert werden. Im Zweifelsfall bricht man eine Ausdauerleistung rechtzeitig ab.

Vorbeugend empfiehlt sich eine rohfaserreiche Fütterung, da ein voluminöser Darminhalt erhebliche Wassermengen als stille Reserve speichern kann. Während einer Ausdauerleistung füttert man mit Vorteil wasser- und elektrolytreich, also mit Gras, Mash, Möhren, Äpfeln, und bietet dem Pferd immer wieder Wasser an. Konzentrierte Kraftfutter sind hingegen im Wettkampf absolut fehlplaziert, leistungsmindernd und krankmachend. Die isolierte Gabe von handelsfertigen Elektrolyten ist nur selten erforderlich. Sie darf nie ohne gleichzeitiges Wasserangebot erfolgen.

Verwechslung: **Mit Hitzschlag (s. S. 134 f.), dessen Auftreten durch Wassermangel gefördert wird, sowie mit absoluter Erschöpfung (s. S. 126 f.).**

MASSNAHMEN

- Tierarzt sofort benachrichtigen.
- Pferd absolut ruhigstellen, kühl und schattig, bei Hitze mit Wasser kühlen.
- Vorsichtig Wasser anbieten: 2–3 Liter alle fünf Minuten.
- Als Futter sind Weidegras, Mash und Möhren geeignet, da sie wäßrig sind und gern genommen werden.

Dehydriert? Das Aufziehen einer Hautfalte ist über der Schulter aussagekräftiger als am Hals.

SYMPTOME

- **Zunächst Abgeschlagenheit, Futterverweigerung, geringer Nasenausfluß und Fieber bis 40,0 Grad Celsius**
- **Später deutliches und schmerzhaftes Anschwellen der Lymphknoten am Kopf**
- **Starke Schluckbeschwerden**
- **Nach Tagen Aufbrechen der abszedierten Lymphknoten, Eiter fließt ab, Fieber sinkt**

VERDACHT

Druse

Druse ist eine sehr ansteckende bakterielle Infektionskrankheit mit Vereiterung der Lymphknoten am Kopf. Sie tritt besonders häufig bei Pferden bis zum sechsten Lebensjahr auf und hinterläßt offensichtlich eine lebenslange Immunität.

Obwohl die Symptome sehr dramatisch und für das Pferd in der ersten Phase äußerst unangenehm sind, heilt die Krankheit in der Regel gut aus: Nach dem Aufbrechen der abszedierten (mit abgekapseltem Eiter gefüllten) Lymphknoten und Abfluß des Eiters sinkt das Fieber rasch, und die Patienten erholen sich bald. Gefährlich ist die Krankheit, wenn alte Pferde erstmalig infiziert werden. Der Verlauf ist dann oft sehr heftig, und die Tiere erholen sich schlechter. Fohlen ohne Antikörper erkranken ebenfalls besonders stark, wobei sie zu schweren eitrigen Lungenentzündungen neigen. Problematisch sind auch oft die atypischen Verlaufsformen mit einer sehr gefährlichen Folgekrankheit (Petechialfieber). Deren erste Symptome sind Ödeme an Kopf, Beinen, Unterbauch und Penisvorhaut, in manchen Fällen auch Nesselfieber.

Auch besteht die Gefahr einer Verschleppung von Eiterkeimen über die Blutbahn in andere Organe. Dort werden dann neue Entzündungsherde gebildet.

Schon während der bis zu sieben Tage dauernden Inkubationszeit und noch mehrere Wochen nach der Erkrankung können Bakterien ausgeschieden werden. Dieser Umstand ist bei der Verhütung einer Keimverschleppung in andere Bestände zu berücksichtigen.

Ein relativ gut verträglicher Impfstoff ist vorhanden und sollte genutzt werden.

Verwechslung: **Zu Beginn mit anderen Infektionskrankheiten der oberen Luftwege, vor allem mit Virushusten (s. S. 62 f.).**

MASSNAHMEN

- Wegen Verschleppungsgefahr Tierarzt beim geringsten Verdacht rufen.
- Patienten sofort absolut ruhigstellen, um einer Komplikation der Krankheit vorzubeugen. Temperatur messen. Behandeln wird der Tierarzt nur bei gestörtem Allgemeinbefinden des Patienten, ansonsten ist eine Durchseuchung erwünscht.
- Sofortmaßnahmen zur Verhinderung einer Ausbreitung der Infektion:
- Für verdächtige Pferde besondere Futter- und Tränkeimer, Putz- und Sattelzeug benutzen. Ausbreitung der Infektion läßt sich innerhalb des Bestandes kaum vermeiden, wohl aber Verschleppung in andere Ställe: Vollständiger Kleidungswechsel, inclusive Schuhe, gründliches Waschen von Händen und Haaren!
- Auch Futtermittel, Transporter, Autos, Sattel- und Putzzeug sowie Haustiere können Keime übertragen.
- Treten während der Ausheilung plötzliche ausgedehnte ödematöse Schwellungen an Kopf, Beinen, Unterbauch oder Penisvorhaut auf, Tierarzt sofort benachrichtigen!

WAS BRAUCHE ICH?

- Fieberthermometer

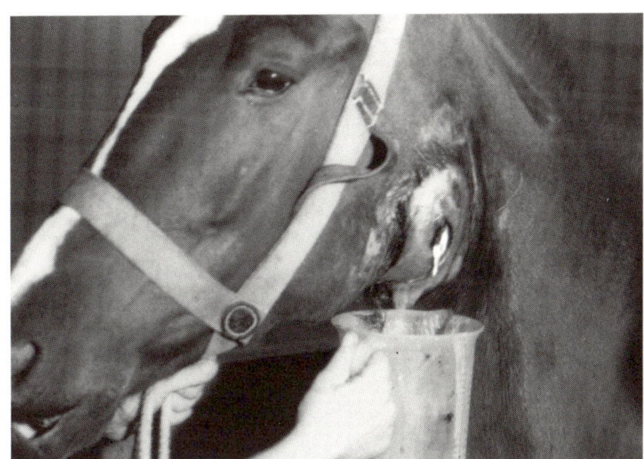

Nach der Öffnung des Druse-Abszesses geht es dem Patienten meist besser. Der Eiter ist sehr infektiös. Häufige Folgeerkrankung nach Druse: Petechialfieber, das mit Ödemen (s. S. 58 f.) beginnt.

SYMPTOME

- Mangelnde Regeneration, besonders in der Herzfrequenz (Normalwert: 28–40 Schläge/Minute)
- Später apathisch und abwesend, schwankende Bewegungen
- Hinlegen trotz unruhiger Umgebung

VERDACHT

Erschöpfung

Völlige Erschöpfung eines Pferdes kann durch akute Krankheiten oder reiterliche Überforderung entstehen.

Es darf einfach nicht geschehen, daß Pferde bei Ausdauerprüfungen jeglicher Art bis an den Rand ihrer Leistungsfähigkeit belastet werden. Mangelnde Kondition oder erschwerende Bedingungen wie Sommerhitze, psychischer Streß und nicht erkannte Erkrankungen müssen vom Reiter rechtzeitig mit einer Reduzierung seiner Anforderungen beantwortet werden. Das setzt nicht nur eine genaue Beobachtung des jeweiligen Pferdes voraus, sondern auch die Bereitschaft, gegebenenfalls auf Sieg oder Plazierung zu verzichten. Akute Krankheiten und schmerzhafte Prozesse können ein Pferd ebenfalls in einen Zustand völliger Erschöpfung bringen. Dies gilt auch für längeres Festliegen mit zahlreichen erfolglosen Aufstehversuchen.

Da Pferde enorme physiologische Leistungsreserven haben und als Fluchttiere leicht zur Selbstüberforderung neigen, treten Erschöpfungszustände oft erst spät, dann aber dramatisch zutage. Dies gilt besonders für sensible, leistungswillige Charaktere.

Legen sich Pferde trotz unruhiger Umgebung oder im laufenden Wettbewerb hin, ist dies in der Regel kein Anzeichen von Ausgeglichenheit, sondern kann ein Frühsymptom des energetischen Offenbarungseides sein.

Wenn der Reiter sofort und richtig reagiert, kann er das Problem abfangen. Trotzdem kann kaum einer Störung so gut vorgebeugt werden wie der reiterlichen Überforderung.

Verwechslung: **Mit Hitzschlag (s. S. 134 f.), Dehydratation (s. S. 122 f.) und Fieber (s. S. 130 f.).**

MASSNAHMEN

- Jede Arbeit mit dem Pferd sofort einstellen.
- Belastende Situationen, besonders Transporte bei großer Hitze, bis zur Regeneration des Patienten aufschieben.
- Liegende Pferde treibt man nicht auf, sondern läßt sie völlig in Ruhe.
- Temperaturneutrale Umgebung: im Sommer schattig, im Winter eingedeckt.
- Liegt der Puls trotz Ruhe noch deutlich (um etwa 20 bis 30 Schläge) über dem Normalwert (maximal 40/Minute), muß der Tierarzt sofort benachrichtigt werden!

WAS BRAUCHE ICH?

- Stethoskop

SYMPTOME

- **Sachtes Auftreiben oder Wegführen der Artgenossen veranlassen das Pferd nicht zum Aufstehen**
- **Offensichtlich ist es so schwach, daß es keine Aufstehversuche mehr unternimmt**
- **Vorliegen weiterer krankheitsspezifischer Symptome**

VERDACHT

Festliegen

Das Festliegen kann verschiedene Ursachen haben. Zumeist ist damit gemeint, daß sich das Pferd durch ungeschicktes Wälzen so in eine Ecke oder einen Winkel der Box plaziert hat, daß es aus eigener Kraft nicht mehr aufstehen kann.

Gelegentlich stürzen Pferde auch bei Ausritten in Geländevertiefungen und sind dann darin gefangen. Auch dies stellt eine Form des Festliegens dar.

Trotzdem sollte immer in Betracht gezogen werden, daß eine akute Krankheit, beispielsweise Hufrehe (s. S. 72 f.), Kreuzverschlag (s. S. 56 f.), Wundstarrkrampf (Tetanus, s. S. 136 f.) oder ein Knochenbruch (s. S. 74 f.) die Ursache sein kann.

Bei hohem Fieber (s. S. 130 f.), Hitzschlag (s. S. 134 f.) und bestimmten Kolikformen (s. S. 54 f.) sind Pferde oftmals so schwach, daß sie nicht mehr stehen wollen oder können.

Vor übereilten Aktionen ist daher zu warnen. Die unüberlegte Benutzung von Traktoren mit Frontladern oder gar einem Kran kann für das Pferd gefährlich werden, wenn es in Panik gerät, gravierende Verletzungen erlitten hat oder zu schmale Tragegurte an den falschen Stellen des Körpers angelegt werden.

Man untersucht die Lage zunächst genauer und ruft im Zweifelsfall sofort den Tierarzt herbei. Aufstehversuche dürfen das Pferd nicht beunruhigen. Nie treibt man ein Pferd mit Gewalt auf.

Bei der Rettung eines festliegenden Pferdes ist immer mit heftigen und schnellen Bewegungen, vor allem der Beine, zu rechnen. Daher sind die Sicherheitsbelange der Helfer in den Vordergrund zu stellen: keine Einengung zwischen Wand und Pferd, nicht in den Schlagbereich der Beine treten, alle Helfer müssen ausweichen können.

Verwechslung: **Nur bei den Ursachen für das Festliegen möglich; auf jeden Fall abchecken.**

MASSNAHMEN

- Steht ein Pferd trotz genügenden Platzangebotes auf der Weide, im Auslauf oder in der Mitte der Box auch auf sanftes Antreiben hin nicht auf, Tierarzt unabhängig von weiteren Symptomen verständigen. Pferd liegenlassen!
- Bei Festliegen in einem Winkel der Box zunächst genügend Helfer holen.
- Dann die Beine angewinkelt unter den Körper des Pferdes sortieren.
- Aufstehhilfen nur durch breite Gurte geben, und zwar immer indirekt von außen durch die Gitterstäbe der Box. Das gilt auch für eine abstützende Zughilfe am Kopf.
- Bei mehreren erfolglosen Versuchen, bei extrem erregten oder erschöpften Pferden Aktion abbrechen, bis weitere Hilfe da ist.
- Wenn das Pferd steht, wird es auf Schäden untersucht. Nachuntersuchung durch den Tierarzt ist bei stundenlangem Festliegen wegen der Druckstellen und Nervenquetschungen immer erforderlich.
- Ist ein Huf in den Gitterstäben eingeklemmt, kann das Metall mit Schneidemaschinen zersägt werden. Das Pferd wird den Lärm durch den schon vorhandenen Streß nicht registrieren.
- Beim Festliegen in Geländevertiefungen versucht man, dem Pferd nach vorne einen Ausstieg zu graben oder die Vertiefung mit Erde oder anderem geeigneten Material so auszufüllen, daß das Pferd hinausspringen kann.
- Müssen im schlimmsten Fall Kräne oder anderes Gerät eingesetzt werden, sollte der Patient vorher vom Tierarzt untersucht und medikamentös beruhigt werden, um das Risiko für Panikreaktionen zu verringern.
- Etwaige Wunden mit entsprechenden Verbänden versorgen, beruhigend auf das Pferd einwirken.

WAS BRAUCHE ICH?

- Mehrere zuverlässige Helfer
- breite Gurte
- Decken
- ggf. Verbandstoffe

SYMPTOME

- Allgemeinbefinden gestört, müde, abgeschlagen
- Futterverweigerung oder zögerndes Fressen
- Blick erscheint abwesend, Bewegungen gedämpft, Interesse für die Umwelt gering
- Ohren, Maul, Nüstern, Hufe und Haut im Kruppenbereich unregelmäßig warm, teilweise deutlich kühler als normal
- Später Anstieg von Herz- und Atemfrequenz

VERDACHT

Fieber

Fieber, das heißt, eine von der Norm nach oben hin abweichende Körpertemperatur, ist die typische Begleiterscheinung der meisten Infektionskrankheiten, besonders im Bereich der Atemwege. Aber auch viele andere Krankheitsbilder, einschließlich bestimmter Kolikformen, können mit Fieber in Erscheinung treten.

Fieber ist ein unverzichtbares und physiologisch sinnvolles Mittel der Körperabwehr. In gewissen Grenzen sollte es also nicht symptomatisch bekämpft werden. Trotzdem kann die Temperaturerhöhung in gefährliche Bereiche überschießen. Die Entscheidung über die Vorgehensweise kann nur der Tierarzt treffen.

Die normale Körpertemperatur kann bei Pferden unterschiedlich sein. Daher empfiehlt es sich sehr, durch mehrere Messungen in gesunden Zeiten den individuellen Normalwert zu ermitteln. Der Verdacht auf eine nur geringgradige Temperaturerhöhung erfordert vom Pferdehalter Erfahrung und ein geschultes, sensibles Auge. Nach anstrengender Arbeit, besonders bei hohen Außentemperaturen, kann der Temperaturwert um ein bis 1,5 Grad Celsius ansteigen. Dies ist normal und sollte bei Temperaturmessungen berücksichtigt werden.

Achtung! **Futterverweigerung oder zögerndes Fressen treten bei geringgradiger Temperaturerhöhung nicht unbedingt auf. Temperamentvolle Pferde überspielen die ersten Anzeichen oft.**

Verwechslung: **Durch einfache Temperaturmessung läßt sich der Verdacht bestätigen. Fieber ist ein unspezifisches Symptom für verschiedenste, zumeist infektiöse Krankheiten. Sehr hohes Fieber kann zum Problem an sich werden.**

Vorsicht! **Eine Temperaturerhöhung kann bei körperlicher Belastung auf einen beginnenden Hitzschlag (s. S. 134 f.) und konditionelle Überforderung hindeuten.**

MASSNAHMEN

- Beim geringsten Verdacht auf Fieber mehrfache Messung mit bruchsicherem Digitalthermometer im After des Pferdes.
- Thermometer so weit wie möglich einschieben, bei der Messung neben, nicht hinter dem Pferd stehen.
- Aufgrund der vielfältigen Ursachen ist jedes fiebernde Pferd tierärztlich zu untersuchen:
- Bei Fieber über 39,0 Grad Celsius umgehend,
- unterhalb dieser Marke zumindest noch am selben Tag.
- Bei weiteren Symptomen, etwa kolikartigen Schmerzen oder Lahmheit, muß der Tierarzt auch bei geringstem Fieber sofort verständigt werden.
- Bis dahin den Patienten ruhig und trocken unterstellen. Bei praller Sonne für Schatten sorgen, bei Wind und Kälte eindecken.
- Es darf nicht passieren, daß ein fieberndes Pferd versehentlich geritten wird!

WAS BRAUCHE ICH?

- Fieberthermometer

Normaltemperatur:

Erwachsene Pferde:
37,0–38,0 °C
Fohlen: 37,5–38,5 °C

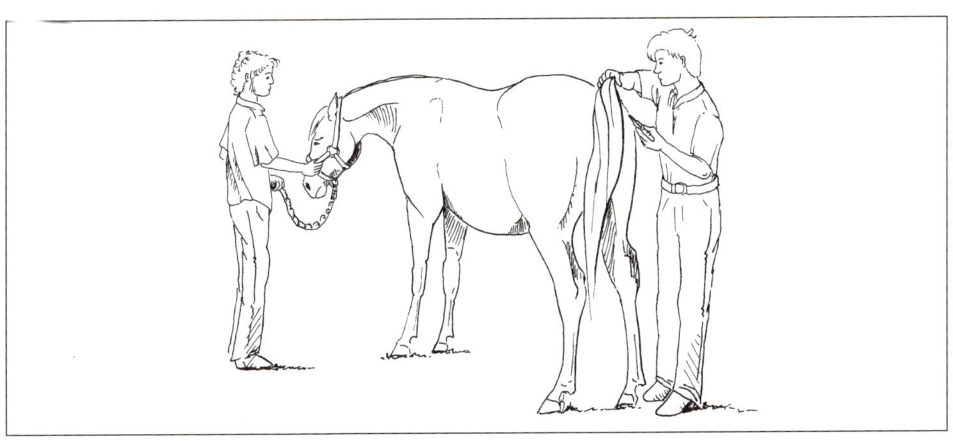

Ist ein Pferd ohne Grund schlapp und lustlos, sollte man unbedingt die Körpertemperatur messen. Dazu steht man neben, nicht hinter dem Pferd.

SYMPTOME

- Kein Interesse am Kraftfutter. Heu, Gras oder Saftfutter werden noch zögerlich gefressen
- Völlige Futterverweigerung meist mit weiteren Symptomen: Teilnahmslosigkeit, Fieber
- Einzelne Futtermittel werden verschmäht, während das Pferd ansonsten normal frißt

VERDACHT

Futterverweigerung

Die völlige oder teilweise Verweigerung der Futteraufnahme kann bei Pferden verschiedene Ursachen haben.

Bei sensiblen Tieren ist sie die Reaktion auf verschiedene Stressoren, auf Unruhe, Umstellungen, Wassermangel oder unbekanntes Futter. Die Verweigerung einzelner Futtermittel kann auf deren mangelnde hygienische Qualität hindeuten: Verschimmelt, verheft, vergoren, mit Fremdstoffen kontaminiert. Bei Pellets oder Ergänzungsfuttermitteln sind Fehlmischungen möglich, die bitter oder ungewohnt schmecken. Enthält das Heu bestimmte Kräuter mit strengem Geschmack, so werden oft einzelne Ballen von den Pferden gefressen, während sie andere verweigern.

Natürlich kann eine Verletzung oder ein anderer schmerzhafter Prozeß in der Maulhöhle, insbesondere an Zunge und Zähnen, vorliegen. Dann zeigt das Pferd lebhaftes Interesse am Futter, ohne es jedoch wirklich zu fressen. Zu den Ursachen gehören auch scharfe Kanten an den Backenzähnen (Haken). Bei jeder Impfung sollte man daher das Gebiß zugleich kontrollieren lassen. Denkbar sind ferner Verletzungen durch ausgeleierte Trensengebisse. Eine Kontrolle des Zaumzeugs kann sinnvoll sein.

In allen übrigen Fällen ist Futterverweigerung jedoch immer ein Symptom für eine Störung des Allgemeinbefindens, etwa Infektionen, Fieber oder Koliken, deren Ursache es zügig abzuklären gilt.

Häufige nervös bedingte Appetitlosigkeit sollte zum Anlaß genommen werden, Haltung, Fütterung und Leistungsanforderungen kritisch zu überprüfen. Sie ist immer ein Zeichen dafür, daß es dem Pferd psychisch und physisch nicht gut geht.

Verwechslung: **Im einzelnen ist bei den entsprechenden Krankheiten nachzusehen, besonders Kolik (s. S. 54 f.), Schlundverstopfung (s. S. 48 f.), Druse (s. S. 124 f.) und Fieber (s. S. 130 f.).**

MASSNAHMEN

- Sicherheitshalber Körpertemperatur messen (maximal 38,0 Grad Celsius).
- Ist das Verhalten ganz offenbar psychisch begründet, bessert sich die teilweise Futterverweigerung nach Normalisierung der Umstände von selbst.
- Bei völliger Futterverweigerung, erkennbaren organischen Ursachen (Fieber) und insbesondere bei unklaren sonstigen Symptomen ist eine tierärztliche Untersuchung umgehend erforderlich.
- Futterverweigerung kann auf ernsthafte Krankheiten hinweisen und ist fast immer eines der Frühsymptome von Koliken und Infektionen.

WAS BRAUCHE ICH?

- Fieberthermometer

SYMPTOME

- Unsicherer Gang, Taumeln, Schwanken
- Zuerst verschwitzt, später trocken
- Temperatur stark erhöht, bis 43,0 Grad Celsius
- Puls und Atmung hoch, Apathie, Ängstlichkeit

VERDACHT

Hitzschlag

Hitzschlag wird genauer als akute Wärmestauung bezeichnet. Das Pferd ist durch feuchtheißes Wetter, Konditionsmängel oder mangelndes Tränken nicht mehr in der Lage, genug Wärme abzuführen. Der Körper überhitzt sich, zusätzlich sind die zentralnervöse Regelung der Körpertemperatur sowie die Blutverteilung gestört. Das Blut versackt in den großen Gefäßnetzen unterhalb der Haut und steht den lebenswichtigen Organen nicht mehr zur Verfügung mit Ausnahme des Gehirns, in welchem ein übermäßiger Blutandrang herrscht. Die Sauerstoffversorgung kommt zum Erliegen.

Typische Situationen sind Military- oder Distanzritte, besonders bei sommerlichen Temperaturen, und überhitzte Hänger oder Stallzelte. Dehydrierte (stark mit Wasser unterversorgte, ausgetrocknete) Pferde neigen besonders zu einer Wärmestauung. Der vorsichtige Reiter achtet daher in den Reitpausen, vor allem bei einem Wettbewerb, auf eine ausreichende Wasseraufnahme seines Pferdes.

Als Futter empfehlen sich Gras, Mash, Möhren, Äpfel und Rüben. Die Gabe konzentrierter Futtermittel ist hingegen während des Wettkampfs problematisch, ebenso wie die Verabreichung konzentrierter Elektrolytmischungen ohne gleichzeitiges Wasserangebot.

Bei einem **Sonnenstich** dagegen wird nur das Gehirn durch starke Sonneneinstrahlung überhitzt, beispielsweise bei längerem Angebundensein in praller Sonne. Dies führt zu einem Versagen lebenswichtiger Regelkreise. Pferde mit Sonnenstich haben eine kühle Körperoberfläche. In Mitteleuropa sind solch extreme Sonneneinstrahlungen ungewöhnlich, und ein Sonnenstich bei Pferden ist daher sehr selten.

Verwechslung: **Mit allen schweren Störungen des Allgemeinbefindens, tritt oft in Zusammenhang mit Erschöpfung (s. S. 126 f.) und Dehydratation (s. S. 122 f.) auf.**

MASSNAHMEN

- Bei Verdacht sofort Arbeit einstellen, Pferd schattig unterbringen, Tierarzt benachrichtigen.
- Großflächig mit Wasser kühlen. Am besten die Haut des Patienten dabei mit einer Bürste massieren. Durch die Kälte ziehen sich die Gefäße zusammen, das Blut fließt zurück in das Körperzentrum.
- In die Genickgegend Eispackungen bringen.
- Notfalls mit feuchter Erde kühlen.
- Liegende Pferde nicht auftreiben! Im Liegen ist der Kreislauf entlastet.

SYMPTOME

- Krämpfe der Körpermuskulatur, typische sägebockartige Stellung, besonders bei Fohlen häufig mit abstehendem Schweif
- Später Festliegen und Rudern mit steif weggestreckten Beinen
- Drittes Augenlid vorgefallen, manchmal starkes Speicheln
- Nüstern steif aufgerissen, Ohren nach hinten gezogen
- Das Gesicht drückt Angst aus
- Schweißausbruch, erhöhte Herzfrequenz (über 40–60 Schläge/ Minute)

VERDACHT

Tetanus

Tetanus (Wundstarrkrampf) ist die Folge einer Wundinfektion. Der Erreger setzt am Infektions- und Vermehrungsort Giftstoffe frei, die auf dem Blutweg verschleppt werden. An den Nervenzellen werden Schaltstellen (Synapsen) besetzt; dadurch wird eine mit heftigen Krämpfen einhergehende Krankheit hervorgerufen. Sie bedeutet für die betroffenen Pferde schwere Leiden und in etwa 50 bis 70 % aller Fälle einen qualvollen Tod.

Die Krankheit tritt erst dann in Erscheinung, wenn der Erreger schon große Mengen der Giftstoffe gebildet hat. Diese können therapeutisch nicht mehr von den Schaltstellen der Nervenzellen entfernt werden. Statt dessen versucht man, das Pferd durch eine entsprechende symptomatische Therapie so lange zu stabilisieren, bis sich die Giftstoffe von selbst abgebaut haben.

Die ab dem vierten Lebensmonat durchführbare Impfung sollte für jedes Pferd absolut verbindlich sein, zumal sie auch gut verträglich und preiswert ist. Fohlen von durchgeimpften Stuten sind bis zu dem vorgenannten Alter durch Antikörper geschützt. Dieser Schutz ist aber von der sechsten bis zur zwölften Woche nur unvollständig. Er läßt sich durch eine außerplanmäßige Tetanus-Auffrischungsimpfung der Stute etwa vier bis acht Wochen vor der Geburt erhöhen. Außerdem plädieren einige Hochschulen dafür, Fohlen bereits im Alter von vier bis sechs Wochen die erste aktive Impfung zu geben.

Der Erreger des Wundstarrkrampfes vermehrt sich in höhlenartigen und Stichwunden ohne Luftzutritt. Gefährlich sind daher bereits kleinste, oft unerkannte Verletzungen, besonders an den Beinen und Hufen.

Verwechslung: **Das Krankheitsbild ist dramatisch und wird daher jeden Pferdehalter zu einem sofortigen Anruf bei seinem Tierarzt veranlassen.**

MASSNAHMEN

- Bereits der geringste Verdacht bedeutet einen absoluten Notfall. Tierarzt sofort verständigen.
- Es ist sehr behutsam vorzugehen, da die betroffenen Pferde jede Erregung, sogar Berührungen und laute Geräusche, mit heftigen Krämpfen beantworten.
- Wenn möglich, kann man sie vorsichtig in einen abgedunkelten, ruhigen Stall bringen. Dies muß unbedingt ohne jede Hektik geschehen, unter Umständen mit kleinen Pausen nach wenigen Schritten.
- Diese Maßnahme ist aber bis zum Eintreffen des Tierarztes aufzuschieben, wenn der Patient mit Krämpfen reagiert.
- Auch bei kleinen Wunden, vor allem im Beinbereich, den Tetanus-Impfschutz sofort prüfen, Patient gegebenenfalls vorübergehend mit Serum schützen.

Impfschema Tetanus

Grundimmunisierung:
Zweimal im Abstand von vier bis sechs Wochen, dann nach einem Jahr
Auffrischungsimpfungen:
Alle zwei Jahre

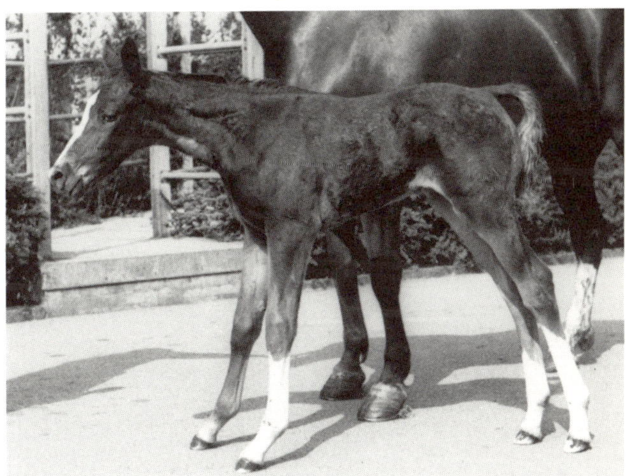

Fohlen mit Tetanus: Sägebockartige Stellung, Hals steif, Schweif abgestreckt. Ein völlig unnötiges Leiden! Korrekte Impfung der Mutterstute schützt auch das Neugeborene über die Antikörper in der Milch, bis das Fohlen im vierten Lebensmonat selbt immunisiert werden kann.

SYMPTOME

- **Hundebißähnliche Wunden an Beinen, Lippe und Nüstern**
- **Juckreiz an der Bißstelle, Fieber**
- **Schreckhafte Erregbarkeit, Unruhe**
- **Krämpfe der Kau-, Gesichts- und Atemmuskulatur, Speicheln, Schluckbeschwerden, Abneigung gegen Wasser, Verschlucken abartiger Gegenstände**
- **Typisch: heiseres Wiehern durch Stimmbandlähmung**
- **Tod nach zwei bis sieben Tagen**

VERDACHT

Tollwut

Tollwut ist für Mensch und Tier infektiös, bei Ausbruch immer tödlich. Obwohl das Pferd im Gegensatz zu Wildtieren, Hunden und Katzen als schlechter Überträger gilt, verbietet sich daher jede Leichtfertigkeit.

Neben Bissen von tollwutkranken Tieren wird auch eine Übertragung durch Wunden, Verschlucken von Speichel und über die Bindehäute des Auges vermutet. Daher auch hier größte Vorsicht.

Impfungen sollten für Weidepferde selbstverständlich sein, auch in Bezirken, die zur Zeit noch als frei von Wildtiertollwut gelten. (Der Fuchs ist meist schneller als das amtliche Mitteilungsorgan!)

Auch für Pferde mit nur sporadischem Freigang oder Kontakt zu Stallhunden und -katzen mit zweifelhaftem Impfstatus ist ein Restrisiko vorhanden. Dieses sollte ausgeschlossen werden: Der Impfstoff ist gut verträglich und billig.

Im Gegensatz zu Wildtieren, Hunden und Katzen zeigen Pferde zumeist die sogenannte Stille Wut mit abgestumpftem Verhalten und apathischem Gesichtsausdruck. Aggressionen gegen Tiere und Menschen sind dagegen selten. Der Tod tritt unter Lähmungen und Festliegen etwa zwei bis sieben Tage nach den ersten Symptomen ein.

Bei Erkrankung oder Ansteckungsverdacht werden nicht geimpfte Tiere von der Veterinärbehörde beschlagnahmt und nach Lage der Dinge entweder unter Isolation beobachtet oder sofort getötet. Therapieversuche sind verboten.

Bei Menschen löst der Infektionsverdacht einen Wettlauf gegen die Zeit mit der Gabe von Serum oder einer Schnellimmunisierung aus.

Verwechslung: **Am Anfang mit anderen Infektionskrankheiten. Häufig denkt man auch zuerst an kolikartige Symptome (s. S. 54 f.).**

MASSNAHMEN

- Im Verdachtsfall Tierarzt und Veterinärbehörde oder Ordnungsamt sofort benachrichtigen.
- Das verdächtige Pferd, alle Kontakttiere und mit Speichel in Berührung gekommene Gegenstände werden nicht mehr angefaßt.
- Besteht der Verdacht, daß Menschen infiziert wurden, sind die Personen sofort, auch am Wochenende, zu benachrichtigen. Dies gilt auch für die Besitzer von möglicherweise infizierten Kontakttieren.
- Der Arzt entscheidet nach Lage der Dinge, ob eine Intensivprophylaxe einzuleiten ist.

Impfschema Tollwut

Grundimmunisierung:
entfällt, einmalige Injektion bewirkt nach etwa 30 Tagen eine belastbare Immunität
Auffrischungsimpfungen:
jährlich einmal

SYMPTOME

- **Charakteristisch ist deren Uneindeutigkeit:**
- **Schweißausbruch, Unruhe, Kolik**
- **Krämpfe, schwankender Gang, hoher Puls, Kreislaufversagen**
- **Apathie, Durchfall, Atemnot, blutiger Kot, Nasenbluten**

VERDACHT

Vergiftung

Vergiftungen sind bei Pferden insgesamt eine seltenere Erscheinung. Die häufigste Ursache sind pflanzliche Vergiftungen durch Alkaloide, Glykoside, Thiaminasen, Stickstoffverbindungen und ätherische Öle. Das Überprüfen der Weide und aller Anbindeplätze unterwegs auf Giftpflanzen ist ratsam. Typische Vergiftungen geschehen bei Pferden durch: Eibe, Goldregen, Buchsbaum, Oleander, Tollkirsche, Lebensbaum, Herbstzeitlose und Robinie. Anhand einschlägiger Bestimmungsbücher sollte man sich ausgiebig über weitere Giftpflanzen informieren. Wichtig ist vor allem, die jeweiligen Pflanzen auch ohne Laub und Blüten im Winter unterscheiden zu können.

Man verlasse sich nicht auf den natürlichen Instinkt der Pferde, solche Pflanzen zu meiden. Auch die ansonsten so naturnahen Islandpferde sind bei Heufutterung im Winter schon den Verlockungen eines saftigen Eibenzweiges erlegen – ein Irrtum mit tödlichen Folgen.

Vergiftungen durch Insektizide und Rodentizide (Nagergifte) kommen ebenfalls vor: chlorierte Kohlenwasserstoffe, Organophosphate, Metaldehyd und, bei uns am wahrscheinlichsten, Cumarin (Nagergift), von dem allerdings recht große Mengen aufgenommen werden müssen, bevor eine Gefahr entsteht.

Akute Schwermetallvergiftungen durch Blei, Kadmium und Quecksilber aus chemischen Produkten und Farben sind selten. Eine chronische Dioxinvergiftung ist bei der Verwendung von Altöl als Holzschutzmittel beobachtet worden. Auch aus ökologischen Gründen ist Altöl kein geeigneter Zaunanstrich.

Verwechslung: **Wegen der Uneindeutigkeit der Symptome sind keine konkreten Krankheiten anzugeben. Ist nach den Umständen eine Vergiftung auch nur denkbar, muß man noch schneller Hilfe organisieren.**

MASSNAHMEN

- Nicht möglich, nur bei Kontaktgiften (Öle) auf der Haut intensives Waschen.
- Vorbeugend in weich eingestreute Box stellen, nur Wasser anbieten.
- Bis zum Eintreffen des Tierarztes Giftquelle sondieren, Packungszettel aufheben, Giftzentrale anrufen.
- Überlegen: Hatte das Tier Zugang zu Sträuchern? Holzschutzmitteln? Dünger, Pflanzenschutzmitteln? Trinkwasserquelle?
- Weitere Pferde schützen!

Diese prächtige Eibenhecke brachte bereits zwei Pferde um: 300 Gramm Nadeln sind tödlich, Hilfe kommt fast immer zu spät. Daher: Pferde durch zusätzlichen E-Zaun auf Abstand halten oder besser grundsätzlich keine giftige Begrünung im Pferdebereich dulden.

BÜCHER ZUM THEMA

Bücher zum Thema

Beech, J. (1991): Equine Respiratory Disorders; Verlag Lea & Febiger, Malvern, PA

Dietz, O. und E. Wiesner (1982): Handbuch der Pferdekrankheiten für Wissenschaft und Praxis; Verlag Karger, Basel, München

Engelmann, U. (1994): Welche Haltung für mein Pferd? Franckh-Kosmos Verlag, Stuttgart

Gerber, H. (1994): Pferdekrankheiten. Verlag Ulmer, Stuttgart, Bd. 1

Gerweck, G. (1995): So bleibt Ihr Pferd gesund und vital; Franckh-Kosmos Verlag, Stuttgart

Hertsch, B. (1992): Anatomie des Pferdes; FN-Verlag, Warendorf

Hölzel, P. und W. (1984): Sicher Reiten; Franckh-Kosmos Verlag, Stuttgart

Junge, M. (1993): Pferde hinterm Haus; Franckh-Kosmos Verlag, Stuttgart

Kaspar, A. (1994): Hufkurs für Reiter; Franckh-Kosmos Verlag, Stuttgart

Körber, H.-D. (1989): Huf, Hufbeschlag, Hufkrankheiten, Franckh-Kosmos Verlag, Stuttgart

Meyer, H. (1982): Pferdefütterung; Verlag Paul Parey, Hamburg, München

Pavord, T. (1993): Pferdekrankheiten; Franckh-Kosmos Verlag, Stuttgart

Pick, M. (1989): Neues Handbuch der Pferdekrankheiten; Franckh-Kosmos Verlag, Stuttgart

Pirkelmann, H. (1991): Pferdehaltung; Verlag Ulmer, Stuttgart

Rossdale, P. (1994): Pferdezucht; Franckh-Kosmos Verlag, Stuttgart

Stashak, T. S. (1989): Adam's Lahmheiten bei Pferden; Verlag Schaper, Hannover

Stashak, T. S. (1992): Wundbehandlung bei Pferden; Verlag Schaper, Hannover

Tellington-Jones, L. (1993): Der neue Weg im Umgang mit Tieren; Franckh-Kosmos Verlag, Stuttgart

White, A.: Equine Acute Abdomen; Verlag Lea & Febiger, Malvern, PA

Wintzer, H. J. (1982): Krankheiten des Pferdes; Verlag Paul Parey, Berlin, Hamburg

Ich bedanke mich herzlich:

Für wissenschaftliche Beratung: bei Dr. med. vet. Bettina Wollanke und Prof. Dr. med. vet. Hartmut Gerhards; **juristische Beratung zu Rechtsfolgen der Ersten Hilfe:** Rechtsanwalt Eberhard Fellmer; **Empfehlungen zur Ersten Hilfe bei Menschen:** Dr. rer. nat. Iris Eisenbeiser-Engelbrecht.

Für Fotos und grafische Darstellungen: bei Prof. Dr. Heinz Gerber, Klinik für Nutztiere und Pferde, Abt. für Radiologie, Bern (S. 74, 99, 125, 137), Dr. Marco Hermann, CH-Niederlenz (S. 59), Ina Kaufmann, Braunschweig (S. 20, 37, 69, 79, 93, 123, 141), Prof. Dr. Helmut Meyer, Institut für Tierernährung der Tierärztlichen Hochschule Hannover (S. 55), Erika E. Müller, Bonn (S. 87), Prof. Dr. Bernhard M. Spieß (Abt. für Veterinär-Ophthalmologie) und Dr. Anton Fürst, Veterinär-Chirurgische Klinik der Universität Zürich, (S. 33, 35, 39, 72, 74), Susanne Uelhoff, Vöhl (S. 83). Die Fotos auf S. 23 und 53 stammen vom Autor.

Für Illustrationen: bei Silke Ehrenberger, Dossenheim.

Für Korrekturen: bei Katrin Klärding, München.

Besonders bedanke ich mich bei meiner **Lektorin** Sigrid Eicher, München, für die Gliederung des Werkes sowie die kompetente, freundliche und humorvolle Betreuung.

REGISTER

REGISTER

STUTTGART *to go*

Raus aus dem Kessel

Patrick Mikolaj
Sarah Roßbach

DIE AUTOREN

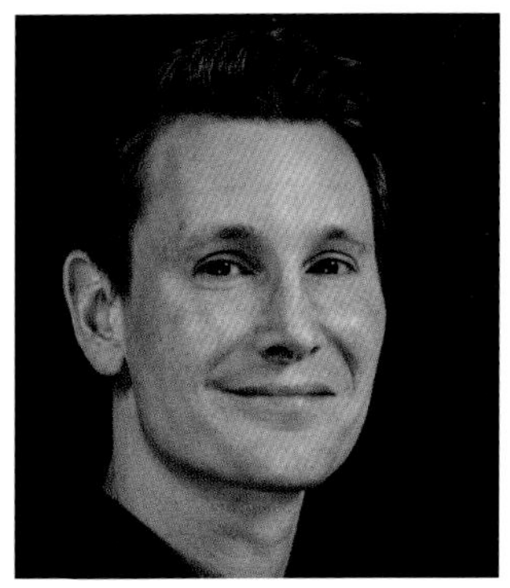

Patrick Mikolaj – geboren 1980 in Kirchheim unter Teck – ist heute mit Herzblut Stuttgarter. Der hauptberufliche Kaufmann stieß im Sommer 2012 als Blogger auf seiner Facebook-Seite UNNÜTZES STUTTGARTWISSEN überraschend auf großes Interesse. Zum erfolgreichen Blog erschien daraufhin im Lokalteil Verlag die gleichnamige Buchreihe. Mikolaj lieferte auch die Texte für mehrere Bücher der Reihe Stuttgarterle. Zum Thema UNNÜTZES STUTTGARTWISSEN zeichnet er zudem für mehrere erfolgreiche Stadtführungen verantwortlich.

Sarah Roßbach – geboren 1981 in Göppingen – liebt das ländliche Leben in Weilheim an der Teck, ist jedoch fasziniert von der Vielfältigkeit Stuttgarts. Über die Vororte der Landeshauptstadt zu schreiben, war für sie daher naheliegend. Sie studierte Deutsch und befasst sich intensiv mit den Sprachen Englisch und Spanisch. Aus diesem Grund reist sie sehr gerne und betreibt einen Blog, der ihre dabei gewonnenen Erfahrungen thematisiert.

UNNÜTZES STUTTGARTWISSEN
ist eine eingetragene Marke des Lokalteil Verlags

Lektorat: Bärbel Philipp, www.textperlen.de
Gestaltung: Manuel Kloker
Druck: ZIS-Media, Freiberg am Neckar

Besuchen Sie uns auch im Internet
www.lokalteil-verlag.de

Impressum

1. Auflage 2019

Am Kräherwald 205B, 70193 Stuttgart

INHALT

Die Spaziergänge

VORWORT

Dieses Buch will Sie verleiten – zu spannenden Spaziergängen durch die Vororte Stuttgarts. Es will Sie dazu animieren, die geheimen und überraschenden Seiten der Landeshauptstadt zu entdecken.

Sind Sie schon durch einen Steinbruch auf dem Hallschlag, den Eichenhain in Sillenbuch, die Weinberge in Obertürkheim, die Wälder in Degerloch oder das Körschtal in Möhringen spaziert? Kennen Sie die Burgruinen in Mühlhausen, das ehemalige Zuchthaus in Bad Cannstatt, die Schillerlinde in Wangen, die Festhalle in Feuerbach, das Monopteros in Hohenheim oder die alte Mühle in Zuffenhausen? Stuttgarts Vororte sind auch für viele Einheimische ein weißer Fleck auf der Landkarte.

Dieses Spazierbuch soll Ihr ständiger Begleiter auf zwölf Touren durch die äußeren Stadtbezirke sein. Es soll Sie leiten und informieren und Ihnen ein Stuttgart zeigen, wie Sie es nie zuvor gesehen haben.

UNNÜTZES STUTTGART WISSEN

STUTTGART to go – Ein Spazierbuch entstand in Zusammenarbeit mit UNNÜTZES STUTTGARTWISSEN, einem der erfolgreichsten Stuttgart-Blogs im Internet.

Mit diesem Buch können Sie endlich all die spannenden Fakten und Geschichten direkt vor Ort sehen und erleben. Dieses Buch ist UNNÜTZES STUTTGARTWISSEN zum Anfassen!

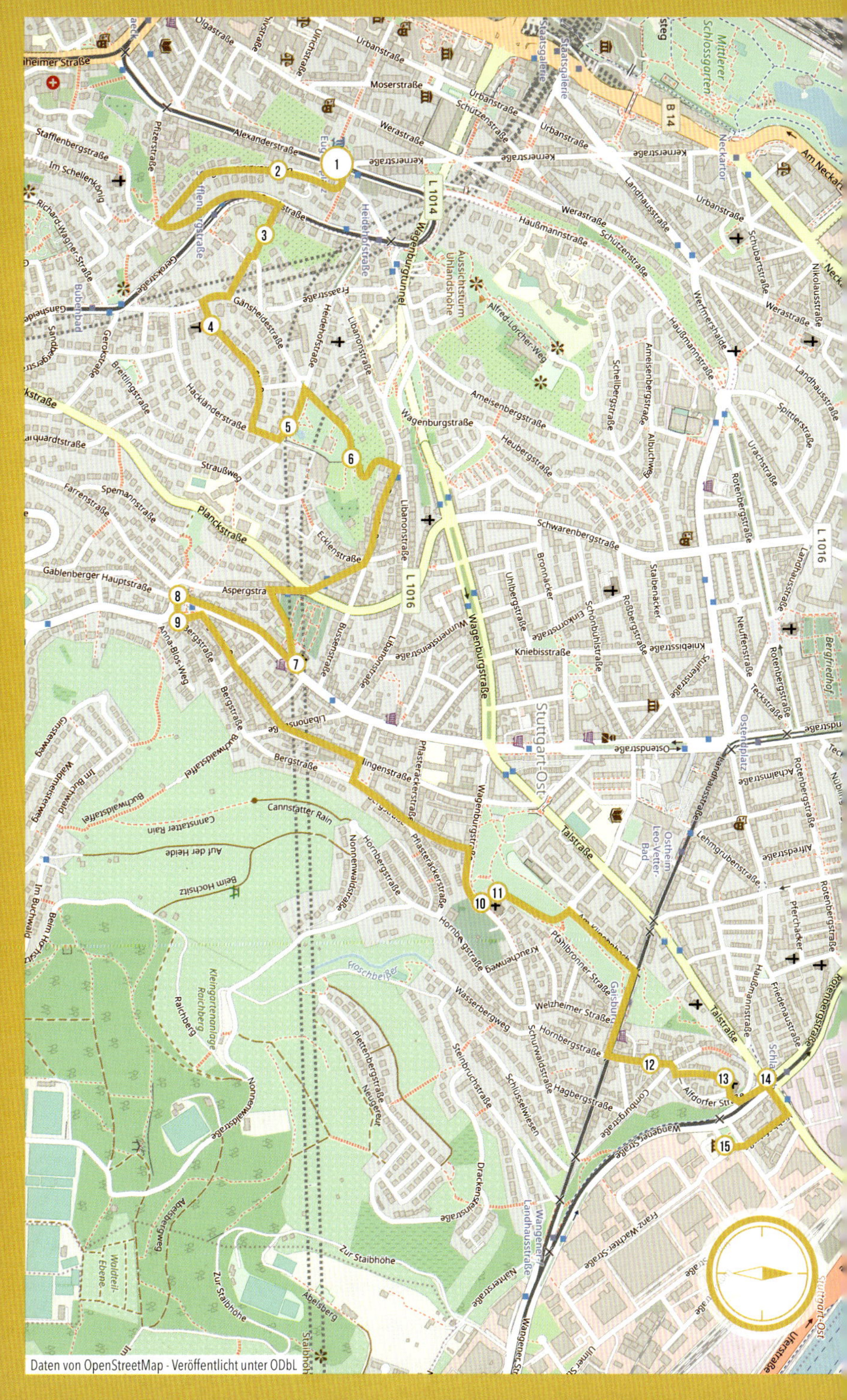
Daten von OpenStreetMap - Veröffentlicht unter ODbL

Vom Osten ins Neckartal

Raus aus dem Kessel

Stadtteil Gaisburg (Bezirk Stuttgart-Ost)

Fläche:	271 Hektar (Stuttgart-Ost 903 Hektar)
Einwohnerzahl:	8.400 (Stuttgart-Ost 47.500)
Erstmals namentlich erwähnt:	1140
Eingemeindung nach Stuttgart:	1901
Namensherkunft:	An der Stelle, wo heute die Gaisburger Kirche steht, befand sich einst die Gaisburg, die jedoch im 13. Jahrhundert komplett zerstört wurde. Im Gebiet der Burg weideten früher die namensgebenden Geißen.

 ca. 5,5 km

 ca. 100 Minuten (reiner Fußweg)

 **Eugensplatz**
U15 – Eugensplatz

1. Eugensplatz

Unsere erste Tour startet auf dem Eugensplatz, einem der beliebtesten Aussichtspunkte Stuttgarts. Hier hinauf führt die Eugenstaffel, die zu den schönsten Stäffele der Stadt zählt. Tatsächlich sind jedoch Platz und Treppe nach zwei verschiedenen Eugen benannt. Der Platz trägt seinen Namen zu Ehren von Herzog Eugen, der ein Neffe des ersten Königs von Württemberg – Friedrich I – war. Die Eugenstaffel – offiziell heißt sie Eugenstraße – wurde hingegen nach dem Enkel des eben erwähnten Eugen benannt – Herzog Wilhelm Eugen.

Wir verlassen nun den Eugensplatz, indem wir, rechts neben der Stadtbahnhaltestelle, **an der Ampel die Alexanderstraße überqueren**. Auf der anderen Straßenseite biegen wir **links in die leicht ansteigende Wagenburgstraße** ein. Nur wenige Schritte weiter biegen wir nach **rechts in die Diemershaldenstraße** ab, der wir in einem Rechtsbogen folgen. Nach circa 150 Metern bergauf sehen wir linker Hand unser erstes Etappenziel.

2. Postmichelkreuz Diemershaldenstraße 13

Neben der Haustür links sehen wir in die Mauer eingelassen das sogenannte Postmichelkreuz. Der Legende nach soll dieses Sühnekreuz im 15. Jahrhundert an der Wagenburgstraße gestanden haben, um an ein Verbrechen zu erinnern, das dort der Postillion Michel begangen haben soll – den Mord an einem wohlhabenden Bürger. Den Postmichel ließ man daher hinrichten. Erst später stellte sich heraus, dass er unschuldig war. Diese Geschichte ist jedoch eine Erfindung des Stuttgarter Blattes „Stadt-Glocke", das die Legende Mitte des 19. Jahrhunderts druckte.

Weiter geht es die Diemershaldenstraße bergauf, bis sie die **Stafflenbergstraße kreuzt, in die wir nun links einbiegen**. An ihrem oberen Ende treffen wir dann auf die **Gerokstraße, die wir an der Ampel überqueren und ihr, auf der anderen Straßenseite angekommen, nach links abbiegend** folgen. Einige Meter weiter steigen wir **rechter Hand die Treppen des Franz-Dingelstedt-Wegs hinauf**. Am oberen Ende der Treppenanlage sehen wir auf der linken Seite ein kleines Backsteinhäuschen.

3. Kanonenhäusle

Wir haben den Talkessel nun hinter uns gelassen und befinden uns im Bezirk Stuttgart-Ost. Das kleine Häuschen aus orangefarbenem Backstein ist als Kanonenhäusle bekannt. Es wurde 1702 erbaut und diente dem Brandschutz. Hier oben hatte man freie Sicht auf den Stuttgarter Talkessel und die umliegenden Dörfer. Das Häuschen war mit zwei Kanonen ausgestattet. Entdeckte man von hier aus irgendwo einen Brand, machte man die Bürger mit dem lauten Kanonenknall auf das Feuer aufmerksam. Das Kanonenhäusle ist längst im Ruhestand und dient heute als Wohnhaus.

Der Franz-Dingelstedt-Weg geht nun in die Hillerstraße über.

Zu unserer Rechten befindet sich eine der ältesten Frauenkliniken in Stuttgart – die Klinik Charlottenhaus. Sie wurde 1904 gegründet und trägt den Namen der letzten Königin Württembergs, Charlotte.

Die Hillerstraße endet schließlich an der **Gänsheidestraße. Wir überqueren diese und folgen ihr nach rechts**. Wenige Schritte weiter biegen wir nach **links in die Adolf-Kröner-Straße ein**, wo wir auf eine markante Kirche treffen.

4. Christuskirche

Die evangelische Christuskirche erinnert mit ihrem schlichten und rustikalen Äußeren ein wenig an eine Burg. Auf jeden Fall würde man wohl eher nicht annehmen, dass sie 1956 fertiggestellt wurde. An selber Stelle gab es zuvor einen Betsaal, der jedoch im Zweiten Weltkrieg zerstört wurde. Die Pläne für den Kirchenbau lagen zwar bereits 1939 vor, doch konnten sie nach Kriegsausbruch nicht umgesetzt werden. Besonders markant ist der 36 Meter hohe Kirchturm, der mit seinem goldenen Wetterhahn auf dem Dach selbst vom Talkessel aus gut sichtbar ist.

Wir spazieren nun weiter die Adolf-Kröner-Straße entlang, bis sie **an der Hackländerstraße endet, in die wir links einbiegen**. Wenige Meter weiter treffen wir auf die **Heidehofstraße. Dort wechseln wir auf die andere Straßenseite** und stehen nun direkt vor einem eindrucksvollen Tor.

5. Robert-Bosch-Haus Diemershaldenstraße 13

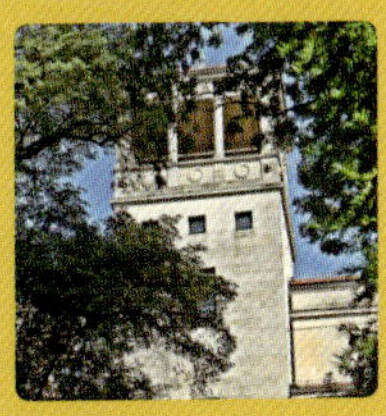

Robert Boschs Wohnsitz im Stil der italienischen Frührenaissance wurde 1911 fertiggestellt. Entgegen seinem historischen Äußeren kamen beim Bau des Gebäudes durch die Verwendung von Stahlbeton moderne Bautechniken zum Einsatz. Das Wohnhaus – auch Villa Bosch genannt – mit seinen 25 Zimmern gehört zu den letzten herrschaftlichen Villenbauten Stuttgarts. Bosch lebte bis zu seinem Tod 1942 hier auf der Gänsheide. Weitere Einblicke in den Garten und auf die Villa erhaschen wir auf unserem weiteren Spaziergang.

Vor dem Tor **gehen wir nun nach links**, immer der Mauer entlang, und erreichen so die **Hugo-Eckener-Straße, in die wir rechts einbiegen**. Die Straße geht dann in einen Fußgängerweg über.

Wir umrunden nun das Robert-Bosch-Haus, das inmitten einer weitläufigen Gartenanlage steht. Diese wird heute als Naturdenkmal geführt und steht somit unter besonderem Schutz. Auf unserem Weg können wir immer wieder einen Blick auf die Grünanlage und das Gebäude werfen.

Der Weg endet schließlich an einer Aussichtsplattform.

6. Aussichtspunkt Straußstaffel

Von hier haben wir einen großen Teil des Stuttgarter Ostens und des Neckartals im Blick. Links sehen wir das Hochhaus des SWR, in der Mitte den Turm der Lukaskirche und die Villa Berg im Hintergrund. Wir schauen weiter über den Cannstatter Wasen bis zum Gaisburger Gaskessel. Zudem bietet sich hier ein anderer Blickwinkel auf die Gartenanlage. Linker Hand sehen wir dort einen dunklen kubischen Neubau. Das Haus-Heidehof ist das Schulungszentrum der Robert-Bosch-Stiftung, die seit 1986 auch Eigentümerin der Villa ist. Sie gehört zu den größten Firmenstiftungen der Republik.

Weiter geht es nun die **Straußstaffel hinunter**. Der Serpentinenweg trifft schließlich auf die **Bussenstraße, der wir rechter Hand weiter folgen.** An der nächsten **Kreuzung biegen wir leicht rechts in die Aspergstraße** ein. Diese kreuzt sich wenige Meter weiter mit der Schwarenberg- und Planckstraße. **An der Ampel zu unserer Rechten überqueren wir zunächst die Planck- und danach die Aspergstraße**. Wir **folgen dieser nun nach rechts** und biegen einige Meter weiter **links in den Pfarrer-Pfeiffer-Weg** ein. Vorbei am Gablenberger Friedhof führt uns dieser direkt auf eine Kirche zu.

7. Petruskirche

Wir haben das alte Weinbauörtchen Gablenberg erreicht. Bis 1900 stand hier die alte, im 18. Jahrhundert erbaute Ortskirche. Nach dem Abriss entstand bis 1902 die Petruskirche im neofrühgotischen Stil. Roter Maulbronner Sandstein und Backsteine dienten hier als Baumaterial. Eine Besonderheit ist, dass sich der Gottesdienstraum im ersten Obergeschoss befindet. Zudem hat die Petruskirche mit 67,4 Metern den höchsten Kirchturm Stuttgarts.

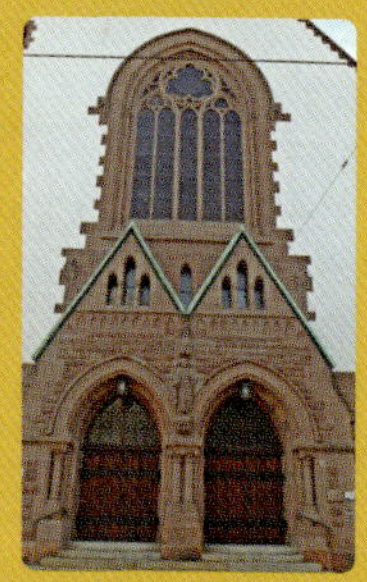

Der Pfarrer-Pfeiffer-Weg endet an der **Gablenberger Hauptstraße, in die wir nach rechts abbiegen**. Der leicht ansteigenden Straße folgen wir nun circa 300 Meter, bis wir an der nächsten Straßenkreuzung rechter Hand ein hellrotes Haus sehen können.

8. MUSE-O

Im Alten Schulhaus von Gablenberg wurden ab 1837 Kinder unterrichtet. Knapp 40 Jahre später wurde es um eine dritte Etage aufgestockt und erreichte so seine heutige Größe. Bis in die 1970er-Jahre blieb das schlichte Gebäude eine Schule. Nach verschiedenen Zwischennutzungen wurde es grundsaniert und beherbergt seit 2005 das MUSE-O – das Stadtbezirksmuseum von Stuttgart-Ost. In spannenden Wechselausstellungen wird dort die Geschichte des Bezirks, der sich aus zahlreichen zusammengewachsenen Ortschaften entwickelt hat, anhand vieler alter Fotografien am Leben erhalten.

Wir gehen die **Gablenberger Hauptstraße wenige Schritte wieder zurück und überqueren diese dann an der Ampel**. Wir finden uns nun auf einem kleinen Platz wieder.

9. Schmalzmarkt

Der Platz wurde seit dem 19. Jahrhundert als Schmalzplatz bezeichnet, da es hier Waren für den täglichen Bedarf zu kaufen gab. Das lang gestreckte Gebäude vor uns ist das Volkshaus. Als Haus der Volkstreue wurde es 1935 von den Nationalsozialisten eröffnet und beherbergte sämtliche NS-Dienststellen im Stadtteil. Der Hitler-Jugend-Brunnen – heute Volkshausbrunnen genannt – vor dem Gebäude zeigte ursprünglich Darstellungen der jungen Anhänger des Reichskanzlers. Diese wurden direkt nach dem Zweiten Weltkrieg jedoch entfernt.

Von dort aus, wo wir den kleinen Platz betreten haben, gehen wir nun nach **links in die Klingenstraße** und folgen dieser etwa 500 Meter, bis sie die **Gaishämmerstraße kreuzt. Dort biegen wir nach rechts ein** und treffen dann auf die **Bergstraße, der wir linksabbiegend weiter folgen**. Die Bergstraße endet an der **Wagenburgstraße, die wir nun überqueren und der wir nach rechts leicht bergauf folgen**. Wenige Schritte weiter führen uns ein paar Stufen zu einem Kirchenportal.

10. Herz-Jesu-Kirche

Das Gotteshaus entstand in zwei Bauabschnitten 1921 und 1934. So schlicht wie die Fassade aus gelbbraunem Travertin, so schlicht ist auch das Innere der Kirche. Der Architekt orientierte sich am Stil einer frühchristlichen Basilika mit einem beigestellten schlanken Rundenturm. Der Altarraum wurde in den 1950er- und 1960er-Jahren vom Stuttgarter Bildhauer Otto Herbert Hajek – der auch für das Design des Mineralbads Leuze verantwortlich zeichnet – neu gestaltet.

Wir verlassen den Vorhof der Kirche wieder über die Treppenstufen und **biegen dann sofort rechts auf einen Fußgängerweg ein.** Einige Stufen führen uns hinunter auf einen Spazierweg, der eine Grünanlage einfasst.

11. Klingenbach Grünanlage

Den Bach, dem das Klingenbachtal seinen Namen verdankt, hat man längst in den Untergrund verbannt. Ursprünglich war der Name des Gewässers Gablenbach, da er sich durch den Zusammenfluss dreier Bäche mehrmals gabelte. Der Stadtteil Gablenberg erhielt voraussichtlich so seinen Namen. Die lang gestreckte Grünanlage vor uns, die dem Bachverlauf folgt, grenzt an die drei Stadtteile Gablenberg, Ostheim und Gaisburg und ist daher ein beliebter Naherholungsort im Bezirk Ost.

Wir **folgen dem Fußweg nun nach rechts** und umrunden so den oberen Bereich der großen Liegewiese. Der Weg macht schließlich einen Bogen und **trifft auf einen weiteren Fußweg, in den wir abermals rechts einbiegen**. Entlang der Grünanlage verlaufend endet der Weg dann an der **Landhausstraße. Dieser folgen wir nun nach rechts**, bis wir wenig weiter nach **links in die Hornbergstraße** abbiegen. Nach einigen Metern sehen wir auf der linken Straßenseite ein Fachwerkhaus.

12. Hornbergstraße 58

Wir haben nun den Stadtteil Gaisburg erreicht. Das Häuschen mit der Hausnummer 58 wurde im 16. Jahrhundert erbaut und ist das älteste erhaltene Haus des Vororts. Die Hornbergstraße war damals die Hauptstraße des Dorfs. Gaisburg wurde im 12. Jahrhundert erstmals erwähnt. Das Dörfchen lag auf einer Anhöhe unweit des Neckars und bestand damals wohl aus nicht viel mehr als einer Burganlage – der namensgebenden Gaisburg. Diese wurde wiederum nach dem Hügel benannt, auf dem sie thronte, da dort einst vor allem Geißen gegrast haben sollen. 1901 wurde der Ort – damals über 4.000 Einwohner zählend – nach Stuttgart eingemeindet.

Der Hornbergstraße folgen wir noch ein paar Meter weiter bis zur nächsten Weggabelung. Dort **setzen wir unseren Weg in der leicht rechts weiterführenden Faberstraße fort**, die uns direkt auf eine markante Kirche zuführt.

13. Gaisburger Kirche

Genau an jenem Ort, wo sich einst die Burg befand – die Ende des 13. Jahrhunderts restlos zerstört wurde –, ließen die Gaisburger später ein kleines Gotteshaus erbauen. Als diese Kirche jedoch baufällig wurde, entschloss man sich für den Abriss und einen größeren Neubau, nur wenige Meter entfernt auf einem Bergvorsprung. Den darauf folgenden Architekturwettbewerb gewann Martin Elsaesser – der Architekt der Stuttgarter Markthalle – mit seinen Plänen einer Kirche im Jugendstil mit barocken Grundformen. Das 1913 eingeweihte Gotteshaus zählt zu einem der wenigen Jugendstilkirchenbauten in Deutschland.

Rechts an der Kirche vorbei, treffen wir auf eine **Staffel, die uns den steilen Hang bergab führt.** Eine Straße am Hang querend, gelangen wir über diese Treppe bis hinunter zu einer großen Straßenkreuzung. Über eine **Ampel an der Talstraße kommen wir zunächst zu einer Verkehrsinsel, von der aus wir dann über eine weitere Ampel zu unserer Rechten die Wangener Straße überqueren.** Auf der anderen Straßenseite **folgen wir nun der Talstraße** einige Meter, mit Blick auf den riesigen Gaskessel.

14. Gaisburger Gaskessel

Bereits 1875 ging die Gasfabrik am Ufer des Neckars in Betrieb. Der 100 Meter hohe und 69 Meter breite Gaskessel vor uns wurde 1929 fertiggestellt und ist der größte noch in Betrieb befindliche, sogenannte Scheibengasbehälter in Europa. Eine 1.000 Tonnen schwere Stahlscheibe schwimmt auf dem Gas im Inneren und bildet somit einen beweglichen Deckel des Kessels. Der Gaskessel wurde im Zweiten Weltkrieg zerstört und anschließend in denselben Ausmaßen wiedererrichtet. Heute steht er unter Denkmalschutz.

Wir biegen nun **rechts in die Viehhofstraße ein** und treffen bereits nach wenigen Schritten auf die Schlachthofstraße, an der unser letztes Ziel auf diesem Spaziergang vom Talkessel bis ins Neckartal liegt.

15. Schlachthof und Schweinemuseum

Das Gebäude vor uns – der Verwaltungsbau – ist das letzte Überbleibsel des Stuttgarter Schlachthofs, der 1909 seinen Betrieb aufnahm. Der Großteil der riesigen Anlage befand sich hinter diesem Gebäude. Nach der Schließung der Schlachthofs 1992 wurde das Areal zu einem Gewerbegebiet umgewandelt. Im alten Verwaltungsbau befindet sich seit 2010 das Schweinemuseum, das aus Platzmangel von Bad Wimpfen hierher übersiedelte. Mit über 50.000 Exponaten in 28 Ausstellungsräumen gilt es als das größte Schweinemuseum der Welt.

Präsentiert von:

GEHEIMTIPP STUTTGART

Hier lohnt sich ein Besuch!

Mercedes-Benz Museum

Es ist das größte Museum einer Automobilmarke und erzählt die Geschichte des Unternehmens Daimler AG von den Anfängen bis zum heutigen Weltkonzern. Der Ausstellungsbereich ist in Form einer Doppelhelix angelegt und bietet über 1.500 Exponaten und 160 Fahrzeugen - darunter das erste Automobil der Welt - Raum, sich zu präsentieren.

Mercedesstraße 100
www.mercedes-benz.com/museum

Straßenbahnwelt

Die Straßenbahnwelt befindet sich in einem denkmalgeschützten Straßenbahndepot von 1929. Dort wird die rund 150-jährige Geschichte des Transportmittels innerhalb Stuttgarts und des Umlands präsentiert. Neben der technischen Entwicklung vom Pferdewagen bis zum letzten elektrisch betriebenen Straßenbahnmodell gibt es im Backsteindepot auch Bahnen alter, nicht mehr existierender Straßenbahnbetriebe zu sehen.

Veielbrunnenweg 3/Ecke Mercedesstraße
www.ssb-ag.de/erleben/strassenbahnmuseum-stuttgart

Park der Villa Berg

Der ehemals private Garten des Kronprinzen Karl und seiner Gattin Olga ist längst zu einem öffentlichen Park geworden. Eine Besonderheit im Park rund um die Villa Berg ist beispielsweise der Rosengarten am Westhang mit dem schönen Laubengang aus roten Ziegelsteinen. 1853 wurde der Park und die Villa Berg - die Sommerresidenz des Kronprinzen - auf einer Anhöhe fertiggestellt.

Bei Sickstraße 67

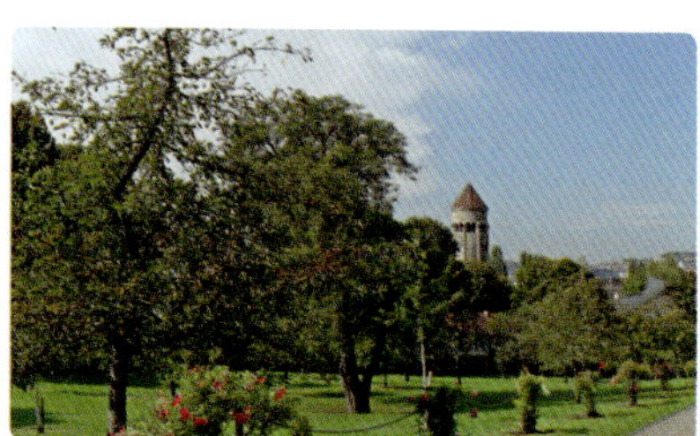

Gastronomie

Schlachthof

(Deutsche Küche / Biergarten)

Schlachthofstraße 2
schlachthof-stuttgart.de

Ristorante Da Luisa

(Italienische Küche)

Talstraße 52
ristorante-daluisa.de

So reisen Sie weiter

Rechts am Schweinemuseum vorbei, erreicht man in circa 500 Metern die Stadtbahnhaltestelle **Wangener-/Landhausstraße.**

An der großen Straßenkreuzung Wangener- und Talstraße befinden sich zudem die Stadtbahn- und Bushaltestellen **Schlachthof.**

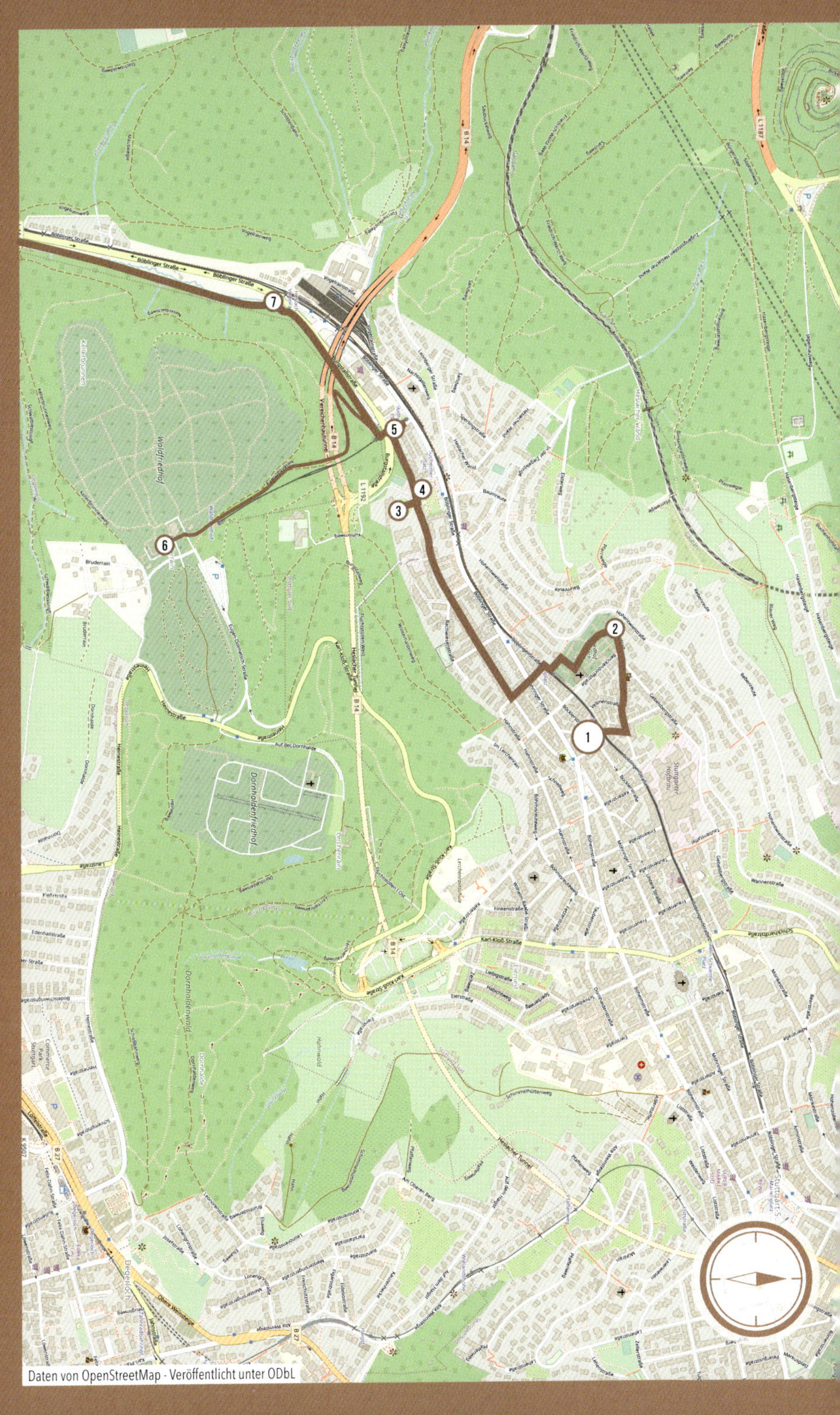

Tour B

Vom Süden auf die Filder

Raus aus dem Kessel

Stadtbezirk Vaihingen	
Fläche:	2.089 Hektar
Einwohnerzahl:	45.100
Erstmals namentlich erwähnt:	Um das Jahr 1100 als „Fügingen“
Eingemeindung nach Stuttgart:	1942
Namensherkunft:	Benannt nach dem Sippenführer Fogo. Die Namensendung auf „ingen“ weist auf eine ehemalige alamannische Siedlung hin.

 ca. 7 km (ohne Waldfriedhof)

 ca. 140 Minuten (reiner Fußweg)

 **Bihlplatz**
U1 – Bihlplatz

1. Bihlplatz

Der Bihlplatz ist das alte Zentrum des einstigen Stuttgarter Vororts Heslach im Süden der Stadt. Auch wenn das städtische Treiben sich längst in Richtung Erwin-Schoettle-Platz und Marienplatz verlagert hat, wird der Bihlplatz noch heute von kleinen Läden und Lokalen eingefasst. Seinen Namen erhielt das Plätzchen 1935 nach dem Heslacher Architekten Georg Friedrich Bihl, der beispielsweise das Lindenmuseum entwarf. Der gusseiserne Ochsenbrunnen von 1880 ist hier kaum zu übersehen. Er diente einst den Fuhrleuten als Viehtränke.

Wir verlassen den Bihlplatz, indem wir rechts vor der Stadtbahnhaltestelle die **Böblinger Straße überqueren** und gegenüber die **Ritterstraße betreten**. Wenige Schritte weiter biegen wir **links in die Hasenstraße** ein und folgen dieser, bis wir **hinter einem Friedhof** stehen und diesen durch einen **Eingang zu unserer Linken betreten**.

2. Heslacher Friedhof

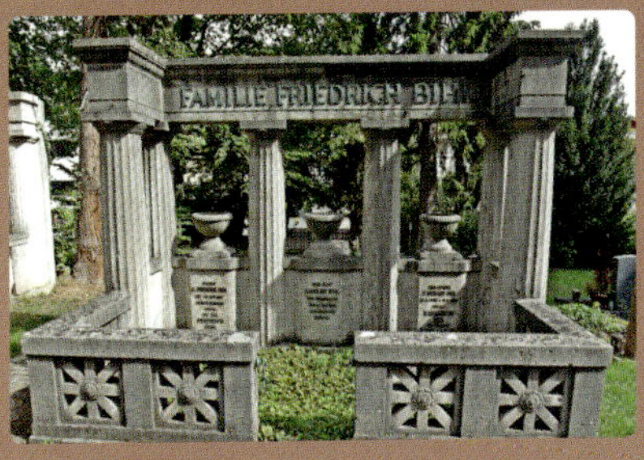

Dieser Friedhof wurde bereits 1798 angelegt und ist somit, nach dem Hoppenlaufriedhof, der zweitälteste Gottesacker im Stuttgarter Talkessel. Der zuvor genannte Architekt Bihl liegt hier ebenso begraben wie David Sanwald, Gründer der ersten Weißbier-Brauerei der Stadt. Auffälligstes Bauwerk hier ist ein rundes Mausoleum im hinteren Bereich, das der russische Diplomat Benckendorff nach dem Tod seiner Gattin erbauen ließ. Es wurde von König Wilhelms I. Lieblingsarchitekten Giovanni Salucci 1823 erbaut. Nur ein Jahr später begann, nach Plänen Saluccis, der Bau der Grabkapelle auf dem Württemberg.

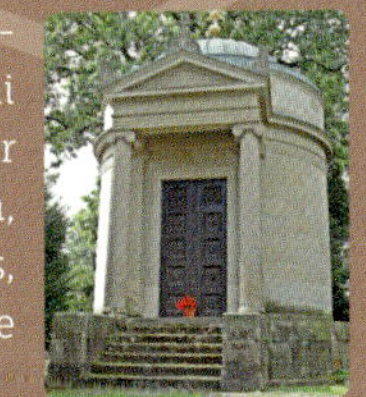

Wir gehen **geradeaus über den Friedhof** zu einem auffälligen runden **Mausoleum zu unserer Rechten. An diesem gehen wir nun rechts vorbei** und folgen dem Weg, der uns aus dem Friedhof hinausführt und dann auf einen **schmalen Weg trifft. Diesem folgen wir nach links bergab** und erreichen dann wieder die **Böblinger Straße, die wir überqueren, und dann folgen wir rechter Hand der Müllerstraße**. An der zweiten Kreuzung **biegen wir rechts in die Burgstallstraße** ein und folgen dieser circa 500 Meter, bis der Gehweg auf einem Platz endet. Direkt hinter einer Pergola **verlassen wir den Platz, indem wir linker Hand die Burgstallstraße überqueren** und auf eine runde Grünfläche treffen. Dahinter sehen wir ein schönes Fachwerkhaus mit einem Türmchen.

3. Altes Schützenhaus

Das Alte Schützenhaus – mit seinem markanten Türmchen, das dem des Alten Feuerwehrhauses am Erwin-Schoettle-Platz stark ähnelt – wurde 1895 fertiggestellt. Bauherrin war die Stuttgarter Schützengilde. Diese wurde bereits im Jahr 1500 gegründet und ist somit der älteste Verein der Stadt. Da Schießübungen durch den B 14-Tunnelbau an diesem Standort nicht mehr möglich waren, gab der Schützenverein das Areal in den 1980er-Jahren auf. Seither wird das alte Fachwerkhaus vor allem gastronomisch genutzt.

Wir verlassen den grünen Vorplatz des Schützenhauses wieder an der Burgstallstraße und **betreten nun abermals den Südheimer Platz**. Linker Hand sehen wir vier Betonsäulen.

4. Südheim

Diese Säulen sind das Überbleibsel einer Autobrücke, die über Jahrzehnte Teil der Bundesstraße 14 war. Als diese in den 1990er-Jahren schließlich umgeleitet wurde, verlor auch die Brücke ihre Funktion und wurde 2004 abgerissen. Die Betonpfeiler dienen heute als übergroße Straßenlaternen und als Wasserspiel zugleich. Die Altbauten direkt vor uns gehören zur kleinen Siedlung Südheim und entstanden Anfang des 20. Jahrhunderts. Eigentlich als große Arbeitersiedlung geplant, wurde letztlich nur ein Fünftel des Areals tatsächlich bebaut.

Wir folgen nun **weiter der Burgstallstraße und biegen dann rechts in die Seilbahnstraße** ein. Die Bahn, der die Straße ihren Namen verdankt, befindet sich nun links von uns. Wir betreten die Talstation der Seilbahn wenige Schritte weiter an der Böblinger Straße.

5. Seilbahn

An einer Hangterrasse im Degerlocher Wald wurde 1913 ein großer Friedhof angelegt. Für die Trauernden, die von Heslach im Tal den steilen Berg erklimmen mussten, war der Besuch dort stets ein mühseliger Akt. Abhilfe schaffte erst die 1929 eingeweihte Standseilbahn. Diese weltweit erste vollautomatische Seilbahn pendelte nun täglich zwischen dem Südheimer Platz im Tal und dem Waldfriedhof am Hang. Die beiden aus Mahagoni- und Teakholz gefertigten Wagen setzen sich an der Tal- und Bergstation zeitgleich in Bewegung und überwinden in weniger als vier Minuten 85 Höhenmeter.

Mit der Bahn: Unsere nächste Station ist der Waldfriedhof. Diesen erreichen wir ganz bequem mit der Seilbahn. Dies ist zwar ein Spazierbuch, doch die Fahrt mit der alten Bahn ist eine Attraktion für sich.

Ohne Waldfriedhof: Über die Seilbahnstraße gehen wir **zurück bis zur Burgstallstraße und biegen in diese nach rechts ein**. Unter der Bahnbrücke hindurch erreichen wir **linker Hand eine Ampel und überqueren dort die Burgstallstraße**. Auf der anderen Straßenseite angekommen, gehen wir einige Meter geradeaus und **biegen dann rechts in einen Fußgängerweg ein**. Parallel zur Burgstallstraße spazierend, unter einer Autobrücke hindurch, treffen wir nach wenigen Metern auf einen Bachlauf.

Weiter mit Punkt 7

Zu Fuß: Wenn wir jedoch lieber einen Waldspaziergang unternehmen wollen, dann gehen wir nun über die **Seilbahnstraße zurück bis zur Burgstallstraße und biegen in diese nach rechts ein**. Unter der Bahnbrücke hindurch erreichen wir **linker Hand eine Ampel und überqueren dort die Burgstallstraße.** Auf der anderen Straßenseite angekommen, gehen wir ein paar Meter geradeaus und betreten dann **links einen Waldweg**, der sich den Berg hinauf schlängelt. **Auf diesem Weg beachten wir, dass wir uns bei jeder Abzweigung immer links halten**. So gehen wir schließlich parallel zur Seilbahnstrecke durch den Wald und treffen auf die Bergstation der Bahn.

Es geht weiter: Von der **Bergstation der Seilbahn führt ein Weg geradeaus**, der dann auf die Eugen-Dolmetsch-Straße trifft, an der man rechts schon den Eingang zum Waldfriedhof sehen kann.

6. Waldfriedhof

Mit 31 Hektar Fläche und rund 15.000 Grabstätten ist der Waldfriedhof der größte Friedhof Stuttgarts. Hier befindet sich auch ein Ehrenfeld für 8.000 im Ersten Weltkrieg gefallene Soldaten. Viele namhafte Persönlichkeiten des 20. Jahrhunderts fanden hier ihre letzte Ruhestätte. So findet man hier beispielsweise die Gräber von Robert Bosch, dem Bildhauer Otto Herbert Hajek, des Erfinders Gottlob Bauknecht, der Maler Adolf Hölzel und Oskar Schlemmer oder des Kaufhausgründers Eduard Breuninger.

Mit der Bahn: Vom Haupteingang des Friedhofs gehen wir **wieder zur Bergstation der Standseilbahn und fahren zurück ins Tal.** Dort gehen wir über die **Seilbahnstraße zurück bis zur Burgstallstraße und biegen in diese nach rechts ein**. Unter der Bahnbrücke hindurch erreichen wir **linker Hand eine Ampel und überqueren dort die Burgstallstraße.** Auf der anderen Straßenseite angekommen, gehen wir einige Meter geradeaus und **biegen dann rechts in einen Fußgängerweg** ein.

Zu Fuß: Vom Haupteingang des Friedhofs gehen wir wieder zurück zur Bergstation der Standseilbahn. An dieser gehen wir links vorbei **wieder denselben Waldweg bergab**. Im Tal angekommen, **gehen wir nun aber den Fußweg weiter geradeaus.**

Es geht weiter: Parallel zur Burgstallstraße spazierend, unter einer Autobrücke hindurch, treffen wir nach wenigen Metern auf einen Bachlauf.

7. Nesenbach

Der Nesenbach entspringt im Stadtbezirk Vaihingen. Das Bächlein fließt jedoch größtenteils unterirdisch durch den Stadtteil Kaltental und weiter von hier in Heslach hinunter in die Innenstadt. Genau genommen existiert der Bach als solcher gar nicht mehr. Er übernimmt nämlich die Funktion eines sogenannten Hauptsammlers, also eines Abwasserkanals. Lediglich im 1999 renaturierten Bachlauf vor uns – dem wir nun weiter folgen werden – ist das Gewässer heute noch oberirdisch zu sehen.

Wir folgen dem Fußgängerweg, parallel zur Böblinger Straße, weiter circa 600 Meter geradeaus. An der **T-Kreuzung biegen wir schließlich rechts ein und treffen auf die Böblinger Straße, in die wir links einschwenken.** Kurz darauf erreichen wir eine **Straßenkreuzung, wo wir an der Ampel vor der Stadtbahnhaltestelle die Böblinger Straße überqueren. Rechter Hand folgen wir nun der Fuchswaldstraße, die nach wenigen Metern nach links einbiegt** und sich den Berg hinauf schlängelt. Nach rund 700 Metern treffen wir auf die **Feldbergstraße, in die wir links einbiegen,** um wenige Schritte weiter abermals **links in die Frechstraße abzubiegen.** Dort erreichen wir einen kleinen eingezäunten Platz.

14
13
12
11
10
9
8
Seerosenstraße
Pfarrhausstraße
Brommerstraße
Kaltentaler Abfahrt
Nord-Süd-Straße
Möhringer Landstraße
Böblinger Straße
Kaltental
Dreieck Johannesgraben
Stuttgart Österfeld
Vaihinger Friedhof
Stuttgart Universität
Universitätsstraße
Heerstraße
Allmandstraße
B 14
L 1205
L 1192
Am Wallgraben
Lautlinger Weg
Vaihinger Straße
Kauslerweg
Rosenwiesstraße
Probstsee
Feldbergstraße
Freudenstädter Straße
Elsenbach
Daten von OpenStreetMap · Veröffentlicht unter ODbL

8. Anna-Scheufele-Platz

Das eigentlich Interessante an diesem kleinen Platz ist sein Name. Denn er wurde nach einer fiktiven Person benannt. In einem beliebten schwäbischen Lied

von Werner Veidt wird dort die Namensgeberin besungen. „O Anna Scheufele aus Kaltetal, Tochter vom Bürschtebender. Du bischt mein Schtern, mein Ideal, meine Zahra Zylinder."

Daher wird auf dem Plätzle seit den 1970er-Jahren jedes Jahr im Sommer das Anna-Scheufele-Fest gefeiert.

Weiter **folgen wir nun der Frechstraße nach rechts. Wenige Schritte weiter biegen wir nach links ab. Hier gabeln sich zwei Straßen. Wir schwenken hier in die rechte – die Berneckstraße – ein und folgen dieser, bis sie sich nach wenigen Metern ebenfalls gabelt. Hier gehen wir links weiter**, bis wir auf eine Kirche treffen.

9. Thomaskirche

Die evangelische Thomaskirche vor uns wurde 1938 fertiggestellt. Nur fünf Jahre später wurde sie jedoch im Zweiten Weltkrieg zerstört und anschließend wieder-aufgebaut. Auf einer Anhöhe, direkt vis-à-vis, befand sich ab dem 12. Jahrhundert die Burg Kaltental, bis diese Ende des 18. Jahrhunderts nach und nach abgebrochen wurde. Heute steht an selber Stelle ein weiteres Gotteshaus – die katholische Kirche St. Antonius. Daher werden die beiden Hügelketten, die den Stadtteil Kaltental einfassen, im Volksmund auch als katholischer und evangelischer Berg bezeichnet.

Am Kirchenschiff vorbei führt zu **unserer Rechten eine Treppe hinauf zur Gallusstraße, in die wir links einbiegen** und dieser bis zur nächsten **Straßenkreuzung folgen. Dort gehen wir nach rechts, die Alte Straße bergauf**. Diese endet an der **Böblinger Straße, die wir nun überqueren, um auf der anderen Straßenseite einem schmalen Weg durchs Grüne hinauf zu folgen**. Der Weg endet kurz darauf abermals an der **Böblinger Straße, in die wir nun links einschwenken**, rund 500 Meter folgen und schließlich zwei Brücken vor uns sehen.

10. Brücken

Gleich mehrere Brücken spannen sich hier über das Tal. Die auffällige, 150 Meter lange Autobrücke, der ein Fußgänger- und Radweg aufgesetzt wurde, ist Teil der Nord-Süd-Straße – der Vaihinger Ortsumfahrung. Dahinter sehen wir die Eisenbahnbrücke der Gäubahn. Eine Bahnbrücke gab es hier bereits vor dem Zweiten Weltkrieg. Sie wurde 1945 beim Abzug der Nationalsozialisten durch ebendiese gesprengt. Zwei Jahre später baute man das Nesenbachviadukt wieder auf und erweiterte es bis in die 1980er-Jahre hinein nach und nach um weitere Gleise.

Unter den **Brücken hindurchgehend, treffen wir auf eine Fußgängerampel. Dort überqueren wir rechter Hand die Straße** – die nun Rottweiler Straße heißt – und **folgen dieser linker Hand** noch für einige Meter, bis wir **rechts eine sehr steile Staffel hinauf steigen**. Oben angekommen, schwenken wir **links in die Paradiesstraße** ein, der wir bis zur **Straßenkreuzung folgen. In Verlängerung zur Paradiesstraße betreten wir dort die Ernst-Kachel-Straße**. Diese endet an der **Pfarrhausstraße, in die wir rechts einbiegen**, um kurz darauf auf der rechten Seite eine Kirche zu erspähen.

11. Stadtkirche

Wir haben nun das alte Stadtzentrum Vaihingens erreicht. Die erste Dorfkirche hier im Ortskern entstand bereits Ende des 15. Jahrhunderts und war dem heiligen St. Blasius gewidmet. Das Kirchlein war später nicht mehr imstande, die wachsende Gemeinde aufzunehmen. Daher wurde sie Mitte des 19. Jahrhunderts um- und ausgebaut. Der Neubau, der nun im neugotischen Stil daherkam, konnte 1860 fertiggestellt werden. Zuvor befand sich neben der Stadtkirche ein kleiner Friedhof, der mit dem Umbau jedoch aufgelassen und zu einer Grünfläche umgewandelt wurde.

Nun geht es nach **links in die Katzenbachstraße abbiegend** weiter bis zur nächsten **Kreuzung. Dort überqueren wir an der Ampel zu unserer Linken die Robert-Leicht-Straße und folgen dieser nach links** für ein paar Meter. Nun biegen wir nach **rechts in die Straße Kelterberg ein**. Dort sehen wir sofort einen markanten hölzernen Turm.

12. Alte Kelter

Auch in Vaihingen wurde früher in größerem Umfang Weinbau betrieben. Daher wurde der Bau einer eigenen Kelter nötig, der 1510 fertiggestellt war. Als dann die Industrie auf den Fildern jedoch weit profitabler geworden war als die Weinproduktion, wurde diese eingestellt und somit auch die Kelter überflüssig. 1905 bezog daher die Feuerwehr das Gebäude und ließ acht Jahre später den markanten Holzturm anbauen, in dem die Schläuche zum Trocknen aufgehängt wurden. Die Kelter kann heute für die verschiedensten Zwecke, wie Feiern, Vorträge oder Hochzeiten, angemietet werden.

Der Straße weiter folgend, an der Kelter vorbei, treffen wir auf die **Bachstraße, in die wir links einbiegen** und so die Robert-Leicht-Straße erreichen.

13. Rathaus/Schwabengalerie

Vor uns, auf der gegenüberliegenden Straßenseite, sehen wir das orangerote Vaihinger Bezirksrathaus, das 1907 fertiggestellt wurde. Für dieses Gebäude im Stil des Historismus und des Neobarocks musste jedoch ein Vorgängerbau aus dem 16. Jahrhundert Platz machen. Rechts sehen wir das Einkaufs- und Stadtteilzentrum Schwabengalerie. Es wurde 2004 an jener Stelle eingeweiht, wo noch bis 1996 die traditionsreiche Brauerei Schwabenbrau ansässig war. Diese wurde von Robert Leicht Ende des 19. Jahrhunderts gegründet und trug zunächst seinen Namen.

Wir gehen nun nach **rechts und folgen der Straße Vaihinger Markt**, bis sie auf die Hauptstraße trifft. An der **Fußgängerampel überqueren wir zunächst die Hauptstraße vor uns und dann die Robert-Koch-Straße linker Hand. Dieser folgen wir, auf der anderen Straßenseite angekommen, nun nach rechts**. Nach wenigen Metern biegen wir **links in die Emilienstraße ein**. Nur ein paar Schritte sind es hier, bis wir rechter Hand eine Parkanlage betreten. Hier endet nun auch unsere Tour, die uns aus dem Talkessel auf die Filder führte.

14. Stadtpark

Auf einem ehemaligen Privatgelände entstand 1932 diese Parkanlage. Der Bürgergarten, wie er damals noch hieß, konnte nur dank der Gelder aus einem Wohlfahrtsfonds realisiert werden, den Fanny Leicht – die Gattin des Schwabenbräu-Gründers – gespendet hatte. Nach dem Zweiten Weltkrieg wurde im Stadtpark zunächst Gemüse angebaut, 1949 wurde er dann wieder als öffentliche Grünanlage freigegeben. Der Brunnen, der von der Figurengruppe „Mutter und Kind“ gekrönt wird, steht bereits seit 1935 hier. Die Originalfigur wurde im Krieg jedoch als „Metallspende“ eingeschmolzen.

Präsentiert von:

GEHEIMTIPP STUTTGART

Hier lohnt sich ein Besuch!

Rosentalsee und Feuersee

Der Feuersee und der Rosentalsee liegen direkt nebeneinander. An Letzteren schließt sich direkt das Freibad Rosental an. Gespeist werden die beiden Seen durch den Sindelbach. Folgen wir diesem weiter, gelangen wir in das Waldstück Rosental.

Bei Freibadstraße 9

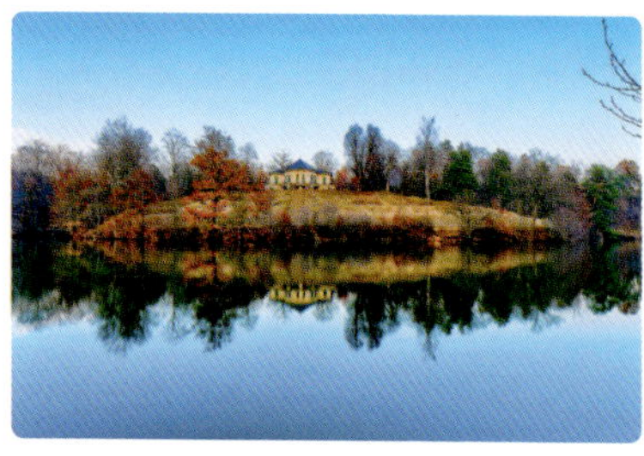

Pfaffenwald und Parkseen

Die Universität Stuttgart grenzt direkt an den Pfaffenwald. Dieser wiederum geht direkt in den Rot- und Schwarzwildpark über, in dem wir die fünf Parkseen finden. Das Lokal im Bärenschlössle lädt dort zum Verweilen ein.

Bei Pfaffenwaldring 32

Gastronomie

HIAMI Shushi Bar
(Japanische Küche)

Hauptstraße 16
hiami.de

Fontana Restaurant
(Deutsche Küche / Internationale Küche)

Vollmoellerstraße 5
Restaurants.accorhotels.com/de/restaurant

So reisen Sie weiter

Am unteren Ausgang des Stadtparks befindet sich der Bahnhof **Vaihingen**, mit S-Bahn-, Stadtbahn- und Busverbindungen.

Daten von OpenStreetMap - Veröffentlicht unter ODbL

DURCH BAD CANNSTATT

Im Neckartal

Stadtbezirk Bad Cannstatt	
Fläche:	1.571 Hektar
Einwohnerzahl:	70.500
Erstmals namentlich erwähnt:	708 als „Canstat ad Neccarum", aber immer wieder auch als „Condistat" bezeichnet
Eingemeindung nach Stuttgart:	1905, offiziell eine „Vereinigung"
Namensherkunft:	Woher der Name „Cannstatt" genau herkommt, ist bis heute nicht bekannt. Vermutet wird jedoch, dass sich der Name vom lateinischen Wort „condita" – was „die Gegründete" bedeutet – ableitet, da Cannstatt eine römische Siedlung war.

 ca. 5,5 km

 ca. 110 Minuten (reiner Fußweg)

 **Thaddäus-Troll-Platz/Klösterle**

U13, U14 – Rosensteinbrücke
BUS 52, 56 – Rosensteinbrücke

1. Thaddäus-Troll-Platz

Unsere Reise durch die Geschichte Bad Cannstatts beginnt am kleinen Thaddäus-Troll-Platz, am Rande der Altstadt. Hier fällt uns die Figur „D'r Entaklemmer" sofort ins Auge. Sie erinnert an den 1914 in Cannstatt geborenen Mundartdichter Thaddäus Troll. Dieser hatte in den 1970er-Jahren Molières berühmte Komödie „Der Geizige" unter dem Namen „Der Entaklämmer" kurzerhand zu einem schwäbischen Lustspiel adaptiert. Troll war vor allem für sein Buch „Deutschland deine Schwaben" bekannt geworden.

Am Rande des Thaddäus-Troll-Platzes sticht uns schon ein altes, weiß und rot gestrichenes Fachwerkhaus ins Auge. Wir **biegen vor diesem Häuschen rechts ein** und erreichen so einen kleinen Vorhof.

2. Klösterle

Im circa um 1460 erbauten Fachwerkhaus Klösterle, das lange Zeit als das älteste erhaltene Wohnhaus im Stadtgebiet Stuttgarts galt, befindet sich heute das Stadtmuseum Bad Cannstatt. Den Nachweis für ein rund 115 Jahre älteres Haus aus den 1340er-Jahren fand man dann vor wenigen Jahren bei Restaurierungsarbeiten eines Dachstuhls in der nahen Brählesgasse. Ebenfalls widerlegt wurde die Annahme, dass die Kapelle im Hausinneren des Klösterle einst das Wohnhaus lediger Frauen war, die hier in einer klösterlichen Gemeinschaft gelebt haben sollen.

Wir folgen nun dem Weg zu unserer Rechten weiter und stoßen nach wenigen Schritten auf die **Brählesgasse, in die wir links einbiegen**. Vorbei an weiteren Fachwerkhäusern erreichen wir nun die Marktstraße und stehen schließlich direkt vor dem Bezirksrathaus.

3. Bezirksrathaus

Ein großer Teil der Cannstatter Altstadt blieb trotz der Bombardements im Zweiten Weltkrieg erhalten. So auch das heutige Bezirksrathaus, das mit dem Marktplatz und der Stadtkirche Cannstatts Mittelpunkt bildet. Das Fachwerkhaus wurde in den 1490er-Jahren erbaut. Im Dachreiter hängt noch heute die zweitälteste Glocke Württembergs, die aus dem 13. Jahrhundert stammt. 1875 wurde das Gebäude grundlegend umgebaut und das Fachwerk verdeckt. Auf der Gebäuderückseite ist jedoch noch ein Teil der Holzkonstruktion zu sehen.

Links haltend folgen wir nun der Marktstraße ein paar Meter weiter, vorbei an einer Kirche, und **biegen dann nach rechts in die Brunnenstraße** ein. Hinter der Kirche gibt es nun erneut etwas zu sehen.

4. Stadtkirche

Bereits zur Zeit Karl des Großen befand sich eine Kirche an dem Ort, an dem 1471 die spätgotische Cannstatter Stadtkirche vor uns fertiggestellt wurde. Als einzige große gotische Kirche Stuttgarts wurde sie im Zweiten Weltkrieg nicht zerstört. Geweiht wurde sie zu Ehren der Zunftheiligen der Ärzte und Apotheker – dem heilkundigen Zwillingspaar Cosmas und Damian. Aus dem spätklassizistischen Brunnen links des Kirchenchors sprudelt seit 1831 frisches Mineralwasser. Den Namen Polizeibrunnen bekam er aufgrund der benachbarten Polizeiwache.

Wir setzen unseren Weg **über die Brunnenstraße weiter** fort, bis wir auf die **Wilhelmstraße treffen und diese am Fußgängerüberweg zu unserer Rechten überqueren.** Wir folgen der Brunnenstraße weiter, bis sich der **Gehweg an einer kleinen Grünfläche gabelt. Wir wählen hier den rechten Weg, überqueren wenige Schritte weiter die Daimlerstraße** und betreten auf der anderen Straßenseite den Unteren Kurpark. Einige Schritte weiter **gabelt sich der Parkweg. Wir folgen dem Weg zu unserer Rechten** durch die Grünanlage, bis wir einen schönen Brunnen erreichen.

5. Junobrunnen

Wir befinden uns nun im unteren Teil des Kurparks. Auf dem Junobrunnen vor uns steht auf einer Säule erhoben die römische Göttin Juno. Sie ist umgeben von einem Pfau und vier Putten, die Obst-, Garten-, Weinbau und Fischfang verkörpern. Die Göttin der Ehe und Familie wurde von Emil Kiemlen gegen Anfang des 20. Jahrhunderts als Symbol für die Vereinigung Stuttgarts und Cannstatts erschaffen. Dieser Bildhauer erschuf ebenfalls das Porträtmedaillon im Eingangsbereich des Kleinen Kursaals und das Denkmal Gottlieb Daimlers an dessen Gedächtnisstätte, die wir beide gleich sehen werden.

Dem Parkweg weiter folgend, müssen wir schließlich die Gleise der Stadtbahn überqueren und finden uns direkt nach dem Bahnübergang auf dem Königsplatz wieder – vor zwei imposanten Bauwerken stehend.

6. Kursaal

Im 19. Jahrhundert war Cannstatt durch seine Mineralquellen ein beliebter Kurort. Der Wilhelmsbrunnen war einer der bekanntesten Mineralwasserbrunnen der Stadt. Selbst König Wilhelm I. war ein begeisterter Anhänger der Trinkkuren und ließ daher 1825 eine überdachte Trinkhalle beim Wilhelmsbrunnen errichten. Diese wurde später durch lange Seitenflügel zu beiden Seiten zum Flanieren erweitert. Unter dem Namen Großer Kursaal ist uns das klassizistische Gebäude heute bekannt, das 1909 um den Kleinen Kursaal im Jugendstil mit Café und Tanzsaal ergänzt wurde.

Unser Weg führt uns nun zunächst nach **rechts, am Kleinen Kursaal vorbei**. Kurz vor der Taubenheimstraße **biegen wir nun links in eine Grünanlage ein**. Auf dem **Parkweg halten wir uns rechts** – passieren auf dem Weg einen Biergarten hinter dem Kleinen Kursaal – und sehen dann, wenige Schritte weiter, zu unserer Linken ein altes Gewächshaus.

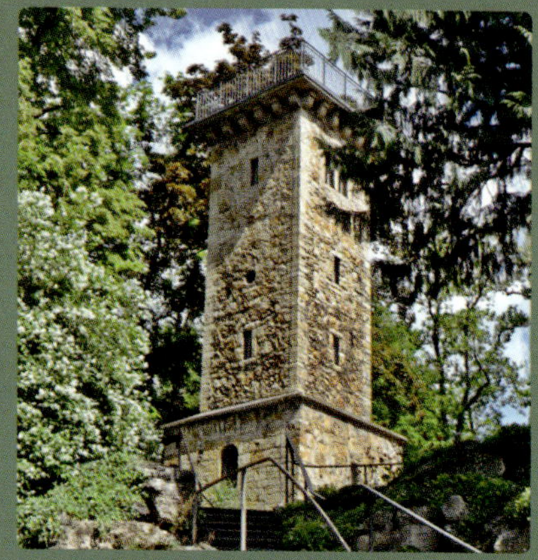

7. Gottlieb-Daimer-Gedächtnisstätte

Hier, am Rande des Kurparks, stand einst die Villa von Gottlieb Daimler. Von dieser sind heute lediglich noch die Grundmauern zu sehen, da die Villa in den 1940er-Jahren zerstört wurde. Daimler konstruierte im Gewächshaus seines Gartens mit Wilhelm Maybach den ersten schnelllaufenden Verbrennungsmotor. Das Gewächshaus, in dem eine kleine Dauerausstellung zu Daimlers Erfindungen zu sehen ist, gehört heute zum Mercedes-Benz Museum. Nahe der Werkstatt befindet sich das vorhin erwähnte Gottlieb-Daimler-Denkmal von Emil Kiemlen.

Vor dem Eingang des alten Gewächshauses gehen wir nun **rechts an der Gedenkstätte vorbei einen gepflasterten Weg** entlang. Dieser endet auf einem weiteren Fußweg, in den wir **rechts einbiegen**. Circa 100 Meter weiter gabeln sich mehrere Wege. Am Hang **zu unserer Linken steigen wir nun eine Treppe hinauf**, die uns zu einem Türmchen führt.

8. Daimlerturm

Fast schon romantisch erhebt sich auf einer Anhöhe im Park der 1894 erbaute Daimlerturm. Warum genau Gottlieb Daimler ihn erbauen ließ, ist unklar, er soll jedoch darin Freunde zu Feiern empfangen haben. Im Inneren des Turms befinden sich Gemälde an den Wänden, von denen einige sicher von Daimler selbst stammen. Der 15 Meter hohe Turm wurde aus Travertinstein erbaut und ist heute leider nur selten für Besucher geöffnet.

Am oberen Ende der Treppe, **vor dem Turm stehend, halten wir uns nun links**. Nachdem wir einen **Säulengang passiert haben, biegen wir nach rechts ab** und treffen so auf eine große Liegewiese. Wir sind nun im Oberen Kurpark angekommen. An der **Weggabelung gehen wir nach rechts und umrunden die Wiese**, bis wir an einem Pavillon Halt machen.

9. Pavillon

Durch die Spende des Stuttgarter Hofrats Karl Friedrich Sick konnte der damals verwilderte Hügel oberhalb des Wilhelmsbrunnens zu einer Parkanlage umgestaltet werden. Sick selbst war krank und führte seine spätere Genesung auf das heilende Mineralwasser dieses Brunnens zurück. Das Mineralwasser lockte schließlich immer mehr Besucher nach Cannstatt, und so wurde der Park im unteren Bereich vor dem Kursaal erweitert und die König-Karl-Straße als Flanierallee angelegt.

Wir folgen dem Spazierweg weiter **um die Wiese im großen Bogen herum.** Dabei passieren wir ein großes Schachbrett zur einen und eine Pergola zur anderen Seite. Wenn wir die Liegewiese fast einmal umrundet haben, treffen wir zu unserer Rechten auf eine Aussichtsplattform.

10. Aussichtspunkt Kurpark

Freilich sollte Teil des Erholungsprogramms für die Kurgäste eine Aussichtsplattform sein, wenn auch die Aussicht zu jener Zeit noch eine ganz andere war. Wir stehen nun direkt oberhalb des Kursaals und schauen über den Unteren Kurpark. Auf der Hügelkette im Hintergrund sehen wir geradeaus die Weißenhofsiedlung, rechts daneben den spiralförmigen Killesbergturm, gefolgt vom Hochhaus auf dem Pragsattel.

Von der Aussichtsplattform führen rechter Hand zwei Wege aus dem Park. Wir **nehmen den rechten, geschotterten Weg** und folgen diesem circa 350 Meter leicht bergab. Kurz nachdem wir eine große Bahnbrücke unterquert haben, verlassen wir den Park an der Schmidener Straße.

Der Pfeiler aus rotem Sandstein zu unserer Rechten gehört zum ehemaligen König-Wilhelm-Viadukt. Näheres zu dieser Brücke erfahren wir auf Tour D.

Nun biegen wir **links in die Schmidener Straße ein** und folgen dieser, bis wir auf die **Sulzerrainstraße treffen, in die wir ebenfalls links einbiegen** und so unseren nächsten Haltepunkt erreichen.

11. Weingut Stadt Stuttgart

Die Weinreben sucht man hier vergebens, jedoch ist hier, am Rande des Kurparks das Weingut der Stadt Stuttgart ansässig. Die Stadt ist in Besitz von rund 16 Hektar Rebflächen, die sich im Stuttgarter Talkessel und im Neckarteil verteilen. Hier, direkt unter dem Kurpark, werden im Gewölbekeller und im dahinterliegenden Luftschutzbunker die edlen Tropfen gelagert. Während der vielen Luftangriffe im Zweiten Weltkrieg bot der Bunker den Cannstattern Schutz und wurde später für die Champignonzucht genutzt.

Der Sulzerrainstraße weiter folgend, treffen wir an ihrem oberen Ende linker Hand auf ein Mineralbad.

12. MineralBad Cannstatt

Das reiche Mineralwasservorkommen in Cannstatt wussten schon die Römer zu schätzen, die die Stadt einst gründeten. Mit dem Badespaß begann alles 1842 mit dem Bau des Mineralbads Leuze im benachbarten Örtchen Berg. Es entstand auf dem Areal des Unternehmers Klotz, der neun Jahre zuvor an jener Stelle eine Mineralquelle für den Antrieb des Wasserrades seiner Tuch- und Baumwollfabrik erbohrte. Das jüngste der drei Sauerwasserbäder ist das MineralBad Cannstatt, hier neben dem Kursaal. Es wurde 1994 eröffnet und wird von vier unterschiedlichen Heilquellen gespeist.

Am oberen **Ende der Sulzerrainstraße biegen wir links ein**. Vorbei am Mineralbad treffen wir nun wieder auf den Königsplatz.

13. Königsplatz

Zu Ehren König Wilhelms I., dem Spender des Kursaals, wurde der Platz vor dem Gebäude Königsplatz genannt und auf diesem ein Reiterdenkmal des Monarchen errichtet. Gehen wir nun links am Großen Kursaal vorbei, sehen wir hinter dem Gebäude den bereits erwähnten Wilhelmsbrunnen und den Gottlieb-Daimler-Brunnen, die jeweils von einer eigenen Quelle gespeist werden.

Wir folgen dem Weg **geradeaus weiter und überqueren dabei den Königsplatz.** Wenn wir nun abermals auf die **Taubenheimstraße treffen, überqueren wir diese am Zebrastreifen und folgen ihr nach links**. Wir treffen schließlich auf die **Waiblinger Straße, die wir an der Ampel zu unserer Rechten überqueren. Dieser Straße folgen wir nun, auf der anderen Seite angekommen, rechts** noch einige Meter bis zum Eingang eines Friedhofs.

14. Uff-Kirchhof

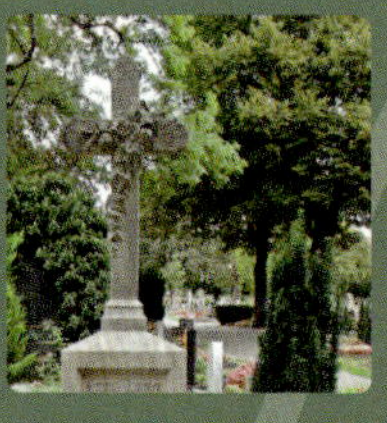

Die Uffkirche steht auf einem der ältesten Friedhöfe des Stuttgarter Stadtgebiets. Der Uff-Kirchhof wurde bereits im 8. oder 9. Jahrhundert in dem damaligen Örtchen Uffkirchen angelegt, das später zu Cannstatt eingemeindet wurde. Auf diesem Friedhof fanden viele große Persönlichkeiten ihre letzte Ruhe, wie zum Beispiel Gottlieb Daimler, dessen Freund Wilhelm Maybach, der Humorist Oscar Heiler und ebenso der uns bereits bekannte Bildhauer Emil Kiemlen.

Nach dem Betreten des Friedhofs **halten wir uns rechts und gehen an der Friedhofsmauer entlang.** So passieren wir auch das Grab Gottlieb Daimlers. **Dabei umrunden wir das Gräberfeld zu Hälfte** und **verlassen den Friedhof auf der gegenüberliegenden Seite des Eingangs**. Wir treffen nun auf die Wildunger Straße, wo wir eine weitere Kirche erreichen.

15. Liebfrauenkirche

Mit einem Fassungsvermögen von bis zu 3.500 Kirchenbesuchern ist die katholische Liebfrauenkirche eine der größten Kirchen Stuttgarts. Das Gotteshaus im neuromantisch sowie neogotisch erbauten Stil wurde 1909 fertiggestellt. Eine kleine Besonderheit sind die vier Kirchturmglocken. Seit 1927 hängen dort Stahlglocken anstelle der damals gebräuchlichen Bronzeglocken, da diese für Kriegszwecke nicht eingeschmolzen werden konnten. Dies geschah nämlich mit ihren Vorgängern im Ersten Weltkrieg.

Vom Friedhof her kommend biegen wir **rechts in die Wildunger Straße** ein und wenige Schritte weiter abermals **rechts in die Martin-Luther-Straße.** Da bekanntlich aller guten Dinge drei sind, erreichen wir nach rund 100 Metern das dritte Gotteshaus in diesem Viertel.

16. Lutherkirche

Obwohl Cannstatt bereits über eine evangelische Kirche verfügte, wurde Anfang des 20. Jahrhunderts eine weitere Kirche geplant. Durch den enormen Bevölkerungszuwachs und die Verlegung einer Garnison in dieses Viertel konnte die bereits bestehende Kirche die vielen Besucher nicht mehr fassen. Daher auch der Beiname Garnisonskirche. Mit ihrem Ziegelwerk zählt die Lutherkirche zu den ersten Kirchen Süddeutschlands, die aus einfachem Backstein errichtet wurden.

Die Martin Luther-Straße trifft nun auf die **Waiblinger Straße, die wir durch eine Unterführung unterqueren**. Auf der anderen Straßenseite folgen wir der Martin-Luther-Straße noch einige Meter und biegen dann **links in die Wiesbadener Straße** ein.

Linker Hand, in Haus Nauheimer Straße 57, gründete Alfred Kärcher 1935 seine kleine Firma, in der er Heizsysteme herstellte. Heute in Winnenden ansässig, ist Kärcher eine weltweit bekannte Marke für Hochdruckreiniger.

Diese trifft schließlich auf den **Daimlerplatz, den wir per Ampel und Zebrastreifen zu unserer Rechten zur Hälfte umrunden, bis wir rechts in die Liebenzeller Straße einbiegen**. Dort erreichen wir wenige Schritte weiter auf der rechten Seite die Hausnummer 11/1.

17. Ehemaliges Gefängnis

Versteckt in einem Hinterhof steht das Haus Liebenzeller Straße 11/1, umgeben von einer Backsteinmauer. Dieses Gebäude war nämlich von 1889 bis 1964 ein Gefängnis für Trinker, Spieler und Prostituierte. Nach dem Zweiten Weltkrieg wurde es zunächst nur als Frauengefängnis weitergeführt. Ab Ende der 1950er-Jahre war es dann ein Gefängnis für Untersuchungshäftlinge und wurde schließlich 2007 zu einem Wohnhaus umgestaltet. Die Gitterstäbe an einigen Fenstern bezeugen nach wie vor die Geschichte des Wohnhauses als Gefängnis.

Weiter geht es die Liebenzeller Straße entlang, bis wir auf die Wilhelmstraße treffen. An der Straßenkreuzung sehen wir links ein unauffälliges graues Haus.

18. Ehemaliger Sitz von Ritter Sport

In dem unauffälligen grauen Eckgebäude war einst der Firmensitz der berühmten Schokoladenmarke Ritter Sport. Karl Ritter und die Schokoladengeschäftsinhaberin Clara Göttle mussten ihre Fabrik bereits 1919 hierher expandieren, die Nachfrage nach Schokolade war enorm. Kurz nach dem Umzug bringen sie hier ihre erste eigene Kreation, die „Kremschokolade Alrika", auf den Markt. 1930 wird jedoch auch dieser Fabrikstandort zu klein, und so verlagern sie ihr Unternehmen nach Waldenbuch, wo es bis heute erfolgreich weiterbesteht.

An der Ampel überqueren wir nun die Wilhelmstraße und folgen dieser ein paar Meter nach links, um dann gleich **rechts in die Straße Am Stadtgraben einzubiegen**. Das kurze Sträßchen endet an der **Spreuergasse, in die wir rechts einbiegen**, um schon nach wenigen Schritten **links in die Sulzbachgasse abzubiegen**. Diese führt uns nun direkt auf den Marktplatz.

19. Marktplatz

Normalerweise findet auf dem Marktplatz, wie seit Jahrhunderten, ein gewöhnlicher Wochenmarkt statt. Doch einmal im Jahr, beim Fasching auf dem närrischen Wochenmarkt, ist alles anders. Am „Schmotzigen Donnerschdag" wird das Obst und Gemüse von Hexen und Nonnen selbst an Faschingsmuffel verkauft. Später finden dann der Rathaussturm und das traditionelle Kübelesrennen statt, bei dem Prominente möglichst fix in einem Kübel auf drei Rädern nur mit Nachthemd und Zipfelmütze bekleidet über einen Hindernisparcours geschoben werden.

Von dort, wo wir den Marktplatz betreten haben, gehen wir nun **nach links und verlassen den Platz durch die sehr schmale Heimsche Gasse**. Wir treffen so auf die **Marktstraße, der wir nach links abbiegend für wenige Meter folgen**, um kurz darauf **rechts in die Badergasse einzuschwenken**. Am Ende der Gasse treffen wir auf die Rückseite eines Hotels. Hinter diesem Gebäude biegen wir nun nach links und erreichen unser letztes Ziel auf unserer Tour durch das alte Cannstatt.

20. Stadtmauer

Wir sehen hier noch eines der letzten Teilstücke der alten Stadtmauer aus dem 14. Jahrhundert. Zwei Jahrhunderte später konnten die ersten Kanonen Mauern sprengen. Damit verlor diese ihre bisherige Funktion als Verteidigungswall und Abwehr von Eindringlingen. Von nun an hatten die Bürger das Recht, ihre Häuser direkt an die Stadtmauer zu bauen. Nach den Napoleonischen Kriegen wurde ab 1815 die Stadtmauer nach und nach wieder abgetragen. Übrigens, genau dort, wo nun das Hotel an der Badstraße steht, befand sich einst das Wohnhaus von Jette Koch – der Großmutter Albert Einsteins.

Präsentiert von:

GEHEIMTIPP STUTTGART

Hier lohnt sich ein Besuch!

Straßenbahnwelt

Die Straßenbahnwelt befindet sich in einem denkmalgeschützten Straßenbahndepot von 1929. Dort wird die rund 150-jährige Geschichte des Transportmittels innerhalb Stuttgarts und des Umlands präsentiert. Neben der technischen Entwicklung vom Pferdewagen bis zum letzten elektrisch betriebenen Straßenbahnmodell gibt es im Backsteindepot auch Bahnen alter, nicht mehr existierender Straßenbahnbetriebe zu sehen.

Veielbrunnenweg 3/Ecke Mercedesstraße
www.ssb-ag.de/erleben/strassenbahnmuseum-stuttgart

Seilerwasen/Stadtstrand

Der Seilerwasen, am Ufer des Neckars, lädt zum Spazieren ein. Urbanes Flair versprüht der Stadtstrand. Hier kann man Beachvolleyball spielen oder sich mit Essen und Trinken versorgen, sodass man sich anschließend in einem Liegestuhl zurücklehnen kann.

Bei Schönestraße 25

Mercedes-Benz Museum

Es ist das größte Museum einer Automobilmarke und erzählt die Geschichte des Unternehmens Daimler AG von den Anfängen bis zum heutigen Weltkonzern. Der Ausstellungsbereich ist in Form einer Doppelhelix angelegt und bietet über 1.500 Exponaten und 160 Fahrzeugen – darunter das erste Automobil der Welt – Raum, sich zu präsentieren.

Mercedesstraße 100
www.mercedes-benz.com/museum

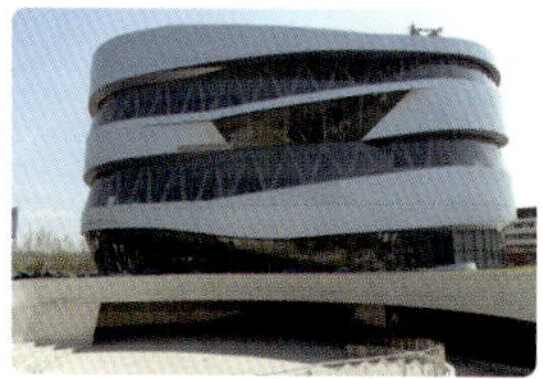

Gastronomie

Der Rote Hirsch
(Schwäbische Küche)

Marktstraße 46
derrotehirsch.de

Mon Petit Café
(Café)

Küblergasse 3
monpetitcafe.business.site

Sushi Le
(Japanische Küche)

Wilhelmstraße 9
sushi-le-stuttgart.de

87 BBQ & Bar
(Amerikanische Küche)

König-Karl-Straße 87
87-stuttgart.de

So reisen Sie weiter

Geht man unter dem Hotelgebäude hindurch, trifft man direkt an der Badstraße auf die Stadtbahnhaltestelle **Bad Cannstatt Wilhelmsplatz**. Nur wenige Meter weiter, direkt auf dem Wilhelmsplatz, befinden sich weitere Bahnsteige, die von anderen Stadtbahnlinien angefahren werden. Auch mehrere Buslinien halten dort.

1
2
3
4
5
6
7
8
9
10
11
12
13
14
15
Wilhelma
Rosensteinbrücke
Bad Cannstatt
Kurpark
Neckar
Neckartalstraße
Brückenstraße
Reinhold-Maier-Brücke
Löwentorstraße
Hallschlag
Birkenäcker
Daten von OpenStreetMap · Veröffentlicht unter ODbL

VOM HALLSCHLAG ZUM NECKAR

Im Neckartal

Stadtteil Hallschlag (Bezirk Bad Cannstatt)

Fläche:	98 Hektar
Einwohnerzahl:	7.200
Erstmals namentlich erwähnt:	Im 15. Jahrhundert als „Hallschlatterweg"
Eingemeindung nach Stuttgart:	1905 (als Stadtteil des Bezirks Bad Cannstatt)
Namensherkunft:	Von den keltischen Wörtern „Hal" für Sulz – ein stark mineralhaltiges Gewässer – und „Schlatt" für einen ausgetrockneten Sumpf

 ca. 6,0 km

 ca. 110 Minuten (reiner Fußweg)

 **Steigkirche**
U12 – Riethmüllerhaus

1. Steigkirche

An der Steigkirche beginnen wir unsere abwechslungsreiche Tour. Wir befinden uns jetzt im Stadtteil Hallschlag, dem ältesten durchgehend bewohnten Gebiet Stuttgarts. Hier konnte man durch etliche Funde bei Ausgrabungsarbeiten viel zur Cannstatter Stadtgeschichte erfahren und nachweisen. Die evangelische Steigkirche vor uns ersetzte 1966 das im Zweiten Weltkrieg zerstörte ehemalige Gemeindehaus. Mit ihrer Sichtbetonfassade und ihrem markanten frei stehenden Glockenturm ist das Gotteshaus ein typisches Beispiel für einen modernen Baustil der 1960er-Jahre.

Gegenüber der Steigkirche **folgen wir nun der Koblenzer Straße, die kurz darauf links in die Düsseldorfer Straße einbiegt.** Nur wenige Schritte weiter biegen wir nach **rechts in einen Fußgängerweg** ein.

Hinter der Mauer zu unserer Rechten befindet sich der Israelitische Friedhof. Er ist zwar Teil des benachbarten Steigfriedhofs, liegt jedoch räumlich getrennt von diesem. Hier liegt auch Jette Koch begraben – die Großmutter Albert Einsteins.

Wir treffen nun auf den **Sparrhärmlingweg, den wir am Zebrastreifen zu unserer Rechten überqueren. Wir folgen der Straße nach links**, bis wir nach wenigen Schritten rechter Hand den Eingang des Steigfriedhofs erreichen.

2. Steigfriedhof

Der Steigfriedhof gilt als der älteste Friedhof Stuttgarts. Bei Ausgrabungen in direkter Nachbarschaft konnten Archäologen anhand typisch fränkischer Grabbeigaben, wie

Schwert und Schmuck, den Friedhof auf um das Jahr 600 datieren. Damals stand Südwestdeutschland unter fränkischer Herrschaft. Vermutlich errichteten daher auch die Franken genau an diesem Ort die Martinskirche – die sogenannte Urkirche. Sie wurde später jedoch abgetragen und an einen anderen Ort versetzt. Auf dem Friedhof liegt unter anderem der Schriftsteller Thaddäus Troll begraben.

Wenn wir den Friedhof besuchen, dann wählen wir den Hauptweg, der uns zum Ausgang an der Ecke Sparrhärmlingweg und Altenburger Steige führt. Oder wir folgen dem Sparrhärmlingweg weiter entlang der Friedhofsmauer dorthin. Am Ende der Straße biegen wir **rechts in die Straße Altenburger Steige**. Wenige Meter weiter erreichen wir eine **Ampel, an der wir die Straße überqueren** und uns dann auf einem kleinen Platz wiederfinden.

3. Altenburg

Wir befinden uns auf dem Altenburgplatz. Wo wir nun zu unserer Rechten an der Altenburger Steige zwei Neubauten sehen, stand einst die namensgebende Burg. Lange war unklar, wo genau diese gestanden haben soll. Mauerreste wurden erst 2017, bei den Vorarbeiten im Erdreich für die beiden Neubauten, entdeckt. Erstmals urkundlich erwähnt wird die Burg im 12. Jahrhundert. Ein Jahrhundert später wird sie, wie sämtliche Burgen rund um Cannstatt, vom Habsburger König Rudolf im Krieg gegen Württemberg zerstört.

Römerkastell

Vor uns sehen wir das Römerkastell, an dessen Stelle einst – wir ahnen es bereits – die Römer um das Jahr 90 ein Militärlager als Wachpunkt errichten ließen. Es bot circa 500 Reitern Platz, die für die Sicherheit der Bevölkerung und der Reisenden auf dem hier vorbeiführenden Limes sorgten. Cannstatt wurde dadurch zu einer der größten Siedlungen des heutigen Baden-Württembergs. Doch bereits nach 170 Jahren wurde die Region von den Alemannen erobert und das Kastell aufgegeben. Auf dem Altenburgplatz sehen wir im Boden eingelassen noch einige Steine aus der Römerzeit.

Nun biegen wir **rechts neben dem Römerkastell in die Rommelstraße** ein und **betreten wenige Meter weiter zu unserer Linken diesen Gebäudekomplex**. Der Straße innerhalb des Komplexes folgend, führt diese uns **erst nach rechts** – vorbei an einer eingezäunten Wiese – und **dann nach links**, direkt auf eine riesige freie Fläche innerhalb des Kastells.

4. Römerkastell/Innenhof

Anfang des 20. Jahrhunderts ließ König Wilhelm II. diese königliche Reiterkaserne auf dem Platz des ehemaligen Römerkastells errichten. Heute ist das riesige Bauwerk unter dem Namen des Vorgängerbaus bekannt. Nach dem Zweiten Weltkrieg bis in die 1990er-Jahre wurde die Kaserne von den Amerikanern bezogen und in „Wallace Barracks" umbenannt. Mit der Ansiedlung eines Supermarkts, von Cafés und Restaurants hat sich die alte Reiterkaserne zum neuen Bürgerzentrum des Hallschlags entwickelt.

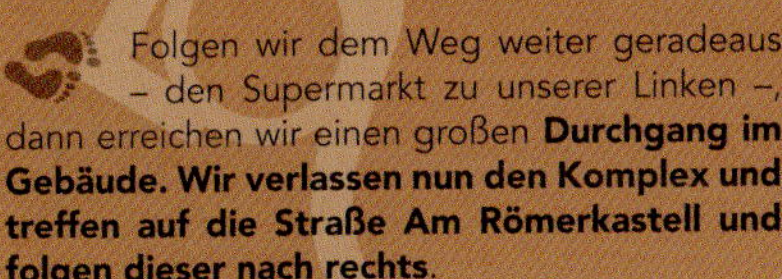

Folgen wir dem Weg weiter geradeaus – den Supermarkt zu unserer Linken –, dann erreichen wir einen großen **Durchgang im Gebäude. Wir verlassen nun den Komplex und treffen auf die Straße Am Römerkastell und folgen dieser nach rechts**.

Der Großteil der Gebäude im Hallschlag entstand in den Nachkriegsjahren im Rahmen des sozialen Wohnungsbaus. Lange galt der Stadtteil daher als sozialer Brennpunkt. Rund um das Römerkastell sind jedoch auch noch einige ältere Gebäude zu finden.

Knapp 200 Meter weiter – **gegenüber dem Helga-Feddersen-Weg – betreten wir durch einen Durchgang zu unserer Rechten abermals das Römerkastell**. Linker Hand sehen wir nun die Phoenixhalle.

5. Phoenixhalle

Die Phoenixhalle hat sich in den letzten Jahren als Standort für verschiedene Messen, Roadshows und Firmenevents etabliert und zieht so viele Besucher auf den Hallschlag. Hier finden beispielsweise eine Messe für Delikatessen und sowie Stuttgarts größte Spirituosenmesse statt. Links der Phoenixhalle befinden sich verschiedene Medienunternehmen, Design- und Werbeagenturen. In den Studios der Bavaria Fernsehproduktion wird die Krimiserie „SOKO Stuttgart" gedreht, und auch der Regionalsender „Regio TV" sendet aus dem Römerkastell.

Vor der Phoenixhalle stehend, gehen wir nun nach rechts, den Platz überquerend, auf das Restaurant Pilum zu. **Vor dem Lokal biegen wir links ein** und stoßen so, beim Verlassen des Komplexes, auf die **Naststraße und überqueren diese**. Vorsicht an dieser Stelle, es gibt hier keinen Fußgängerüberweg, und wir befinden uns an einer Kurve. Auf der anderen Straßenseite angekommen, **folgen wir nun der Hartensteinstraße geradeaus**, bis sie in einen Fußgängerweg übergeht und sich dieser wenige Schritte weiter gabelt. **Wir wählen hier den rechten Weg bergab**. Rechter Hand sehen wir dann ungewöhnliche Gerätschaften.

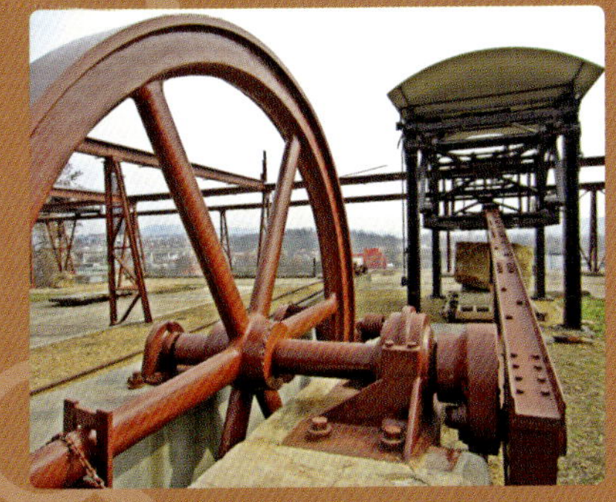

6. Travertinpark

Charakteristisch für zahlreiche Stuttgarter Bauwerke, wie für den Mittnachtbau oder die Neue Staatsgalerie, ist der Kalkstein Cannstatter Travertin. Hier im Travertinpark kann man noch heute sehen, wie das gelb-braune Gestein bis 2007 abgebaut wurde. Drei ehemalige Steinbrüche, die zu diesem Park umgebaut wurden, erzählen die Geschichte des „Cannstatter Marmors". Daher hatte man bei der Umgestaltung in eine Parkanlage den Steinbruchcharakter bewusst beibehalten und Bahngleise sowie ehemalige Steinbearbeitungsgeräte erhalten.

Wir gehen nun **zurück zur Weggabelung und nehmen diesmal den linken, ebenerdigen Weg**. Dieser führt uns vorbei an einem Spiel- und Sportplatz und schließlich nach links, bergab. An der **ersten Weggabelung biegen wir nun rechts ein** und erreichen so eine Aussichtsplattform am Rande eines Kraters.

7. Ehemaliger Steinbruch

Dieser Teil des Travertinparks wurde auf dem Steinbruch der ehemaligen Firma Haas errichtet. Im Krater ist durch die Ansammlung von Regenwasser ein Teich entstanden, der als natürliches Biotop allen möglichen Tierarten einen idealen Lebensraum bietet. Selbst die streng geschützte Mauereidechse hat sich hier angesiedelt. Während des Travertinabbaus hat man Gesteinsschichten aus verschiedenen Zeitperioden freigelegt, die man hier in den Wänden des Kraters sehen kann. Im über 300.000 Jahre alten Travertin fand man hier unter anderem Überreste von Waldnashorn, Höhlenlöwe und Waldelefant.

Wir folgen dem Weg **am Krater vorbei noch einige Meter weiter,** bis er auf einen **asphaltierten Weg trifft, in den wir nach rechts einbiegen** und dem wir circa 200 Meter folgen.

Hinter dem Zaun zu unserer Linken befindet sich der ehemalige Steinbruch der Firma Lauster. Auch hier wird seit 1980 kein Travertin mehr abgebaut. Heute befindet sich dort ein Recyclingpark.

Zu unserer Linken sehen wir nun die Römerstaffel, die wir hinunter steigen und so auf die Ecke Halden- und Neckartalstraße treffen. Wir gehen nun **nach links, die Neckartalstraße entlang** und sehen vor uns eine riesige Industrieanlage.

8. Kraftwerk Münster

Obwohl dieses nicht zu übersehende Bauwerk Kraftwerk „Münster" heißt, liegt es doch größtenteils auf Bad Cannstatter Gemarkung. Lediglich das Kohlelager und der Müllbunker liegen im Stadtteil Münster. Der 180 Meter hohe Schornstein ist das dritthöchste Bauwerk Stuttgarts. Dieser kann jedoch nicht nur qualmen, sondern auch funken. Am Schornstein befinden sich mehrere Sendeantennen lokaler Radiosender. Die im Kraftwerk gewonnene Wärme wird für die Fernwärmeversorgung der Stadt sowie zur Gewinnung elektrischer Energie genutzt.

Wir folgen der Neckartalstraße weiter und unterqueren somit das Kraftwerk. Innerhalb der Anlage sehen wir auf der linken Seite plötzlich mehrere Säulen am Straßenrand stehen.

9. Travertin-Säulen

Die monumentalen Travertinsäulen, umgeben von Kraftwerkbauten, steht da wie „bestellt und nicht abgeholt". Und das sind sie im wahrsten Sinne des Wortes auch. 1936 bestellte Hitlers Architekt Albert Speer bei der Firma Lauster 14 Säulen des „Stuttgarter Marmors", die als Träger eines Denkmals am Mussoliniplatz in Berlin fungieren sollten. Da jedoch der Bau der Welthauptstadt „Germania" Utopie blieb, wurden die Säulen nie abgeholt und verblieben hier an der Neckarstraße.

Weiter geradeaus erreichen wir eine **Fußgängerampel und überqueren an dieser die Neckartalstraße**. Auf der anderen Straßenseite gehen wir **links eine Treppe hinauf** und betreten dann **rechter Hand einen Fußgängersteg**, der uns durch die Industrieanlage führt. Der Steg geht auf eine **Treppe zu, die uns nach rechts, hinunter ans Neckarufer, führt. Wir folgen dem Weg** am Fluss entlang für circa 200 Meter, bis wir **linker Hand die Stufen zum Voltasteg hinauf steigen und auf diesem den Neckar überqueren**. Auf der anderen Seite des Ufers betreten wir eine Grünfläche und sehen nun einen Pfeiler aus rotem Sandstein vor uns, der sich hinter einem Brückenpfeiler aus Beton versteckt.

10. Bahnbrücke König-Wilhelm-Viadukt

Schon ab Ende des 19. Jahrhunderts befand sich an dieser Stelle eine Eisenbahnbrücke. Das König-Wilhelm-Viadukt wurde jedoch in den 1980er-Jahren abgebrochen und durch den aktuellen Betonriesen ersetzt. Der alte Brückenpfeiler aus rotem Sandstein – der neben einem zweiten Pfeiler beim Kurpark Überbleibsel des ehemaligen König-Wilhelm-Viadukts ist – bietet heute mit seinen 18 Metern Höhe eine Herausforderung für geübte Kletterer.

Nun biegen wir nach **rechts und durchqueren die Grünfläche** über den Hauptweg oder den Trampelpfad. Immer **am Neckar entlang**, stoßen wir dann **rechter Hand auf den Mühlsteg und überqueren auf ihm abermals den Fluss**. Am anderen Ufer angekommen, führt **rechts ein Weg hinunter zur Neckartalstraße**.

> Das Mineralwasser aus der Auquelle, das direkt neben der Straße im gläsernen Türmchen emporsprudelt, tritt durch einen natürlichen Überdruck an die Oberfläche.

An der **Ampel überqueren wir die Straße** und betreten über den **Weg, leicht rechts von uns, eine kleine Grünfläche**. Nach wenigen Metern taucht neben uns ein Bach auf.

11. Mombachquelle

Unter den 19 Mineralwasserquellen Stuttgarts ist die Mombachquelle die einzig naturbelassene und mit ihren 13 Grad auch die kälteste Quelle. Das in rund 40 Metern Tiefe erschlossene Wasser sprudelt versteckt hinter dem Gebäude des Schwimmvereins Cannstatt empor. Der Quelltopf ist daher für uns Besucher leider unzugänglich. Das Heilwasser fließt anschließend durch diesen kleinen Bachlauf und nach nur 250 Metern in den Neckar hinein.

Auf dem Hauptweg gehen wir nun **zurück zu dem Punkt, wo im Boden eine Wasserrinne eingelassen ist. Wir folgen dieser**, bis wir auf die **Krefelder Straße treffen, in die wir links einbiegen**. Wenige Meter weiter erreichen wir wieder die **Neckartalstraße. Diese überqueren wir an der Ampel zu unserer Linken**. Auf der **anderen Straßenseite gehen wir nun nach rechts** und auch an diesem Ufer immer **den Neckar entlang**. Nach etwa 400 Metern treffen wir auf die Wilhelmsbrücke.

12. Wilhelmsbrücke

Die Wilhelmsbrücke ist Stuttgarts drittälteste Neckarbrücke und wurde 1929 fertiggestellt. Sie ersetzte eine steinerne Flussquerung an selber Stelle, die wegen der Neckarregulierung abgebrochen werden musste. Nach der Zerstörung im Zweiten Weltkrieg wurde die Stahlnietenbrücke aus den Originalteilen wieder aufgebaut. Am gegenüberliegenden Ufer liegt das Theaterschiff vor Anker. Die „Frauenlob" war ursprünglich als Futtertransportschiff im Einsatz und dient nun als schwimmende Bühne für Komödie und Kabarett.

Wir gehen zunächst **über die Ampel vor der Brücke und überqueren direkt danach an der Ampel zu unserer Rechten die Neckartalstraße.** Weiter geht es nun einige Meter die **Brückenstraße entlang**, bis diese die Duisburger Straße kreuzt.

13. Martinskirche

Kaum einer würde vermuten, dass die Neckarvorstadt – heute Teil Cannstatts –, als sie noch ein eigenständiges Dorf war, denselben Namen wie ein französischer Weichkäse trug – nämlich Brie. Damals stand die Martinskirche noch auf dem Steigfriedhof. Erst 1516 wurde sie an ihrem heutigen Standort neu errichtet. Als Kirche diente sie jedoch nach der Reformation für lange Zeit nicht mehr, stattdessen wurde sie als Fruchtscheuer sowie zur Lagerung von Volksfestutensilien genutzt. Im Zweiten Weltkrieg fast vollständig zerstört, wurde die Martinskirche schließlich neu aufgebaut.

In die **Duisburger Straße biegen wir nun links ein** und folgen dieser, bis sie an der breiten **Pragstraße endet. Diese überqueren wir an der Ampel zu unserer Rechten.** Auf der anderen Straßenseite **gehen wir nach links** und biegen wenige Schritte weiter an der **Straßenkreuzung rechts in die Neckartalstraße** ein. Direkt an der großen Kreuzung stehen wir nun vor einem schönen Theater.

14. Wilhelmatheater

Als Cannstatt noch ein bekannter Kurort war, wünschte man sich dort eine Spielbank zur Unterhaltung der Kurgäste. König Wilhelm I. finanzierte den Cannstattern jedoch kein Casino, sondern ein eigenes Theater. Es sollte im Stil der Renaissance direkt am Neckarufer gebaut werden, wo auch der Bau des königlichen Gartens Wilhelma geplant war. Da das Theater den Cannstattern sowie den Stuttgartern viel zu weit vom jeweiligen Stadtzentrum entfernt lag, stand es fast 110 Jahre leer. Heute dient das renovierte Gebäude der Hochschule für Musik und Darstellende Kunst als Lern- und Lehrtheater.

Noch ein paar Schritte weiter der Neckartalstraße folgend, treffen wir rechter Hand nun auf unser letztes Ziel auf dem Spaziergang durch Bad Cannstatts Vororte – die Wilhelma.

15. Wilhelma

Als einziger zoologisch-botanischer Garten Deutschlands ist die Wilhelma bekannt. Der ursprüngliche Plan König Wilhelms I. sah allerdings keine Tiere vor, sondern umfasste eine maurische Schlossanlage als Sommerresidenz samt Badhaus und zahlreichen Gewächshäusern mit exotischen Pflanzenarten. Erst nach dem Zweiten Weltkrieg organisierte der Direktor der Parkanlage Ausstellungen mit exotischen Tieren. Nach jeder Ausstellung verblieben diese im Park und legten so den Grundstein für den heute zweitartenreichsten Zoo Deutschlands.

Präsentiert von:

GEHEIMTIPP STUTTGART

Hier lohnt sich ein Besuch!

Seilerwasen/Stadtstrand

Der Seilerwasen, am Ufer des Neckars, lädt zum Spazieren ein. Urbanes Flair versprüht der Stadtstrand. Hier kann man Beachvolleyball spielen oder sich mit Essen und Trinken versorgen, sodass man sich anschließend in einem Liegestuhl zurücklehnen kann.

Bei Schönestraße 25

Park der Villa Berg

Der ehemals private Garten des Kronprinzen Karl und seiner Gattin Olga ist längst zu einem öffentlichen Park geworden. Eine Besonderheit im Park rund um die Villa Berg ist beispielsweise der Rosengarten am Westhang mit dem schönen Laubengang aus roten Ziegelsteinen. 1853 wurde der Park und die Villa Berg - die Sommerresidenz des Kronprinzen - auf einer Anhöhe fertiggestellt.

Bei Sickstraße 67

Rosensteinpark

Auf einer Anhöhe am unteren Ende des Schlossgartens ließ König Wilhelm I. seinen Sommersitz errichten. Dieser sollte eingebettet in einen englischen Landschaftspark liegen, welcher heute mit einer Fläche von über 65 Hektar der größte dieser Art Südwestdeutschlands ist. Schloss und Park erhielten schließlich vom König persönlich den Namen Rosenstein. Am oberen (Löwentor) und unteren Ende (Schloss Rosenstein) des Parks befinden sich zudem die beiden Gebäude des Staatlichen Museums für Naturkunde.

Rosenstein 1
www.naturkundemuseum-bw.de

Gastronomie

Stadtstrand

(Café/ Bistro)

Seilerwasen 6
scholz-gastronomie.de/stadtstrand-stuttgart

87 BBQ & Bar

(Amerikanische Küche)

König-Karl-Straße 87
87-stuttgart.de

Der Rote Hirsch

(Schwäbische Küche)

Marktstraße 46
derrotehirsch.de

So reisen Sie weiter

Direkt vor dem Haupteingang der **Wilhelma** befindet sich die gleichnamige Stadtbahnhaltestelle. Eine weitere Stadtbahnlinie verkehrt an der Kreuzung Neckartal- und Pragstraße. Dort fahren von der Haltestelle **Rosensteinbrücke** zudem zwei Buslinien ab.

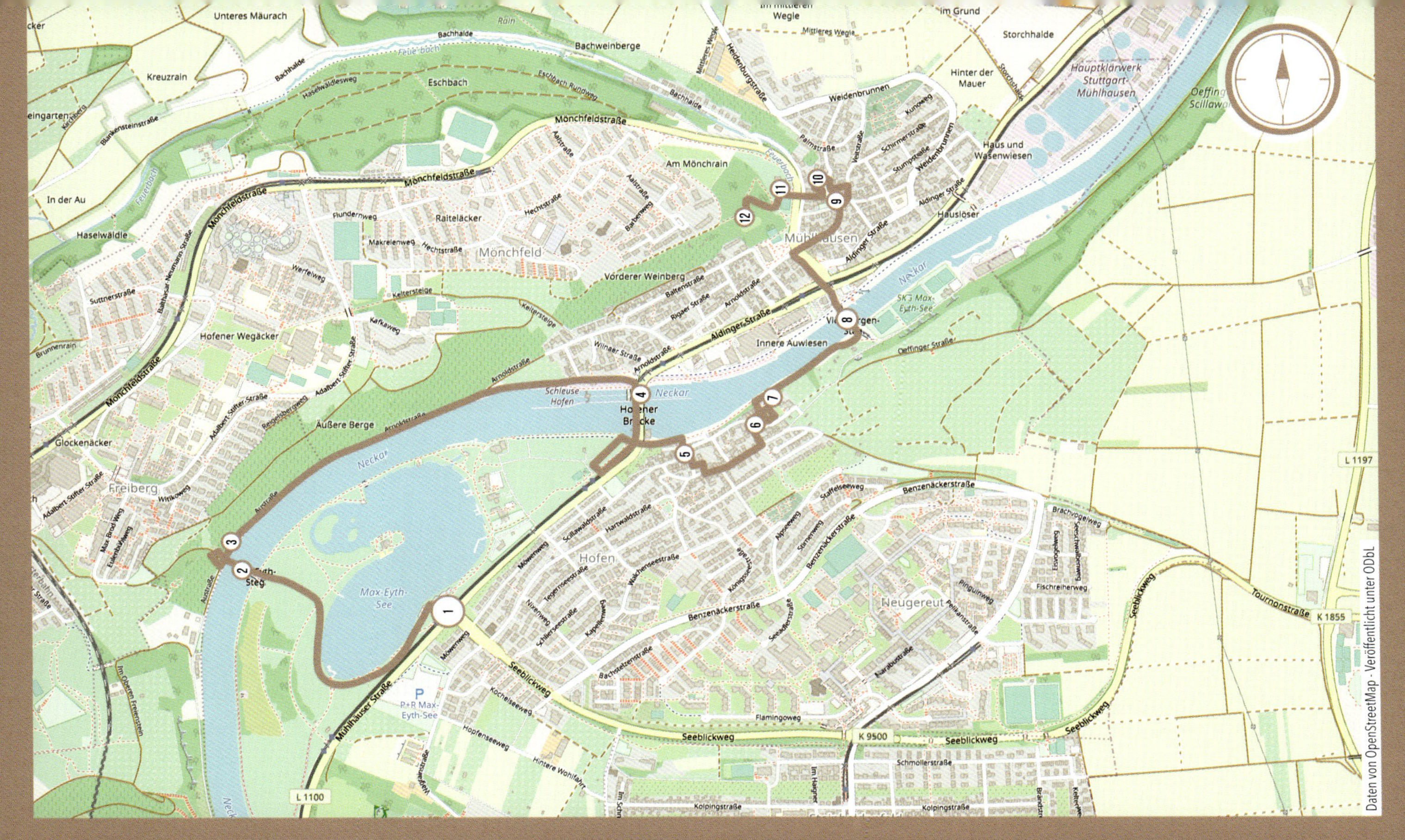

Daten von OpenStreetMap - Veröffentlicht unter ODbL

TOUR E

VOM MAX-EYTH-SEE NACH MÜHLHAUSEN

Im Neckartal

Stadtbezirk Mühlhausen

Fläche:	912 Hektar
Einwohnerzahl:	25.500
Erstmals namentlich erwähnt:	708 als „Biberburg" (nach einem gleichnamigen Wehrbau)
Eingemeindung nach Stuttgart:	1933 (Stadtteil Hofen bereits 1929)
Namensherkunft:	Am Neckar standen einst zahlreiche Mühlen. Die größte und bekannteste Mühle stand über 600 Jahre lang in Mühlhausen, bis sie Ende des 19. Jahrhunderts abbrannte.

ca. 5 km

ca. 110 Minuten (reiner Fußweg)

Max-Eyth-See
U12, U14 – Max-Eyth-See
Bus 54 – Max-Eyth-See

Vom Max-Eyth-See nach Mühlhausen

Im Neckartal

1. Max-Eyth-See

Am Ufer des Max-Eyth-Sees – unterhalb der gleichnamigen Stadtbahnhaltestelle – beginnen wir unseren Spaziergang durch den Bezirk Mühlhausen. Seine Entstehung verdankt Stuttgarts größter See dem Kiesabbau, der hier 1925 begann. Zehn Jahre später stellte man den Abbau jedoch wieder ein. Man beschloss, die Nähe zum Neckar zu nutzen, und flutete die Kiesgrube kurzerhand. In den 1930er-Jahren war das Gewässer ein sehr beliebter Badesee und hatte mit Strand und Sprungtürmen eher Freibadcharakter. Seit 1961 steht der See unter Landschaftsschutz, und das Baden ist daher nicht mehr gestattet.

Wir wenden uns nun nach **links und folgen dem mit roten Steinen gepflasterten Weg**, immer entlang des Sees, bis wir fast das gegenüberliegende Ufer erreicht haben.

Wenn wir Tretboot fahren oder direkt am See etwas trinken möchten, können wir einen Abstecher auf die Halbinsel machen, indem wir weiter den See entlang geradeaus gehen.

Wir biegen nun **links in einen mit grauen Steinen gepflasterten Weg** ein, der direkt auf die Weinberge zuführt. Der Weg führt uns schließlich über eine Rampe auf den Max-Eyth-Steg.

2. Max-Eyth-Steg

Ihren Namen tragen sowohl der Steg über den Neckar als auch der See zu Ehren des Ingenieurs Max Eyth. Gebürtig aus Kirchheim unter Teck, studierte dieser ab 1852 am Stuttgarter Polytechnikum Maschinenbau. Max Eyth gilt als Pionier bei der Entwicklung der Dampfmaschine. Der 116 Meter lange Max-Eyth-Steg ist eine Hängebrücke und wurde 1989 fertiggestellt. Seiner Form wegen wird der Steg von den Einheimischen auch scherzhaft „Golden Gatele" genannt.

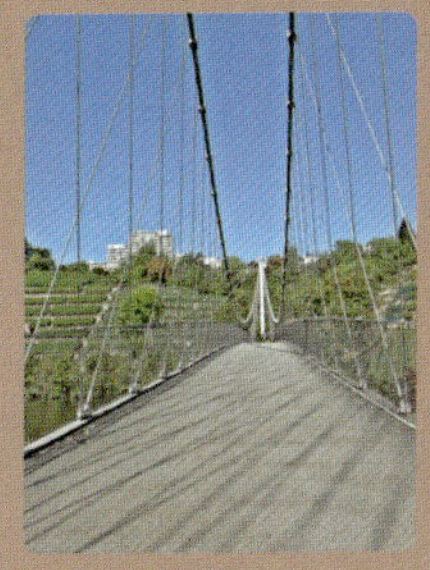

Vom Steg führt uns ein **Weg in einer Linksschleife** direkt an den Neckar und auf die **Austraße, der wir nun nach links folgen**. Am Hang zu unserer Linken reihen sich nun zahlreiche Weingüter aneinander.

3. Weinberge Cannstatter Zuckerle

Die Rebflächen am Steilhang gehören zur Lage „Cannstatter Zuckerle" und gelten als eine der besten Weinlagen Württembergs. Die Sonneneinstrahlung, die Wärmespeicherung der Natursteinterrassen und das Mikroklima des Neckartals begünstigen hier die Weinqualität. Der Name der Steillage ist irreführend,

denn die Weingüter, an denen wir nun vorbeispazieren, gehören zu den Bezirken Münster und Mühlhausen. Die sonnenverwöhnte Weinlage zieht sich jedoch von Bad Cannstatt den Necker entlang bis hierher.

Immer entlang des Flusses folgen wir der Straße nun einige Hundert Meter, bis schließlich ein **Fußweg rechts von der Straße wegführt**. Wir folgen diesem weiter entlang des Neckars, bis er auf die **Aldinger Straße trifft und wir nach rechts auf die Hofener Brücke einbiegen** – unserem nächsten Haltepunkt.

4. Staustufe Hofen

Die Staustufe Hofen meistert gleich mehrere Aufgaben auf einmal. Sie wurde 1935 fertiggestellt und dient primär der Hochwassersicherung. Ein ihr angeschlossenes Stromkraftwerk – um das Bauwerk wirtschaftlicher zu machen – und die Hofener Brücke wurden im selben Jahr eingeweiht. Durch den beginnenden Zweiten Weltkrieg und den darauf folgenden schweren Schäden verzögerte sich der weitere Ausbau. 1956 konnte dann auch die Doppelschleuse eingeweiht werden und fortan Schiffe beispielsweise das Kraftwerk Münster mit Kohle versorgen.

Von der Brücke führt uns ein **Weg in einer Rechtsschleife hinunter direkt an den Fluss**. Von dort gehen wir nun den **Weg ebenfalls nach rechts weiter, unterqueren dabei die Hofener Brücke** und folgen dem Fußweg noch ein paar Schritte weiter geradeaus.

Hier, am Neckar links neben uns, befindet sich mit 207 Meter über Normalnull der tiefste Punkt Stuttgarts. Der höchste Punkt befindet sich mit 549 Metern auf der Bernhartshöhe in Vaihingen.

Nun führt uns **rechts ein kurzer steiler Weg bergab,** und wir sehen sofort rechter Hand ein kleines Fachwerkhaus.

5. Altes Fährhaus

An der Türeinfassung des Häuschens sind noch Hochwassermarken zu erkennen. Die letzte von 1931. Einen Schutzwall zum Neckar gab es damals nicht, und der Bau der Staustufe war somit dringend nötig geworden. Auch der Bau einer Brücke war längst überfällig. Bereits seit dem 14. Jahrhundert ist ein Fährbetrieb zwischen den Örtchen Hofen – auf unserer Flussseite – und Mühlhausen an dieser Stelle überliefert. Das Fährhäuschen hier wurde 1813 erbaut. Der letzte Fährmann nutzte es bis 1933, als schließlich der Fährbetrieb eingestellt wurde.

Weiter geht es am Fährhäuschen vorbei auf die steil ansteigende **Krebsstraße zu, der wir nach links bergauf folgen**. Diese knickt nach wenigen Schritten nach **rechts ab, führt uns unter einem Fachwerkhaus hindurch** und endet an der **Hartwaldstraße, in die wir links einschwenken**. Nach 200 Metern **erreichen wir die Wolfgangstraße und folgen dieser nach links** bergab. Rechter Hand sehen wir nun ein Gotteshaus.

6. Kirche St. Barbara

Bereits Ende des 14. Jahrhunderts befand sich hier eine kleine Kirche. Diese wurde 1783 von der heutigen St. Barbara Kirche im klassizistischen Stil überbaut. Das Innere der Kirche prägen Barock und Rokoko. Die geschnitzte gotische Marienstatue – auch Stuttgarter Madonna genannt – stammt aus dem 15. Jahrhundert und stand ursprünglich in der Stiftskirche. Da das protestantische Stuttgart bis Anfang des 19. Jahrhunderts kein katholisches Gotteshaus hatte, war die Kirche bis dahin auch Tauf- und Hochzeitskirche der Bürger der Residenzstadt.

Wir folgen der **Wolfgangstraße weiter in einem Bogen entlang der Kirchenmauer**, bis wir wenige Meter weiter **geradeaus einen Schotterweg betreten**. Über eine Brücke führt uns dieser auf eine Burgruine zu.

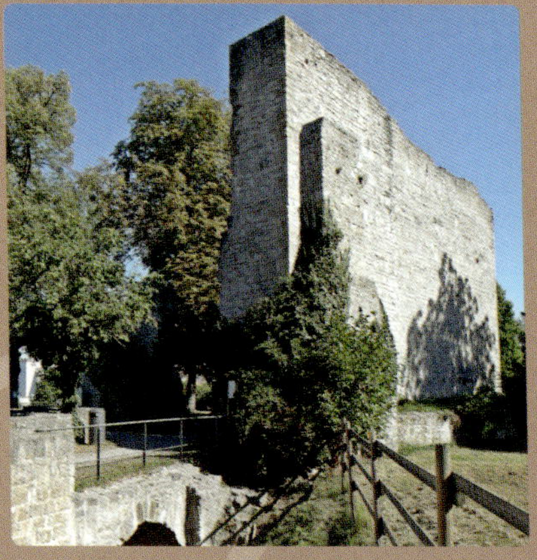

7. Burgruine Hofen

Im heutigen Stadtbezirk Mühlhausen gab es einst mehrere Burgen. Die Ruine hier in Hofen ist eine von vieren. Sie ist die einzige im gesamten Stuttgarter Stadtgebiet mit hochragenden Mauerresten. Die Wehranlage wurde Mitte des 13. Jahrhunderts erbaut und diente der Sicherung der Handelswege und damit auch der Durchquerung des Neckars. Dieser war hier so flach, dass man ihn zu Fuß durchwaten konnte. Die Burg wurde im 17. Jahrhundert während des Dreißigjährigen Krieges zerstört. Steine aus der Ruine nutzte man später zum Bau der Kirche St. Barbara.

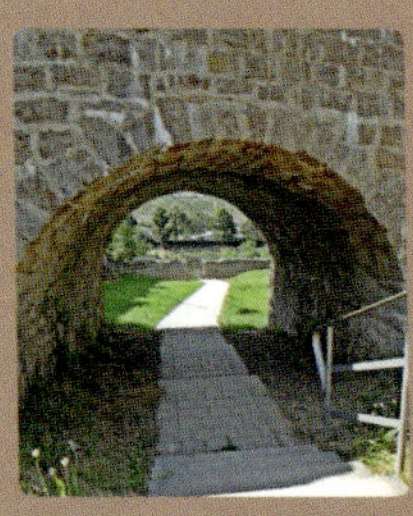

Zurück von der Ruine, steigen wir direkt **links neben dem Schotterweg eine Treppe hinunter**. Diese führt uns wieder hinunter **an den Neckar, wo wir dem Spazierweg nach rechts weiter folgen**. Wenig später führt uns **links eine Rampe hinauf auf den Vier-Burgen-Steg.**

8. Vier-Burgen-Steg

Die erste der namensgebenden vier Burgen für diesen Steg haben wir bereits gesehen. Zwei weitere Standorte liegen noch auf unserem Weg. Die vierte - Burg Freienstein - wurde etwa um 700 erbaut und befand sich oberhalb der Weinberge beim Max-Eyth-Steg. Von der kleinen Burg ist jedoch nichts mehr erhalten. Der Vier-Burgen-Steg wurde 2010 durch einen Schwimmkran an Ort und Stelle gesetzt. Die Stabbogenbrücke spannt sich 80 Meter über den Neckar und ersetzt die kleinere Sandfangbrücke.

Am anderen Ende des Stegs steigen wir **linker Hand eine Treppe hinunter, überqueren dort einen Zebrastreifen** und gelangen dann **geradeaus weiter an die große Hauptstraße – die Aldinger Straße –, die wir an der Ampel zu unserer Linken überqueren**. Auf der anderen Straßenseite gehen wir weiter geradeaus, bis wir die **Kreuzung Arnold-, Mönchfeld- und Veitstraße erreichen. Hier überqueren wir die Mönchfeldstraße an der Ampel zu unserer Rechten** und folgen nun der **Veitstraße geradeaus, die kurz darauf nach links abknickt** und uns auf die namensgebende Veitskapelle zuführt.

9. Veitskapelle

Die Veitskapelle stifteten die in Prag lebenden Brüder Eberhard und Reinhard von Mühlhausen. Daher ist die 1385 eingeweihte gotische Kirche dem böhmischen Nationalheiligen St. Veit geweiht. Als eine der ältesten Kirchen Stuttgarts blieb sie selbst über die Jahrhunderte verschont von Bilderstürmerei, Umbauten und erlitt keinerlei Kriegsschäden. Um den prunkvollen Innenraum mit all seinen bedeutenden kunsthistorischen Schätzen erhalten zu können, finden die Gottesdienste bei einer Raumtemperatur von unter 15 Grad statt.

Rechts an der Veitskapelle vorbeigehend, treffen wir auf die **Straße Meierberg, in die wir links einschwenken**. Bereits nach wenigen Schritten **biegen wir rechts ab und gehen die steil ansteigende Wenzelstraße hinauf**. Dort sehen wir dann auf der linken Seite die Ruine eines Kirchturms.

10. Walpurgiskirche

Von der zweiten Burg auf unserem Rundgang – der Heidenburg – ist auf den ersten Blick nichts mehr zu sehen. Sie wurde wahrscheinlich im 12. Jahrhundert erbaut und im 14. Jahrhundert im Städtekrieg zerstört. Zur Burganlage gehörte auch eine kleine Kapelle. Diese wurde rasch wieder errichtet und über die Jahrhunderte weiter ausgebaut. Eine Stützmauer und das Kellergewölbe unter der Kirche, die der heiligen Walburga geweiht ist, sind die einzigen erhaltenen Überbleibsel der Heidenburg. Im Zweiten Weltkrieg wurde die Walpurgiskirche zerstört und damit selbst zur Ruine.

Das Walpurgishaus ist Besuchern zugänglich. Das ehemalige Kirchenschiff bildet den Innenhof und kann somit besichtigt werden.

Im Innenhof der Kirchenruine: Sollte der Innenhof des Walpurgishauses zugänglich sein, **steigen wir hier die Treppe im hinteren Bereich hinunter**, die uns durch einen Garten wieder auf die Straße Meierberg führt.

Vor der Kirche: Sollte das Walpurgishaus geschlossen sein, kehren wir nun **auf demselben Weg zurück auf die Straße Meierberg**.

Wir biegen nun **rechts in die Straße Meierberg** ein und erreichen so die **Mönchfeldstraße, die wir an der Ampel zu unserer Linken überqueren.** Nun sehen wir rechter Hand ein stattliches gelbes Gebäude, umgeben von einer Parkanlage.

11. Palm'sches Schloss

Ein kleines Schloss stand an dieser Stelle bereits Ende des 16. Jahrhunderts. Anfang des 18. Jahrhunderts erwarben die Reichsritter von Palm Mühlhausen das Schlösschen. Dieses brannte jedoch Anfang des 19. Jahrhunderts ab, und so ließen die Palms an selber Stelle bis 1813 ein neues Schlösschen im klassizistischen Stil errichten. Dieses wurde später mit Sichtfachwerk aufgestockt und über 80 Jahre später um einen noch höheren Gebäudetrakt erweitert. Heute ist das Palm'sche Schloss im Besitz der Stadt und dient als Bezirksrathaus von Mühlhausen.

Wir nehmen nun den **Weg links am Schloss vorbei** und gehen bergauf. Diesem schließt sich eine lange **Treppenanlage an, die wir nun hinaufsteigen**. Die Treppe endet an einem **Fußweg, dem wir nach links weiter folgen**. So erreichen wir unser letztes Ziel auf unserem Spaziergang – eine Aussichtsplattform auf den Überresten einer weiteren Burg.

12. Ruine Engelburg

Mitte des 13. Jahrhunderts wurde hier die Engelburg erbaut, deren Mauerreste wir vor uns sehen. Sie diente – wie auch die Burg Hofen vis-à-vis – der Sicherung des Neckarübergangs. 1312 ereilte sie dasselbe Schicksal wie die benachbarte Heidenburg, sie wurde im Städtekrieg zerstört. Ihren schönen Namen erhielt die Wehranlage vermutlich von Ritter Engelbold von Kaltental, in dessen Besitz Mühlhausen später übergehen sollte. Von hier haben wir eine tolle Aussicht ins Neckartal, und wir sehen die hohen Wohnblocks im Stadtteil Neugereut gegenüber.

Präsentiert von:

GEHEIMTIPP STUTTGART

Hier lohnt sich ein Besuch!

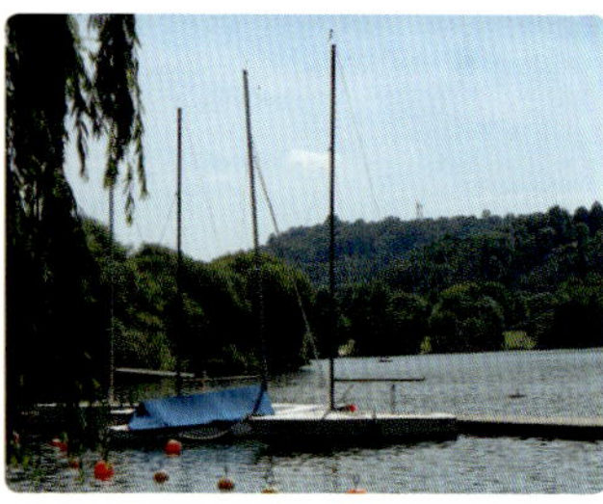

Weinberge oberhalb des Neckars

Am Neckar sind wir an der Hanglage Cannstatter Zuckerle entlang spaziert. Dies können wir nun in die entgegengesetzte Richtung, oberhalb des Weinbergs. Dort bieten sich herrliche Ausblicke über den Max-Eyth-See und das Neckartal bis nach Bad Cannstatt.

Boot fahren

Auf der Halbinsel im Max-Eyth-See können Elektro-, Ruder- und Tretboote geliehen werden. Hier gibt es auch einen Kiosk und einen kleinen Sandstrand zum Relaxen.

Halbinsel im Max-Eyth-See
www.miet-ein-boot.de

Den Neckar entdecken

Wir kehren zum Neckar zurück - über den bereits bekannten Weg oder über den Weg oberhalb der Weinberge hinunter ins Tal. Entlang des Ufers an den Weinbergen können wir so bis nach Bad Cannstatt spazieren. Auf diesem Weg kommen wir vorbei an alten Steinbrüchen, Tälern, Schiffsanlegestellen und Ausflugslokalen.

Gastronomie

Stallbesen
(Schwäbische Küche)

Eybgasse 13
stallbesen.de

Weidenbrunnen
(Schwäbische Küche / Kroatische Küche)

Weidenbrunnen 87
weidenbrunnen.de

So reisen Sie weiter

Gehen wir den Weg durch den Park und am Palm'schen Schloss vorbei zurück zur Mönchfeldstraße, biegen wir in diese rechts ein. Nach 300 Metern treffen wir wieder auf die Aldinger Straße und die Stadtbahnhaltestelle **Mühlhausen**.

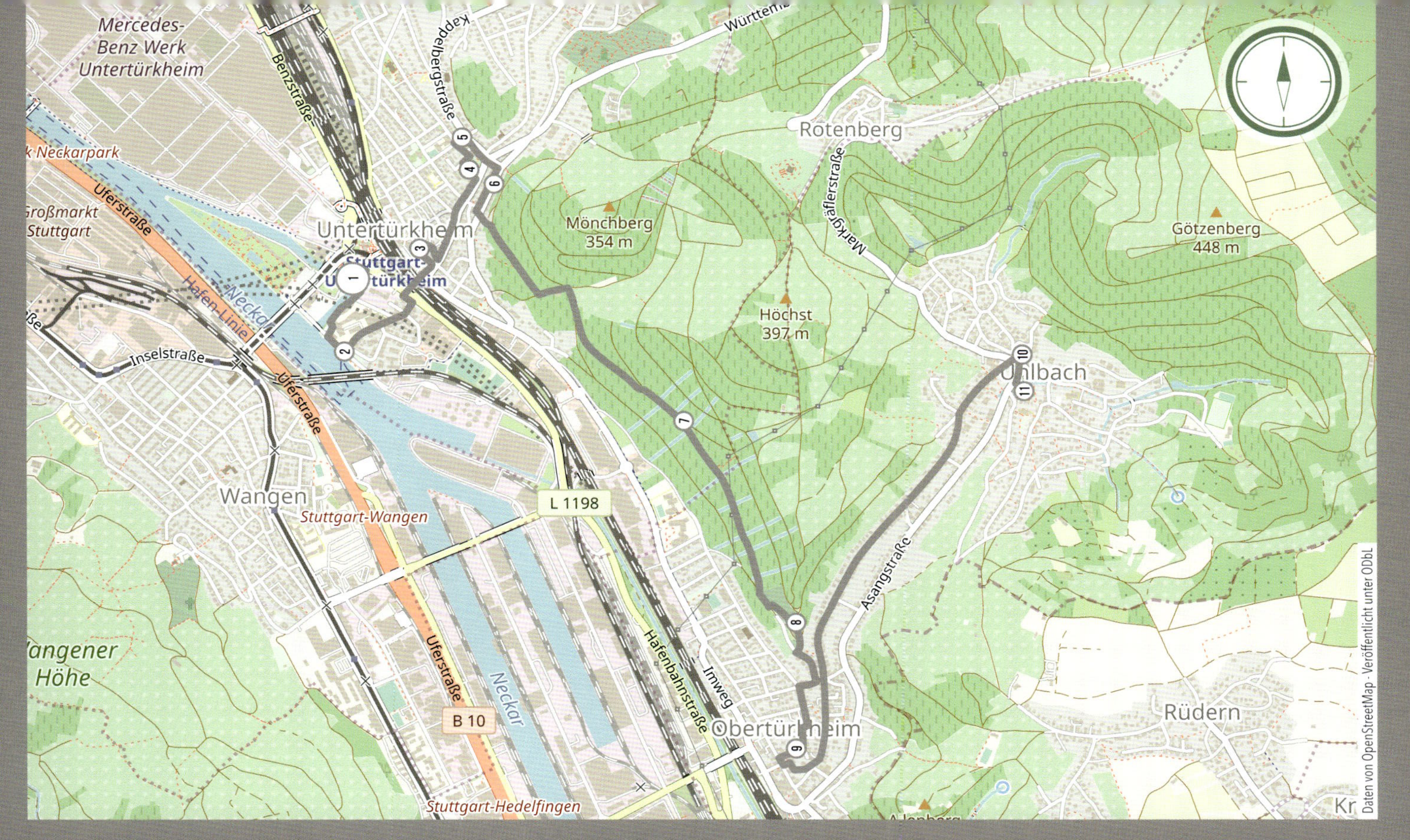

Daten von OpenStreetMap - Veröffentlicht unter ODbL

Von Untertürkheim nach Obertürkheim

Im Neckartal

Stadtbezirk Untertürkheim

Fläche:	605 Hektar
Einwohnerzahl:	16.500
Erstmals namentlich erwähnt:	Im Jahr 1200 als „Durinkheim"
Eingemeindung nach Stuttgart:	1905 (Stadtteil Rotenberg erst 1931)
Namensherkunft:	Ursprünglich „Duringoheim", benannt nach einem alamannischen Sippenführer (Unter- und Obertürkheim)

Stadtbezirk Obertürkheim

Fläche:	546 Hektar
Einwohnerzahl:	8.500
Erstmals namentlich erwähnt:	1279 als „Durinkheim"
Eingemeindung nach Stuttgart:	1922 (Stadtteil Uhlbach erst 1937)

ca. 4,5 km bis Obertürkheim
ca. 6,5 km bis Uhlbach

ca. 100/130 Minuten (reiner Fußweg)

Wilhelm-Wunder-Steg
U4, U13 – Untertürkheim Bhf.

Von Untertürkheim nach Obertürkheim

Im Neckartal

1. Inselkraftwerk am Neckarkanal Wilhelm-Wunder-Steg

Wir starten unsere Tour von Unter- nach Obertürkheim auf einer Fußgängerbrücke – dem Wilhelm-Wunder-Steg. Denn von hier oben hat man eine gute Sicht auf den Seitenarm des Neckars und das 1902 eröffnete Wasserkraftwerk. Es war Württembergs erste Anlage dieser Art, die sich in kommunaler Hand befand. Das Kraftwerk wird zur einen Seite vom Neckar und zur anderen von einem Seitenarm des Flusses eingefasst. Auch Stuttgarts ältestes und größtes Freibad – das Inselbad – liegt auf diesem künstlichen Eiland.

Wir gehen nun **den Steg bergab** in Richtung Neckar, bis dieser an der **Straße Am Inselkraftwerk endet. Wir überqueren diese Straße** und gehen – in Verlängerung des Stegs – einen **Fußgängerweg entlang des Kanals weiter geradeaus**. Nun stoßen **wir auf die Straße Zum Ölhafen, in die wir links einbiegen. An der nächsten T-Kreuzung überqueren wir die Straße Zum Ölhafen** und erreichen das Neckarufer.

2. Neckar-Anlegestelle

Wenn wir nach links den Neckar hinauf schauen, sehen wir den Ölhafen – einziger Abschnitt des Stuttgarter Hafens auf Untertürkheimer Gemarkung. Dieser wurde 1958 eingeweiht und erstreckt sich bis Obertürkheim. Durch eine optimale Vernetzung mit dem Straßen- und Schienennetz werden am Hafen größtenteils Rohstoffe aus der Region zur Weiterverarbeitung angeliefert. Die Staustufe zu unserer Rechten wurde bereits in den 1920er-Jahren errichtet, jedoch mehrmals umgebaut. Die Schleuse für den Schiffverkehr wurde zeitgleich mit dem Hafen fertiggestellt.

Gegenüber der Anlegestelle gehen wir nun **in die Lindenschulstraße und folgen dieser**, bis sie an der Kreuzung Benzstraße und Bruckwiesenweg endet.

Unterwegs passieren wir die Lindenschule, nach der das gesamte Viertel benannt wurde. Einer der Architekten des Gebäudes, das 1909 eingeweiht wurde, war Paul Bonatz – der bereits das Bahnhofsgebäude in Stuttgart und das Inselbad entwarf.

Wir **überqueren nun an der Ampel zu unserer Linken zunächst die Benzstraße und dann vor der Bahnbrücke die Mettinger Straße. Dieser folgen wir nach rechts**, vorbei am Kreisverkehr, und gehen **anschließend die Großglocknerstraße leicht bergauf**. Nach wenigen Metern biegen wir **links in die Augsburger Straße** ein. Dort erreichen wir kurz darauf rechter Hand eine Treppe, die uns zu einer Kirche hinaufführt.

3. Stadtkirche

Die grob behauenen Quadersteine am Turmschaft der Untertürkheimer Stadtkirche St. Germanus bezeugen noch ihre Erbauung im 15. Jahrhundert. Sie ist jedoch nicht die erste Kirche an dieser Stelle. Bereits im 11. und 13. Jahrhundert standen hier Gotteshäuser, die ebenfalls dem heiligen Germanus geweiht waren. Zwecks Rückgang der Gemeindemitglieder hat man das Kirchenschiff Ende der 1960er-Jahre in einen Gottesdienstraum und einen Gemeindesaal geteilt und dabei Wandmalereien aus dem 17. Jahrhundert entdeckt. Die als Raumteiler verwendete Schiebewand von 1971 zeigt 36 Bilder der alttestamentlichen Josefsgeschichte.

Nun gehen wir links an der Kirche und ihrem Turm vorbei und biegen **hinter dem Gotteshaus nach rechts in die Trettachstraße** ein. Diese trifft dann auf die **Großglocknerstraße, in die wir links einschwenken**.

Auf dem Weg bergauf passieren wir rechter Hand das Bezirksrathaus – ein Fachwerkbau aus dem 16. Jahrhundert.

Nach circa 300 Metern (bei Haus Nummer 43) öffnet sich **zu unserer Linken ein kleiner Vorplatz**. Durch einen Torbogen **betreten wir hier eine Grünfläche**.

4. Alter Friedhof

Heute eine Parkanlage, war der Alte Friedhof, im ehemaligen sogenannten Oberdorf, lange Zeit die einzige Grabstätte Untertürkheims. Seit 1905 fanden hier keine Beisetzungen mehr statt. Links sehen wir das Gefallenendenkmal zur Erinnerung an die Opfer beider Weltkriege. Es ersetzte ein sehr militärisch geprägtes Kriegerdenkmal an der Friedhofsmauer aus den 1920er-Jahren. Aufgrund des kriegsverherrlichenden Motivs wurde dieses auf einen Erlass der US-Militärregierung nach langer Diskussion 1947 mit einem Kranwagen von Daimler-Benz abgebaut.

Wir verlassen die Grünfläche auf der gegenüberliegenden Seite und biegen dort nach **rechts in die Straße Am Alten Friedhof** ein. Wenig später schwenken wir **links in die Wallmerstraße** ein. Nun erreichen wir die **Oberstdorfer Straße, in die wir rechts einbiegen** und wo wir vor einer Treppe Halt machen.

5. Wilhelmsbrunnen

Vor uns sehen wir den Wilhelmsbrunnen, eingefasst von Zwillingstreppen, die ein schmiedeeisernes Geländer im Jugendstil zieren. Der Brunnen wurde zur Erinnerung an die Eingemeindung Untertürkheims nach Stuttgart 1905 errichtet. Die Jahreszahl ist in der Wand über dem Wassertrog zu sehen. Als architektonisches Vorbild diente hier vermutlich die berühmte Strudlhofstiege in Wien.

Wir **steigen die Staffel hinauf** und biegen, oben angekommen, nach **rechts in die Kappelbergstraße** ein. An der nächsten **Kreuzung überqueren wir an der Ampel zunächst die Kappelberg- und dann die Großglocknerstraße** und folgen nun der kurzen **Schnaiter Straße bergab**. Diese endet an der **Strümpfelbacher Straße, in die wir rechts einschwenken**. Diese wird zu beiden Seiten von zwei langen Backsteingebäuden eingefasst.

6. Weinmanufaktur Untertürkheim

Das denkmalgeschützte Backsteingebäude aus dem Jahr 1904 galt damals als modernste Kelter Europas. Heute steht hingegen weniger die Technik und Massenproduktion im Vordergrund, als vielmehr der traditionelle Weinbau. Daher ist die Weinmanufaktur Untertürkheim heute auch die zweitkleinste selbst anbauende Genossenschaft Deutschlands – trotz des Zusammenschlusses mit Obertürkheims Weinbauern.
Der Umstieg auf die Herstellung von Qualitätswein zahlte sich aus. Die edlen Tropfen heimsen Jahr für Jahr nationale und internationale Preise ein.

An den Backsteingebäuden vorbei, der Straße weiter folgend, treffen wir auf den **Kelterplatz. An diesem überqueren wir am Zebrastreifen die Strümpfelbacher Straße.** Gleich **rechts neben dem Zebrastreifen** (neben Haus Nummer 40) **führt uns eine schmale Treppe hinauf** in die Weinberge. Diese endet an einem **asphaltierten Weg, dem wir nach rechts folgen**. Nach circa 300 Metern trifft dieser auf einen **weiteren Weg, in den wir links einschwenken**. Kurz darauf biegen wir **hinter einer Fachwerkkelter nach rechts ab und folgen dem Weg gut 600 Meter immer bergauf,** bis wir an einer Weggabelung auf eine Säule treffen.

7. Weinbau-Gedenksäule

Ende der 1960er-Jahre wurde in zahlreichen weinbaubetreibenden Stadtteilen Stuttgarts eine Rebfl urbereinigung durchgeführt. Schwer zugängliche Hanglagen mit Trockenmauern wichen dabei breiteren Terrassen und asphaltierten Zufahrtsstraßen. Die Aktion war auch für die Weingärtner mit immensen Kosten verbunden. Zum Abschluss errichtete man daher eine Gedenksäule aus rotem Sandstein, die die Wappen Ober- und Untertürkheims zeigt. Hier lohnt es sich, einmal zu verweilen, um den Rundumblick über das Neckartal zu genießen.

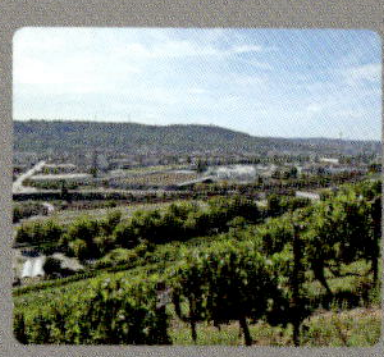

An der **Weggabelung nehmen wir nun den rechten Weg bergab**, bis dieser auf eine **steil ansteigende Straße trifft, in die wir links einbiegen**. Wir haben nun den Bezirk Obertürkheim erreicht. Nach wenigen Metern, einer Mauer folgend, treten wir **zu unserer Linken durch einen Torbogen und steigen eine Treppe hinauf** zu einem Friedhof.

8. Petruskirche

Das Gebiet rund um Friedhof und die kleine Petruskirche wird als Banholz bezeichnet. Der Name rührt daher, dass sich hier früher wohl ein Bannwald – also ein heidnischer heiliger Wald – befand. Dieser wurde nach der Missionierung gerodet und das Holz für den Bau der ersten christlichen Kapelle in Obertürkheim verwendet. Erstmals erwähnt wurde diese 1285 und im 15. Jahrhundert zur gotischen Petruskirche ausgebaut. Bereits mit der Errichtung der Kapelle wurde auch der Friedhof angelegt.

Hinter der Kirche führt eine Treppe hinunter und uns aus dem Friedhof hinaus. Diese gabelt sich schließlich. Wir gehen **die Stufen rechts hinunter und treffen somit auf die Kirchsteige, in die wir links einbiegen**. Nach circa 150 Metern bergab steigen wir **rechter Hand eine weitere Treppe hinunter und folgen der Bergstaffelstraße bis zur Mirabellenstraße, in die wir links einschwenken**. Dies führt uns bis zur **Mörgelenstraße, in die wir rechts einbiegen**, um nur wenige Schritte weiter **linker Hand die Quittengasse zu betreten**. Die nächste Straße, in die wir einbiegen, ist die **Heidelbeerstraße zu unserer Rechten**, wo wir nun abermals an einer Kirche Halt machen.

9. Andreaskirche und Bezirksrathaus

Hier befinden wir uns nun an der Andreaskirche. Sie wurde 1927 erbaut, im Zweiten Weltkrieg zerstört und im Jahr 1950 nach dem Wiederaufbau neu eingeweiht. Das Gebäude im expressionistischen Hallenstil steht heute unter Denkmalschutz.

Nebenan, an der Augsburger Straße, sehen wir das Bezirksrathaus Obertürkheims. Wenn auch nach Kriegsschäden nur vereinfacht wieder aufgebaut, vermittelt das Gebäude aus dem Beginn des 20. Jahrhunderts ohne Zweifel nach wie vor den Eindruck, dass hier einmal die Obrigkeit regiert hat.

Ende 1: Weiter bergab erreichen wir über die Göppinger Straße – nach links abbiegend – den Bahnhof Obertürkheim.

Wenn wir uns nun dazu entscheiden, unseren Spaziergang nach Uhlbach fortzusetzen, gehen wir **rechts vor dem Treppenaufgang des Bezirksrathauses vorbei zu einer Grünfläche**. **Diese durchqueren wir** und verlassen den kleinen Park an der **Uhlbacher Straße, in die wir links einbiegen**. **Dieser Straße folgen wir nun rund 1,6 Kilometer**, bis diese auf dem Uhlbacher Platz endet.

10. Altes Rathaus und Weinbaumuseum

Direkt vor uns sehen wir die markante Alte Kelter des Örtchens Uhlbach, die Anfang des 20. Jahrhunderts erbaut wurde. Heute beherbergt diese das Stuttgarter Weinbaumuseum. Hier kann man die heimische Weinbaukultur bis in die Römerzeit zurückverfolgen. Links daneben sehen wir das Alte Rathaus aus dem Jahr 1612. Da Uhlbach nun ein Stadtteil Obertürkeims ist, wurde ein eigenes Rathaus überflüssig. Das typisch schwäbisch-alamannische Fachwerkhaus wurde daher in ein Bürger- und Kulturhaus umgewandelt.

Wir gehen nun **nach rechts und überqueren den Uhlbacher Platz**, bis wir vor einer Kirche stehen – unserer letzten Station auf dieser Tour.

11. Andreaskirche

Um 1500 wurde die Andreaskirche im gotischen Stil erbaut. Das erhaltene Kreuz über dem Chor ist fast ebenso alt wie die Turmglocke aus dem 14. Jahrhundert. Ansonsten findet man hier kaum mehr mittelalterliche Züge, denn die ursprüngliche Dorfkirche wurde Ende des 19. Jahrhunderts zu einem neugotischen Gesamtkunstwerk umgebaut. Der Hauptsponsor hierfür – der Tuchfabrikant Benger – ließ sich dabei ein Denkmal setzen. Ganz vorn beim Chor wurde für ihn und seine Familie ein eigener prächtiger Kirchenstuhl platziert, der von einem geschnitzten Baldachin überspannt ist.

Präsentiert von:

GEHEIMTIPP STUTTGART

Hier lohnt sich ein Besuch!

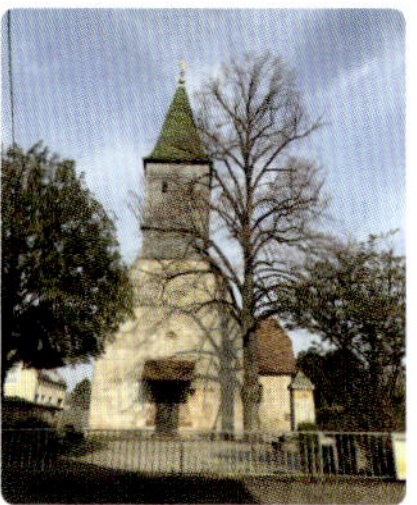

Grabkapelle auf dem Württemberg

Als Standort für die letzte Ruhestätte seiner jung verstorbenen Gattin, Königin Katharina, wählte König Wilhelm I. den Württemberg aus. Hierfür ließ er die Burgruine seiner Vorfahren abreißen und an ihrer Stelle bis 1824 eine klassizistische Grabkapelle errichten. Heute wie damals diente das Mausoleum als russisch-orthodoxe Kirche. Diese und die Gruft können besichtigt werden. Auch die Aussicht von der Grabkapelle ins Neckartal und in Richtung Uhlbach sind einen Ausflug wert.

Württembergstraße 340
www.grabkapelle-rotenberg.de

Hedelfinger Ortskern

Der Ortskern des alten Weinbaudörfchens Hedelfingen ist einen Besuch wert. Die Alte Kirche dem 15. Jahrhundert und der Friedhof bilden den Ortseingang. Das Bezirksrathaus ist umgeben von alten Fachwerkhäuschen, daher schlendern wir hier durch die Gassen. Aber auch die Kreuzkirche von 1930 im Stil des Neuen Bauens ist sehr sehenswert.

Heumadener Straße 1 (Bezirksrathaus)

Gastronomie

Weinstube Löwen
(Schwäbische Küche)

Trollingerstraße 4
weinstube-loewen.de

Gasthaus Ochsen
(Deutsche Küche)

Markgräflerstraße 6
ochsen-uhlbach.de

So reisen Sie weiter

Am Rande des Uhlbacher Platzes in der Asangstraße befindet sich die Bushaltestelle **Uhlbach**. Von hier gelangt man mit dem Bus nach Obertürkheim zum Anschluss an die S-Bahn oder nach Hedelfingen mit dem Anschluss an die Stadtbahn.

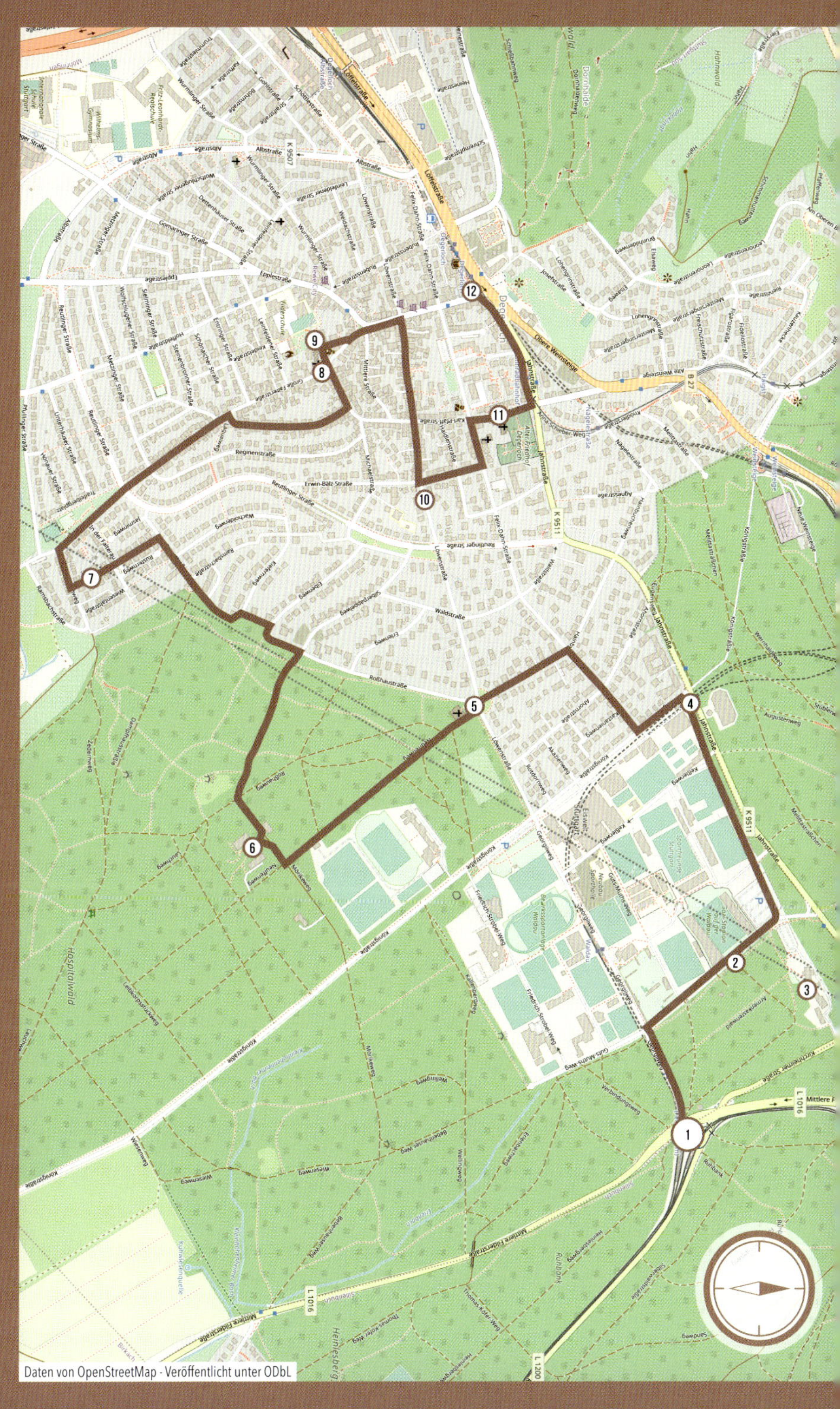
Daten von OpenStreetMap · Veröffentlicht unter ODbL

Durch Degerloch

Auf den Fildern

Stadtbezirk Degerloch	
Fläche:	802 Hektar
Einwohnerzahl:	16.500
Erstmals namentlich erwähnt:	Um das Jahr 1100
Eingemeindung nach Stuttgart:	1908
Namensherkunft:	Vom althochdeutschen Wort „Tegerlohe". „Teger" (Deger) bedeutet „viel" oder „umfangreich", „lohe" (Loch) bedeutet „Wald". Grob übersetzt bedeutet Degerloch daher „dichter Wald"

 ca.6 km

 ca. 120 Minuten (reiner Fußweg)

 **Ausgang Haltestelle Ruhbank (Fernsehturm)**

U7, U8, U15 – Ruhbank (Fernsehturm)
Bus 70 – Ruhbank (Fernsehturm)

1. Ruhbank

Der Start unserer Tour beginnt ausgerechnet an einem ehemaligen Rastplatz. Denn eine Bank wie diese moderne Version vor uns gab der Stadtbahnhaltestelle ihren Namen – Ruhbank. Hier befand sich einst ein viel besuchter Rastplatz, den vor allem Landfrauen nutzten, die ihre Waren von den Fildern in die Stadt trugen. Diese Ruhbänke gab es zwischen dem 17. und 19. Jahrhundert sehr häufig an hoch frequentierten Wegen. Sie bestanden meist aus einer Bank in Kniehöhe zum Sitzen und einer weiteren Stufe in Hüft- oder Schulterhöhe, um die Körbe bequemer absetzen und wieder schultern zu können.

Links vor der Ruhbank stehend, überqueren wir dann zunächst an der Ampel die Mittlere Filderstraße. Auf der anderen Straßenseite angekommen, folgen wir dem **Georgiiweg geradeaus**. An der nächsten Kreuzung biegen wir **rechts in den Guts-Muths-Weg** ein. Nach wenigen Metern sehen wir zu unserer Linken ein Stadion.

2. Gazi-Stadion

Bereits 1905 als Kickerssportplatz eingeweiht, gilt das Gazi-Stadion als das älteste noch existierende Stadion Deutschlands. Das zweitgrößte Stadion der Stadt ist seit seiner Einweihung die Heimspielstätte des Fußballklubs Stuttgarter Kickers. Kein anderer Fußballverein in Deutschland trägt seine Heimspiele seit so langer Zeit am selben Ort aus. Die Namen des Stadions wechselten über die Jahrzehnte von Kickers-Platz über Waldau-Stadion zum, seit 2004 durch Sponsoring geführten Namen, Gazi-Stadion. Seit 1995 nutzt auch der American-Football-Verein Stuttgart Scorpions das Stadion.

Weiter dem Guts-Muths-Weg folgend sehen wir wenige Schritte später rechts schon unser nächstes Ziel.

3. Fernsehturm

Seit seiner Eröffnung 1956 ist der Stuttgarter Fernsehturm DAS Wahrzeichen der Stadt. Er war der erste Fernsehturm der Welt in Stahlbetonbauweise und ist somit Vorbild aller Türme dieser Bauart, wie beispielsweise dem Berliner oder dem höchsten Fernsehturm der Welt in Tokio. Erstmals kam in Europa für den Turmkorb eine Aluminiumfassade zum Einsatz, der mit seinem Restaurant und der Aussichtsplattform ein völliges Novum war. Er ist mit knapp 217 Metern nicht der höchste Fernsehturm, doch da er auf dem Bergrücken Hoher Bopser steht, liegt die Aussichtsplattform ganze 395 Meter über der Stuttgarter City.

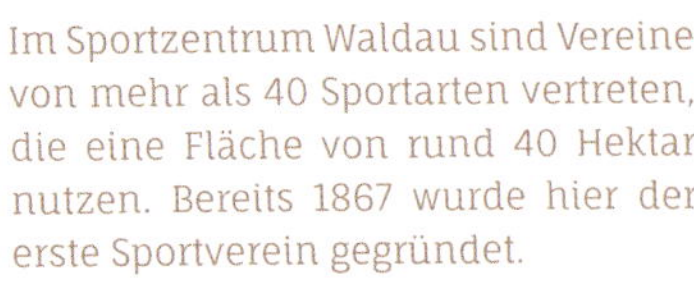

Vom **Guts-Muths-Weg aus biegen wir nun nach links**, den Fernsehturm im Rücken. **Geradeaus gehen wir parallel zur Jahnstraße** und kommen dabei an einigen Sportplätzen vorbei.
Der Weg endet an der Kreuzung Königsträßle und Jahnstraße. Rechts sehen wir einen Brunnen und dahinter, auf der gegenüberliegenden Straßenseite an der Jahnstraße, einen Backsteinturm.

Im Sportzentrum Waldau sind Vereine von mehr als 40 Sportarten vertreten, die eine Fläche von rund 40 Hektar nutzen. Bereits 1867 wurde hier der erste Sportverein gegründet.

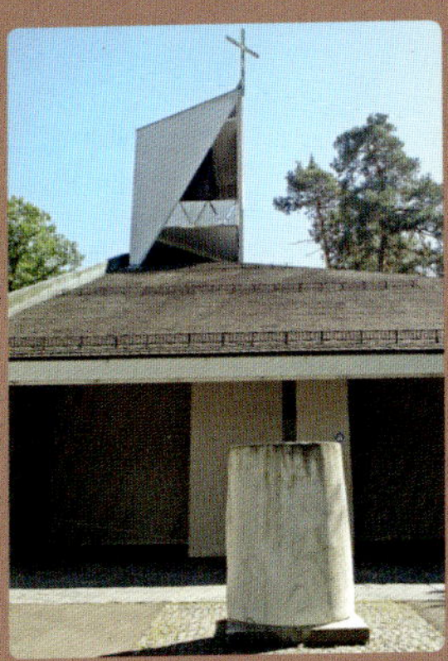

4. Wasserturm

Als ab 1884 Degerloch durch die Zahnradbahn mit Stuttgart verbunden wurde, zog es viele wohlhabende Bürger in das eigenständige Örtchen, wodurch ganze Villensiedlungen entstehen sollten. Um die Wasserversorgung durch die wachsende Einwohnerzahl Anfang des 20. Jahrhunderts gewährleisten zu können, wurde der alte Wasserturm 1912 durch ein größeres, höheres Bauwerk ersetzt. Dieser achteckige Wasserturm besteht nur äußerlich aus einfachen Klinkersteinen, sie verbergen ein Stahlbetonskelett im Innern. 2008 wurde der Turm um einen Wasserhochbehälter in direkter Nachbarschaft erweitert.

Weiter geht es **nun links in das Königsträßle** einbiegend. Wenige Schritte danach biegen wir **rechts in die Felix-Dahn-Straße** ein.

Im Haus Ahornstraße 22, Ecke Felix-Dahn-Straße, lebte bis 1934 Adolf-Hölzel, einer der bedeutendsten Maler abstrakter Kunst. Von ihm, so sind sich Kunsthistoriker einig, entstanden die ersten abstrakten Bilder der Moderne überhaupt.

Linker Hand biegen wir dann in den Hainbuchenweg ein, bis dieser in einen Waldweg übergeht, wo wir eine Kirche stehen sehen.

5. Versöhnungskirche

1960 eingeweiht, wirkt die evangelische Versöhnungskirche von außen eher unscheinbar. Doch die farbenprächtigen großen Fenster sind das Augenmerk dieses schlicht gehaltenen Gotteshauses. Über dem Altar wurde das Fenster so ausgerichtet, dass vormittags das Sonnenlicht darauf fällt. Die Säule aus weißem Marmor vor dem Eingang der Kirche ist das dort 1984 aufgestellte Kunstwerk „Stein zur Meditation" von Elmar Daucher. Dieser entwarf 1970 bereits das bekannte Mahnmal für die Opfer des Nationalsozialismus auf dem Stauffenbergplatz beim Alten Schloss.

An der Kirche vorbei, **folgen wir nun dem Waldweg** rund 500 Meter, bis uns ein **Wegweiser nach rechts auf einen asphaltierten Weg zum Haus des Waldes** leitet. Dieses sehen wir nur wenige Schritte weiter auf der linken Seite. Ein gepflasterter Weg führt uns dort hin.

6. Haus des Waldes

Direkt in den Wald hinein wölbt sich die halbrunde Glasfassade des Haus des Waldes. Teil des Forsts zu sein war auch das Ziel der transparenten Architektur der Ausstellungshalle. Hier können die Besucher den umliegenden Wald im Wandel der Jahreszeiten beobachten. Ebenfalls zeigt der gesamte Holz-/Glasbau, der ausschließlich aus nachwachsendem Baumbestand Baden-Württembergs konstruiert wurde, wie sinnvoll erneuerbare Ressourcen verwendet werden können. Zudem bietet ein Walderlebnisweg die Möglichkeit, das Leben eines Baums vom Sämling bis zur Holzproduktion mitzuerleben.

Zurück auf dem asphaltierten Weg, folgen wir diesem weiter, bis wir kurz darauf auf eine Wegkreuzung treffen und auch hier weiter geradeaus gehen. Der Weg schlängelt sich nun circa 350 Meter durch den Wald und kreuzt dabei andere Wege. Wir verlassen den Forst schließlich an der **Roßhaustraße, in die wir links einbiegen** und bergab gehen. Die Straße wird nun mehrmals unterbrochen. Zunächst am **Eibenweg, wo wir rechter Hand die Treppen hinuntersteigen** und auf den **Kiefernweg treffen. Hier gehen wir nach links, wo die Roßhaustraße als Fußweg weiter bergab** führt, um dann wieder zu einer Straße zu werden. Nach weiteren 200 Metern biegen wir **links in die Hadäckerstraße** ein und erreichen dann einen kleinen Platz, in dessen Mitte ein Brunnen steht.

7. Falterau-Siedlung

Der kleine Brunnen mit der Stuttgarter Version des Manneken Pis – dem Brunnenbüble – schmückt den Quartiersplatz der Falterau-Siedlung. Sie entstand durch das Engagement mehrerer Arbeiterfamilien, die den engen Mietshäusern im Stuttgarter Kessel entkommen wollten und sich daher zu einer Baugenossenschaft zusammenschlossen. Sie war die erste von Arbeitern gegründete Baugenossenschaft im Königreich Württemberg. Zwischen 1911 und 1914 wurden insgesamt 55 Doppel- und Reihenhäuser errichtet. In den 1930er- und 1940er-Jahren wurde die Siedlung weiter ausgebaut.

Noch ein paar Schritte die Hadäckerstraße geradeaus, endet diese am **Zedernweg, in den wir rechts einbiegen**, um kurz darauf abermals **rechts in die Große Falterstraße** einzuschwenken. Dieser folgen wir nun rund 500 Meter bergauf, bis wir an einer **Straßengabelung rechts einbiegen, um der Kleinen Falterstraße weiter** zu folgen. Diese endet schließlich an der **Karl-Pfaff-Straße, der wir nun nach links weiter folgen.** Wenige Schritte weiter können wir links eine Kirche sehen.

8. Michaelskirche

Wir befinden uns nun im alten Ortszentrum von Degerloch, wo bereits vor vielen Hundert Jahren eine mittelalterliche Kapelle stand, die im 15. Jahrhundert im gotischen Stil umgebaut wurde. Da sie für die wachsende evangelische Gemeinde jedoch viel zu klein wurde, ließ man sie Ende des 19. Jahrhunderts abreißen, um an ihrer Stelle einen Neubau im neoromanischen Stil errichten zu lassen. Das neue Gotteshaus wurde teilweise auf den Grundmauern ihres Vorgängers erbaut. Architekt der 1890 fertiggestellten Michaelskirche war Christian Friedrich Leins, der bereits die Villa Berg entwarf.

Nur wenige Schritte weiter geradeaus, die Kirche zu unserer Linken, treffen wir auf den Agnes-Kneher-Platz und sehen eine alte Scheune vor uns.

9. Agnes-Kneher-Platz

Der Degerlocher Festplatz wurde nach Agnes Kneher benannt, die 1951 den Degerlocher Frauenkreis gründete. Die alte Doppelscheuer vor uns ist Überbleibsel eines barocken Gehöfts und wurde im Jahr 1737 errichtet. Die modernisierte Scheune kann heute für Veranstaltungen verschiedenster Art gemietet werden. Linker Hand öffnet sich der Platz zur Filderschule. Sie wurde 1914 fertiggestellt. In dem Jahr also, in dem der Erste Weltkrieg ausbrach. Aufgrund dessen benötigte man das Gebäude zunächst für die Unterbringung von Soldaten, erst vier Jahre später konnte es als Schulhaus dienen.

Wir **verlassen den Platz nun, die Schule und den Kirchturm im Rücken. Weiter geradeaus geht die Große Falterstraße in die Epplestraße** – die Haupteinkaufstraße Degerlochs – über. Wenige Meter weiter biegen wir nun **rechts in die Löwenstraße** ein und folgen dieser, bis sie die Erwin-Bälz-Straße kreuzt. Wir steuern hier das Haus Löwenstraße 86 auf der rechten Straßenseite an.

10. Theodor-Heuss-Wohnung Löwenstraße 86

Im September 1945 wurde Theodor Heuss zum „Kultminister" des neu gegründeten Bundeslands Württemberg-Baden ernannt. Zu dieser Zeit lebte er gemeinsam mit seiner Frau Elly Heuss-Knapp – die ebenfalls dem Landtag angehörte – im Erdgeschoss dieses Hauses.
1949 wurde Heuss zum ersten Bundespräsidenten der Bundesrepublik Deutschland gewählt, was einen Umzug des Ehepaares in die Bundeshauptstadt Bonn mit sich brachte. Ihre letzte Ruhestätte befindet sich ebenfalls in Degerloch auf dem Waldfriedhof.

Von Heuss' Wohnhaus kehren wir **zurück zur Erwin-Bälz-Straße und biegen in diese rechts ein**. Sie endet kurz darauf an der **Felix-Dahn-Straße, der wir nach links folgen.** An der nächsten Kreuzung schwenken wir **rechts in die Karl-Pfaff-Straße** ein und sehen kurz darauf rechter Hand eine kleine Kirche.

11. Kirche Mariä Himmelfahrt

Bis Anfang des 20. Jahrhunderts gehörte die katholische Gemeinde Degerlochs zur Kirche St. Maria in Stuttgart-Süd. Ab 1911 veranstalteten die Gläubigen in einem frei stehenden Holzhaus in Degerloch regelmäßige Gottesdienste. Pläne für einen eigenen Kirchenbau verzögerten sich durch den Ersten Weltkrieg. 1927 war es dann so weit – die Kirche Mariä Himmelfahrt konnte hier am Rande des Alten Friedhofs eingeweiht werden. Die erste Beisetzung fand bereits 1868 statt. Den rund einen Hektar großen Gottesacker mit über 1.100 Grabfeldern können wir über die Jahnstraße betreten.

Die Karl-Pfaff-Straße trifft nun auf die **Jahnstraße. Dieser folgen wir nach links**, bis wir abermals die Epplestraße erreichen. An der Straßenkreuzung sehen wir als erstes Gebäude an der Epplestraße ein altes Fachwerkhaus – unser letztes Ziel auf unserem Spaziergang durch Degerloch.

12. Gasthaus Ritter

Dieses Gasthaus aus der zweiten Hälfte des 18. Jahrhunderts hat Geschichte geschrieben. In seinen vier Wänden wurde am 22. April 1945 die Stadt Stuttgart, einen Tag nach dem Einmarsch der Alliierten im Stadtteil Plieningen, an die Franzosen übergeben. Einen Monat später übernahmen die Amerikaner die Besatzung Stuttgarts und machten das Gasthaus zu ihrer ersten Kommandozentrale in der Stadt. Aus diesem Grund wurde das Fachwerkhaus später zum Kulturdenkmal erklärt. Das kunstvolle Wirtshausschild gab der Ritterwirt 1868 in Auftrag, da dies ein besonders segensreiches Weinjahr gewesen war.

Präsentiert von:

GEHEIMTIPP STUTTGART

Hier lohnt sich ein Besuch!

Schimmelhüttenweg

Von Degerloch hinunter nach Heslach im Stuttgarter Süden verläuft der Schimmelhüttenweg. Er führt uns durch Weinberge und Schrebergärten, mit Blick auf bewaldete Hügel. Der urige, gepflasterte Weg ist ein perfekter Ausklang dieses Spaziergangs.

Bei Elsaweg 35

Zahnradbahn/Alte Weinsteige

Seit 1884 gibt es die Zahnradbahn, die Degerloch mit dem Marienplatz verbindet. Eine Fahrt mit dieser tollen Aussichtsbahn ist ein Erlebnis. Sie folgt auf ihrer Strecke dem größten Teil der Alten Weinsteige. Diese kann natürlich auch hinunter spaziert werden. Auch hierbei bieten sich wunderbare Ausblicke hinunter in den Talkessel. Der kleine Santiago-de-Chile-Platz bietet hierbei einen der besten Aussichtpunkte.

Bopserwald

Durch den Bopserwald – mit seinen Grillstellen und Rastplätzen – gelangen wir zum Aussichtspunkt Schillereiche – wo der Dichter sein Werk „Die Räuber" vorgetragen haben soll – und zum Weißenburgpark mit dem Teehaus.

Hohenheimer Straße 112/Teehaus
www.teehaus-stuttgart.de

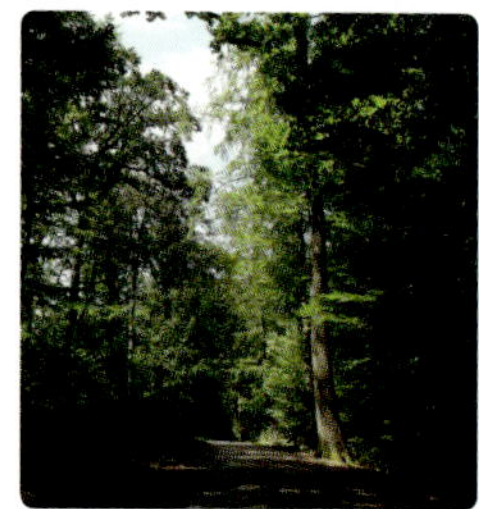

Gastronomie

Pier 51

(Amerikanische Küche)

Löffelstraße 22
pier51-stuttgart.de

Patricias Eisdiele

(Eisdiele)

Epplestraße 13
patricias-eisdiele.de

Lilavadee

(Thailändische Küche)

Reutlinger Straße 1
lilavadee.de

So reisen Sie weiter

Direkt beim Gasthaus Ritter befindet sich die Stadtbahnhaltestelle **Degerloch**. Von hier fährt auch die Zahnradbahn ab.

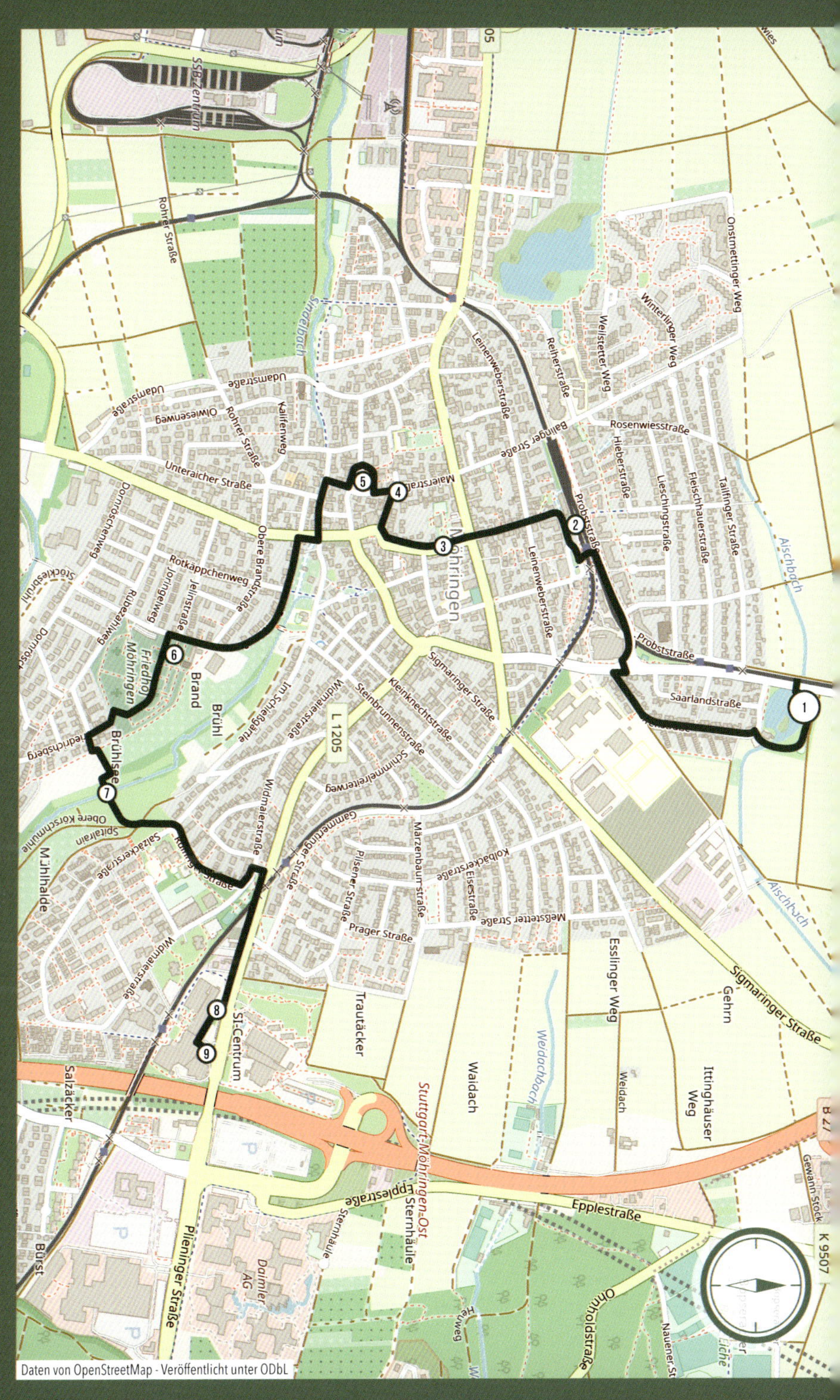
Daten von OpenStreetMap - Veröffentlicht unter ODbL

DURCH MÖHRINGEN

Auf den Fildern

Stadtbezirk Möhringen

Fläche:	1.504 Hektar
Einwohnerzahl:	31.100
Erstmals namentlich erwähnt:	Um das Jahr 1100 als „Moringen"
Eingemeindung nach Stuttgart:	1942
Namensherkunft:	Benannt nach dem Sippenführer Moro. Die Namensendung auf „ingen" weist auf eine ehemalige alamannische Siedlung hin

 ca. 4,5 km

 ca. 80 Minuten (reiner Fußweg)

 **Riedsee**

U5, U6, U8, U12 – Riedsee

1. Riedsee

Unsere Tour durch Möhringen beginnen wir auf der Terrasse an der Rembrandtstraße, mit Blick über den kleinen Riedsee. Vom Aischbach gespeist, wurde dieses beschauliche Gewässer Ende des 19. Jahrhunderts künstlich angelegt, um daraus Eis für die Brauerei Karl Widmaier zu gewinnen. Dazu wurde während der Winterzeit das Eis des Sees abgetragen und konnte dann in den Kellern der Brauerei bis in den Sommer hinein gelagert werden. Der zweite bekannte See Möhringens ist der größere Probstsee. Dieser entstand durch die Stilllegung einer Lehmgrube, die sich schließlich mit Regenwasser füllte.

Von der Terrasse folgen wir nun dem **Weg linker Hand um den See herum.** Über eine kleine Brücke gehend, treffen wir dann auf die **Elfenstraße, der wir nach links weiter folgen**. An ihrem Ende erreichen wir wieder die **Rembrandtstraße und überqueren diese am Zebrastreifen zu unserer Rechten**. Wir gehen hier nun **nach rechts über eine Brücke und folgen dann der Probststraße** bergab. Nach circa 200 Metern **überqueren wir zu unserer Linken die Bahngleise.** Wir haben nun den **Filderbahnplatz erreicht, biegen hier nach rechts ab** und sehen nach wenigen Metern auf der rechten Seite unser nächstes Ziel.

2. Bahnhof Möhringen

Der erste Möhringer Bahnhof wurde von der eigenständigen Filderbahn-Gesellschaft betrieben und befand sich ab 1888 noch 300 Meter weiter östlich an der Rembrandtstraße. Damals fuhren noch dampfbetriebene Straßenbahnen von Degerloch kommend in Richtung Hohenheim ein. Als 1903 der Bahnhof hier vor uns fertiggestellt wurde, stellte man zeitgleich den Betrieb auf elektrische Bahnen um. Heute wird die Haltestelle von fünf Stadtbahnlinien bedient und ist, auch durch den Anschluss an mehrere Buslinien, ein wichtiger Umsteigebahnhof im Netz der SSB.

Wir gehen nun weiter **geradeaus über den Filderbahnplatz** und biegen dann **links in die Filderbahnstraße** ein. Dieser folgen wir geradeaus weiter, **überqueren die Vaihinger Straße an der Ampel** und sehen wenige Schritte später zu unserer Rechten ein Fachwerktor, durch das wir nun gehen.

3. Spitalhof

Wir stehen nun im Spitalhof. Das Haupthaus wurde 1469 durch das Esslinger Katharinenhospital erbaut. Im Laufe der Zeit entstanden ringsum eine Kelter, eine Scheune und Stallungen. Den entstandenen Hof betrat man ab Ende des 16. Jahrhunderts durch das Spitaltor. Die Zeit überdauerten nur das Tor und das Haupthaus, das nach dem Zweiten Weltkrieg ebenfalls teilweise abgerissen werden musste. Im entstandenen Neubau, der die alte Fachwerkfassade trägt, befinden sich nun das Heimatmuseum Möhringen und die Stadtteilbibliothek.

Wir verlassen den Hof wieder durch das Tor und biegen gleich **rechts in die Filderbahnstraße** ein. **Diese knickt nach circa 150 Metern rechts ab** und endet direkt vor unserem nächsten Halt.

4. Bezirksrathaus

Das einstige Bauerndorf Möhringen war rund 500 Jahre lang Gemeinde des Oberamts Esslingen und stand unter dessen Herrschaft. Nach den Napoleonischen Kriegen gingen Esslingen und damit auch Möhringen an das Herzogtum Württemberg über. Die Einwohner feierten ausgelassen ihre Unabhängigkeit und erbauten 1836 ihr eigenes Rathaus im klassizistischen Baustil. Von da an regierte sich das Örtchen selbst, wurde jedoch bereits 100 Jahre später nach Stuttgart eingemeindet. Das Rathaus wurde im Zuge dessen zum Bezirksamt umfunktioniert.

Vor dem Bezirksrathaus stehend, **gehen wir nun nach links, um nach wenigen Metern gleich rechts einzubiegen**. Vor uns sehen wir **eine Kirche, die wir zur Hälfte umrunden**, um am Kirchenportal Halt zu machen.

5. Martinskirche

Die evangelische Martinskirche in ihrer heutigen, äußerlich neugotischen Form entstand Mitte des 19. Jahrhunderts. Hierfür baute man eine kleinere romanische Kirche aus dem 15. Jahrhundert zur dreischiffigen Basilika um. Das von den Möhringern liebevoll „Filderdom" genannte Gotteshaus wurde im Zweiten Weltkrieg fast vollständig zerstört. Lediglich der 63 Meter hohe Turm und der Chor blieben weitgehend unbeschadet. Die Kirche konnte – in vereinfachter Form wieder aufgebaut – bereits vier Jahre nach Kriegsende neu eingeweiht werden.

Wir **umrunden nun die andere Hälfte der Kirche** und **biegen bei der ersten Möglichkeit rechts ab**, wo uns eine kurze Straße bergab führt. Diese endet an der **Pezoldstraße, in die wir links einschwenken**. Wenig weiter treffen wir auf die **Hechinger Straße, überqueren diese und folgen ihr nach rechts** (Vorsicht, hier gibt es keinen Fußgängerüberweg!). Kurz darauf biegen wir **links in die Untere Brandstraße** ein. Dieser folgen wir, bis sie in einen Fußgängerweg übergeht und schließlich an einer T-Kreuzung endet. Im weiteren Verlauf heißt die Straße nun **Schneewittchenweg, dem wir einige Meter geradeaus weiter folgen** und dann **links durch ein Tor** einen Friedhof betreten.

6. Friedhof Möhringen

Der Möhringer Friedhof wurde 1907 eröffnet. Er wuchs, gemeinsam mit der Einwohnerzahl, von zunächst einem Hektar auf heute über vier Hektar heran und verfügt damit über mehr als 4.400 Grabstellen. Komplett belegt werden diese wohl nie sein, da auch die Möhringer immer häufiger ein platzsparendes Urnen-, Rasen- oder Baumgrab bevorzugen. Gleich beim Betreten des Friedhofs treffen wir auf dem Hauptweg auf ein Kriegerdenkmal aus dem Jahr 1923, das zu Ehren der im Ersten Weltkrieg gefallenen Einwohner Möhringens errichtet wurde.

Wenn wir nun über den Friedhof gehen, steuern wir den Ausgang gegenüber an. Dabei folgen wir zunächst dem **Hauptweg geradeaus und halten uns dann mehr rechts**. Den Friedhof verlassen wir nun an der **Straße Friedrichsberg, der wir einige Meter folgen**, um dann **links in den schmalen Rübezahlweg** einzuschwenken. Dieser führt uns bergab und endet an einem **Fußweg, in den wir links einbiegen, um wenige Schritte weiter rechter Hand einem weiteren Fußweg bergab** zu folgen. Vorbei an Schrebergärten führt uns dieser auf eine kleine Brücke.

7. Körschtal

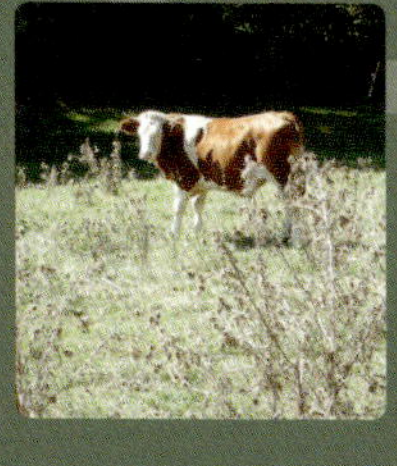

Unter unseren Füßen fließt die Körsch das gleichnamige Tal hinunter. Nach dem Neckar ist sie das zweitlängste Gewässer innerhalb Stuttgarts. Bereits im 14. Jahrhundert befand sich, den Bachlauf weiter hinunter, eine Mühle, die dort seit dem 13. Jahrhundert stand. Diese ging später in den Besitz des Spitalhofs über, der sie als Bannmühle betrieb. Dies bedeutete, dass dort laut Gesetz alle Möhringer und Vaihinger ihr Korn mahlen lassen mussten. Wer Glück hat, der kann hier, mitten im Ort und doch in der Natur, sogar Pferde und Kühe beim Weiden beobachten.

Dem Weg nun in einem Linksbogen weiter bergauf folgend, treffen wir am oberen Ende auf die **Straßenkreuzung Salzäcker- und Rulfinger Straße. Letzterer folgen wir nun geradeaus**, bis sie an der **Widmaierstraße endet, in die wir links einschwenken** und ihr ein paar Meter folgen. An der nächsten **Kreuzung biegen wir nun rechts ab** und treffen so auf die **Plieninger Straße. Dieser folgen wir nach rechts** für circa 300 Meter und sehen schließlich zu unserer Rechten unseren nächsten Haltepunkt.

8. Spielbank Stuttgart

Bei der Eröffnung des Unterhaltungskomplexes SI-Centrum bestand dieses aus einem Hotel, einem Gastronomiebereich und einem Musical-Theater. In den folgenden zwei Jahren wurde der Komplex zunächst um ein Wellnessbad und 1996 um die Spielbank Stuttgart erweitert. Das Casino bietet seinen Gästen neben Glücksspielklassikern wie Black Jack, Roulette, Poker, Baccara und Punto Banco über 200 Spielautomaten. Die Spielbank Stuttgart gehört zu den größten der über 60 Spielbanken in Deutschland und befindet sich im Besitz des Landes Baden-Württemberg.

Vor dem Eingang der Spielbank stehend, gehen wir nun **linker Hand den überdachten Gang weiter geradeaus**, bis der Fußweg nach **links abknickt** und wir direkt vor dem gläsernen Eingangsbereich des Apollo-Theaters stehen. Hier, im SI-Centrum, endet nun auch unser Spaziergang durch den Bezirk Möhringen.

9. Apollo-Theater

Drei Jahre nach der Eröffnung des SI-Centrums wurde auf der gegenüberliegenden Straßenseite ein Erweiterungsbau mit einem zweiten Musical-Theater, einem Kinokomplex und Themenrestaurants fertiggestellt. Stuttgart ist heute nach Hamburg der zweitwichtigste Musical-Standort Deutschlands. Das Apollo- und Palladium-Theater gehören mit ihren jeweils 1.800 Plätzen ebenfalls zu den größten Musical-Spielstätten im deutschsprachigen Raum. Der Name des Erlebniscenters leitet sich übrigens von dem Hotel Stuttgart International ab, das sich hier seit den 1960er-Jahren befand.

WIE GEHT ES WEITER?

Präsentiert von:

GEHEIMTIPP STUTTGART

Hier lohnt sich ein Besuch!

Heimatmuseum Möhringen

Das 1934 durch eine Bürgerinitiative gegründete Heimatmuseum zeigt uns die Vor- und Frühgeschichte des Filderorts und natürlich die Geschichte Möhringens selbst. Von alten Stadtansichten über Exponate aus der Textilherstellung und aus der Landwirtschaft bietet das kleine Museum einen spannenden Ausstellungsmix.

Filderbahnstraße 29
www.stadtpalais-stuttgart.de/heimatmuseum-moehringen

Deutsches Landwirtschaftsmuseum

Wer die Geschichte des Ackerbaus von den ersten, sehr einfachen Geräten bis zu den modernsten Geräten der Agrartechnik bestaunen möchte, der ist hier goldrichtig. Seit 1818 wird an der Universität Hohenheim gesammelt, die erste Ausstellung der Landwirtschaftsgeräte fand 1832 statt. Neben der Ausstellung alter Traktoren und historischer Dampfpflüge werden beispielsweise die Flachs- und Milchverarbeitung thematisiert.

Haus I Garbenstraße 9a – Haus II Filderhauptstraße 179
www.dlm-hohenheim.de

Körschtal

Wir haben bisher nur einen kleinen Teil des Körschtals gesehen. Dieses zieht sich noch viele Kilometer weiter bis nach Esslingen und Deizisau, wo die Körsch schließlich in den Neckar fließt. Von hier lohnt sich ein Spaziergang entlang der Körsch im Grünen weiter bis Plieningen.

Gastronomie

The New Grace
(Bar)

Plieninger Straße 100
the-new-grace.de

The Dubliner
(Irish Pub)

Plieninger Straße 100
SI-Centrum - Apollo Bereich
Si-centrum.de/irish-pub-dubliner

Braustube Schloßturm
(Bayrische Küche / Schwäbische Küche)

Plieninger Straße 109
SI-Centrum - Palladium Bereich
schlossturm-stuttgart.com

So reisen Sie weiter

Wenn wir das SI-Centrum rechts neben dem Apollo-Theater durchqueren, gelangen wir zur Stadtbahnhaltestelle **Salzäcker**.

Korntaler Weg
Korntaler Weg
Hirschsprungallee
Feuerbacher Höhenweg
Gaizen
Oberer Grund
Leobener Straße
Strecke für Versuchsfahrzeuge
Bertastraße
Adolfstraße
Theodorstraße
Siegelbergstraße
Coperion
Wernerstraße
Siemensstraße
K 9501
Bosch - Standort Feuerbach
Karl-Munz-Weg
Im Gaizen
P75
Leobener Straße
Am Boschwerk
Siemensstraße
Linzer Straße
Fichtelbergstraße
Heiligenbergstraße
Bubenhaldenstraße
Neuffenstraße
Linzer Straße
B 295
Bludenzer Straße
Wiener Straße
Stuttgart-Feuerbach
Feuerbach
Sankt-Pöltener-Straße
Wachaustraße
Feuerbacher Tunnel
Salzburger Straße
Im Kappelfeld
Oswald-Hesse-Straße
Artusweg
Stuttgarter Straße
Elsenhansstraße
Wiener Straße
Langhansstraße
Sandäckerstraße
Kapfenburgstraße
Happoldstraße
Fahrionstraße
Höhenfreibad Killesberg
Burghaldenweg
Schenkensteinstraße
Zavelsteinstraße
Merzenstraße
Rechtensteinstraße
Leibiweg
Baumeisterweg
Fleckenweinberg
Killesberg 417 m
Lenbachstraße
Dieterlestraße
Burgherrenstraße
Feuerbach
Feuerbacher-Tal-Straße
Merzenstraße
Burgherrenstraße
Fleckenweinberg
Spitzwegstraße
Menzelstraße
Friedhof Feuerbach
Holbeinweg
Grüne Fuge
1
2
3
4
5
6
7
8
9
10
11
12
13
14
Daten von OpenStreetMap · Veröffentlicht unter ODbL

DURCH FEUERBACH

Im Feuerbacher Tal

Stadtbezirk Feuerbach	
Fläche:	1.150 Hektar
Einwohnerzahl:	29.500
Erstmals namentlich erwähnt:	Im Jahr 1075 als „Biberbach“
Eingemeindung nach Stuttgart:	1933
Namensherkunft:	Der Ort war nach dem Bach benannt worden, an dem er gegründet wurde. Zunächst „Biberbach“, hieß das Örtchen später „Fürbach“. Hieraus entwickelte sich im 16. Jahrhundert der Name Feuerbach.

 ca. 3,5 km

 ca. 70 Minuten (reiner Fußweg)

 **Wiener Platz**
Busbahnhof Feuerbach
U6, U13 – Feuerbach
S4, S5, S6/60 – Feuerbach

1. Winkelturm

Etwas seltsam sieht das Bauwerk schon aus, an dem wir unsere Tour durch Feuerbach starten. Aufgrund seiner eigenartigen Form wird der Hochbunker von den Einheimischen auch „Spitzbunker" genannt. Sein eigentlicher Name ist jedoch Winkelturm, da er 1939 nach Plänen von Leo Winkel erbaut wurde. Die Idee dahinter: Bei einem Luftangriff sollten die Bomben am spitzen Dach abgleiten und erst am Boden detonieren. Der Winkelturm konnte bei Bombardements im Zweiten Weltkrieg über 300 Menschen Schutz bieten. Heute beherbergt er ein Museum, das den Luftschutz von 1933 bis 1945 thematisiert.

Vor dem Winkelturm stehend, gehen wir nun **nach rechts hinüber zum Feuerbacher Bahnhofsgebäude**.

2. Feuerbacher Bahnhof

Jeden Tag halten am Bahnhof Feuerbach über 300 Bahnen, und mehr als 20.000 Menschen steigen an den Gleisen zu, aus oder um. 1846 hielt hier, einen Kilometer vom alten Ortskern entfernt, zum ersten Mal ein Zug. Damit ist dies einer der ältesten Bahnhöfe Württembergs. Feuerbach entwickelte sich in den folgenden Jahrzehnten zu einem bedeutenden Industriestandort, und der ursprüngliche Bahnhof wurde schnell zu klein. 1909 ersetzte dann das aktuelle Empfangsgebäude im Biedermeierstil den Vorgängerbau direkt nebenan. Die Bahngleise im ersten Geschoss anzusiedeln, war dabei ein Novum in Württemberg.

Gegenüber dem Haupteingang des Bahnhofs überqueren wir am Bahnübergang die Stadtbahngleise und sehen dann sofort rechts vor uns ein einstöckiges rotes Gebäude.

3. Tief- und Einmannbunker

Das niedrige rote Gebäude ist der Zugang zu einem Tiefbunker, der 1940 erbaut wurde und circa 2.500 Menschen fassen konnte. Der Schutzraum, der sich direkt unter der Stadtbahnhaltestelle befindet, ist ebenfalls Teil des Bunker-Museums. Direkt neben dem Eingangsgebäude sehen wir eine mannshohe Betonkapsel. Hierbei handelt es sich um einen Einmannbunker, auch Splitterschutzzelle genannt. Solch eine kleine Kapsel stand ursprünglich nur etwa 50 Meter entfernt auf dem Gelände der Firma Schoch. Dieser Einmannbunker wurde jedoch aus Reutlingen hierher gebracht.

Wir folgen nun dem **Fußweg nach links** weiter, der dann in einem **Rechtsbogen durch eine Grünfläche** führt, sodass wir auf die **Stuttgarter Straße treffen, in die wir rechts einbiegen**. An der Straßenkreuzung zur Dornbirner Straße sehen wir dann rechter Hand eine Kirche.

4. Kirche St. Maria Himmelfahrt

Kaum zu glauben, dass dieses Gotteshaus erst 1997, nach siebenjähriger Bauzeit, geweiht wurde. Das neobarocke Äußere und innere Erscheinungsbild sind wohl der Gesinnung der Bauherren geschuldet. Die Kirche St. Maria Himmelfahrt ist Sitz des deutschen Distrikts der Priesterbruderschaft St. Pius X., der sogenannten Piusbruderschaft, einer Vereinigung katholischer Traditionalisten. Gottesdienste werden daher auf Lateinisch gehalten.

Von der Kirche kehren wir **an die Stuttgarter Straße zurück und überqueren diese an der Ampel** zu unserer Linken. Auf der **anderen Straßenseite gehen wir nun nach rechts**, bis sich nach wenigen Metern zu unserer Linken ein Platz öffnet.

5. Roserplatz

Auf dem weitläufigen Platz befand sich ab 1872 die Lederfabrik C. F. Roser. Nach dem Zweiten Weltkrieg mauserte sich die Firma zu einem der führenden Lederhersteller für die Automobil- und Möbelbranche und war nach Bosch der größte Arbeitgeber in Feuerbach. 1994 wurde der Betrieb schließlich eingestellt. Zwei Gebäude blieben auch nach dem Umbau des Areals erhalten – das ehemalige Verwaltungsgebäude linker Hand und ein Maschinenhaus im hinteren Bereich des Platzes. Entworfen hat sie Paul Bonatz – Architekt des Stuttgarter Hauptbahnhofs.

Vom Roserplatz kehren wir **an die Stuttgarter Straße zurück und folgen dieser weiter nach links**.

Rechts neben uns sehen wir nun einen Wasserlauf. Hierbei handelt es sich um den Feuerbach, der einst die Lebensader des gleichnamigen Ortes war. Bereits seit 1910 fließt er nahezu komplett unterirdisch durch den Ortskern.

An der zweiten Straßenkreuzung biegen wir **links in die Leobener Straße** ein, die uns auf die **Oswald-Hesse-Straße führt, in die wir rechts einschwenken**. Nach wenigen Schritten erreichen wir rechter Hand die Kirche St. Josef.

6. Kirche St. Josef

1895 wurde die erste katholische Kirche Feuerbachs seit der Reformation eingeweiht. Da die katholische Gemeinde rasch wuchs, war dieses Kirchlein – das Oratorium genannt wurde – schnell zu klein geworden. Daher ließ man in direkter Nachbarschaft die Kirche St. Josef errichten, die 1934 geweiht werden konnte. Auch zahlreiche SA-Männer wohnten der Eröffnung bei. Das alte Oratorium wurde im Zweiten Weltkrieg durch eine Sprengbombe zerstört, St. Josef jedoch blieb unversehrt.

Wir gehen nun weiter geradeaus, bis wir auf einen **Kreisverkehr treffen. Um diesen gehen wir am Zebrastreifen zu unserer Rechten herum** und weiter die **Oswald-Hesse-Straße geradeaus**, die dann ihren Namen in Dieterlestraße ändert. Wenige Meter weiter sehen wir rechts das Bärenstäffele.

Im Haus Dieterlestraße 16 lebte von 1935 bis 1952 der Kinderbuchautor Eric Carle, der an der Stuttgarter Akademie der bildenden Künste studierte. Er wanderte später in die USA aus und erfand dort 1969 die „Kleine Raupe Nimmersatt".

Wir steigen nun das **Bärenstäffele hinauf** und biegen oben angekommen **links in die Forsthausstraße** ein. Nur wenige Schritte weiter erreichen wir so zu unserer Rechten die Stadtkirche.

7. Stadtkirche St. Mauritius

Das evangelische, dem heiligen St. Mauritius geweihte Gotteshaus ist die älteste Kirche Feuerbachs und bildet das Zentrum des alten Ortskerns. Der Kirchturm stammt noch vom ursprünglichen Kirchenbau aus dem 15. Jahrhundert. Seine barocke Haube erhielt er Ende des 18. Jahrhunderts, als auch der Rest der Kirche in seiner heutigen, äußerlich gotischen Form erbaut wurde. Im Dreißigjährigen Krieg wurde sie zur Wehrkirche ausgebaut und war komplett von Mauern umgeben. Nach der Zerstörung im Zweiten Weltkrieg wurde das Gotteshaus vereinfacht wieder aufgebaut.

Von der Kirche gehen wir **zurück an die Forsthausstraße und folgen dieser links** bergab, wo sie zur Mühlstraße wird. Eine Treppe hinuntersteigend gehen wir weiter **geradeaus die Haffnerstraße entlang** und biegen dort wenige Schritte weiter nach **links auf den Rudolf-Gehring-Platz** ein.

8. Kelter

Bereits im 16. Jahrhundert gab es in Feuerbach eine Kelter, die im Besitz der Württemberger Grafen war. Da diese schließlich zu klein geworden war, ließ man 1789 die heutige Kelter erbauen. Das verhältnismäßig hohe Dach war notwendig, um die extrem großen Weinpressen unterbringen zu können. Den Rudolf-Gehring-Platz in seiner heutigen Form und Größe gibt es erst seit dem Ende des Zweiten Weltkrieges. Noch bis 1944 befand sich neben der Kelter an der Klagenfurter Straße das Alte Rathaus aus dem 18. Jahrhundert, das den Bombardements zum Opfer fiel.

Entlang der Kelter überqueren wir nun den Rudolf-Gehring-Platz und treffen dann auf die **Klagenfurter Straße, in die wir links einbiegen**. Kurz darauf treffen wir wieder auf die **Stuttgarter Straße, die wir zunächst an der Ampel zu unserer Linken überqueren und der wir dann nach links** ein paar Meter weiter folgen, bevor wir **rechts in die Linzer Straße** einschwenken. Nach wenigen Schritten betreten wir über eine Treppe auf der linken Seite eine Grünfläche.

9.Alter Friedhof

Die Parkanlage, in der wir uns nun befinden, war einst ein Friedhof. Als das erste Gräberfeld bei der Stadtkirche nicht mehr erweitert werden konnte, entstand 1619 an diesem Ort ein neuer Gottesacker. Als der Ortskern Feuerbachs immer weiter wuchs, legte man außerhalb des Zentrums einen neuen Friedhof an, und dieser hier wurde 1899 aufgelassen. 1915 wurde er zu einer öffentlichen Grünfläche umgestaltet. Dabei blieb die alte Friedhofsmauer bis heute erhalten.

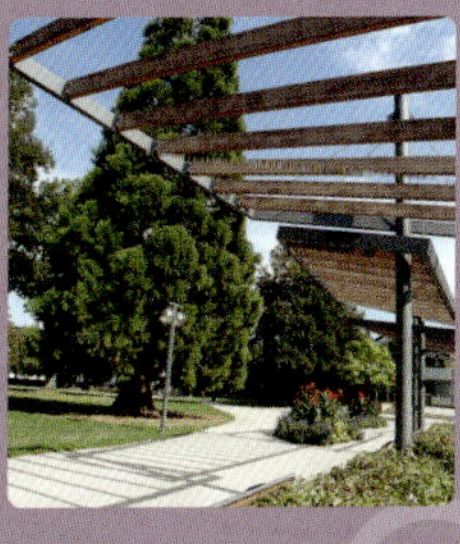

Wir **durchqueren die Grünfläche in einem Linksbogen** und verlassen diese nach der Pergola über eine Treppe, die uns wieder an die **Stuttgarter Straße führt. Dieser folgen wir nun nach rechts** für ein paar Meter und sehen dann linker Hand auf der gegenüberliegenden Straßenseite eine Treppenanlage.

10. Eychstaffel

Die schöne Jugendstilstaffel wurde 1915 fertiggestellt. Etwa um das Jahr 500 siedelten sich in Feuerbach die Alamannen an. Ihre Begräbnisstätte befand sich im Bereich oberhalb und unterhalb der Eychstaffel. Auf die Gräber stieß man erstmals zufällig in den 1860er-Jahren und führte in den folgenden Jahrzehnten systematische Grabungen durch. Etwa 160 vorchristliche Gräber wurden bis heute in diesem Bereich entdeckt.

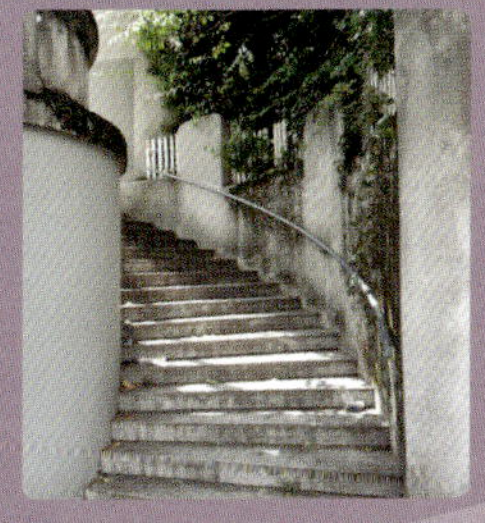

Wir gehen die **Stuttgarter Straße weiter geradeaus**, bis wir zu einer großen Kreuzung gelangen und rechts auf die **Wiener Straße treffen. Diese überqueren wir zunächst an der Ampel zu unserer Rechten** und folgen ihr dann **auf der anderen Straßenseite nach rechts**. Nach einigen Metern sehen wir auf unserer Straßenseite das Haus mit der Nummer 102.

11. Braunes Haus
Wiener Straße 102

Als das „Braune Haus" ist dieses Gebäude noch heute bekannt. Schuld an diesem wenig schmeichelhaften Namen ist die NSDAP-Ortsgruppe Feuerbach-Lemberg, deren Leiter hier sein Büro hatte. Die Hitler-Jugend nutzte die Räumlichkeiten des Hauses ebenso für ihre Treffen wie der örtliche „Bund deutscher Mädel". Vor der „braunen" Geschichte, die hier 1936 begann, war in dem Gebäude ein Zeitschriftenversand ansässig. Heute befindet sich das „Braune Haus" im Besitz der Stadt Stuttgart.

Weiter geht es entlang der Wiener Straße, bis diese die **Linzer Straße kreuzt, in die wir nach links einschwenken**. Nach rund 200 Metern biegen wir nach **rechts in die Steiermärker Straße** ab und wenige Meter weiter abermals **rechts in die Klagenfurter Straße**. Dort sehen wir gleich zu beiden Seiten zwei markante Bauwerke.

12. Festhalle

Feuerbach hatte sich Anfang des 20. Jahrhunderts zu einem der bedeutendsten Industriestandorte Württembergs entwickelt. Daher fand hier 1912 die Gewerbe- und Industrieausstellung statt. Zu diesem Anlass gab die Gemeinde den Bau einer Festhalle in Auftrag, die von Paul Bonatz entworfen wurde. Das Herzstück der Halle ist der Festsaal, mit Bühne und Empore und einer prunkvollen Holzdecke. Da das Gebäude als eine Art Multifunktionshalle geplant wurde – also auch als Turnhalle –, legte man vor der Festhalle eine freie Fläche an.

Leibniz-Gymnasium

Paul Bonatz bekam nicht nur den Auftrag, die neue Festhalle zu entwerfen, sondern auch ein neues Schulgebäude für die Stadt, da die bisherige Realschule aus allen Nähten platzte. Auch dieses wurde 1912 fertiggestellt, diente jedoch zunächst ebenfalls als Ausstellungsfläche für die Gewerbe- und Industrieausstellung. 1913 konnten dann die Schüler das Gebäude beziehen. Mädchen und Jungen wurden hier, in der in den 1920er-Jahren zum Gymnasium umgewandelten Schule, noch bis 1956 getrennt voneinander unterrichtet.

Weiter die Klagenfurter Straße entlang, gelangen wir wieder auf die Wiener Straße. An dieser Kreuzung sehen wir linker Hand ein weiteres Schulgebäude.

13. Bismarckschule

1906 fand die Einweihung der evangelischen Volksschule statt. Das im Historismus erbaute Haus war mit seinen 20 Schulsälen damals die größte Schule Württembergs. Doch selbst hier gab es noch Klassen mit fast 100 Schülern. Aus diesem Grund wurde das Schulhaus im Nachhinein noch einmal aufgestockt. Ihren Namen erhielt die Schule von der Bismarckstraße, wie die Wiener Straße damals noch hieß. Im Ersten Weltkrieg diente die Schule zunächst als Kaserne für 2.000 Soldaten und dann als Lazarett.

Nun biegen wir **links in die Wiener Straße ein**, folgen ihr jedoch nur wenige Meter, bis sich vor uns ein großer Platz auftut. Hier am Wilhelm-Geiger-Platz, vor dem Bezirksrathaus auf der linken Seite, endet nun unser Spaziergang durch den Bezirk Feuerbach.

14. Bezirksrathaus

Die Einwohnerzahl des Örtchens Feuerbach wuchs durch die Industrialisierung enorm an. Mit 12.000 Einwohnern wurde das einstige Dorf 1907 zur Stadt erhoben und erteilte noch im selben Jahr den Auftrag für den Bau eines neuen und größeren Rathauses. Dieses wurde nach nur elfmonatiger Bauzeit 1909 eingeweiht. Vor dem Gebäude, das verschiedene Baustile wie Neoklassizismus und Jugendstil in sich vereint, wurde zur selben Zeit der Biberbrunnen errichtet, der dem Wappentier der Stadt gewidmet ist.

Präsentiert von:

GEHEIMTIPP STUTTGART

Hier lohnt sich ein Besuch!

Höhenpark Killesberg

Der Höhenpark grenzt an den Stadtbezirk Feuerbach. Er wurde zur Reichsgartenschau 1939 auf einem ehemaligen Steinbruch angelegt und ist heute Teil des Grünen U – einer 8 Kilometer langen Grünfläche, von der man bis in die Stuttgarter City spazieren kann. Ein Besuch des Killesbergturms oder eine Fahrt mit der Miniatur-Parkbahn sollte man nicht verpassen.

Bei Lenbachstraße 111

Feuerbacher Höhenweg

Wald, Weinberge und Schrebergärten, das alles findet man am Rande des Feuerbacher Tals. Ein Spaziergang oberhalb der Weinberge bietet herrliche Aussichten auf Feuerbach und führt uns bis zum Steinbruch Kotzenloch.

Weißenhofsiedlung

Auf einer Brachfläche auf dem Killesberg – dem sogenannten Weißenhof – wurde 1927 vom Deutschen Werkbund die Ausstellung „Die Wohnung" veranstaltet. Zu diesem Anlass präsentierten 16 namhafte Architekten wie Mies van der Rohe und Le Corbusier ihre Version moderner Architektur. Die Weißenhofsiedlung gilt heute als eines der einflussreichsten Vorbilder des Neuen Bauens. 2016 wurden 17 Gebäude Le Corbusiers in sieben Ländern zum UNESCO Weltkulturerbe ernannt – darunter das Weissenhofmuseum und das Gebäude Bruckmannweg 2. Hierbei handelt es sich um die erste Welterbestätte Stuttgarts.

Rathenaustraße 1
www.weissenhofmuseum.de

Gastronomie

Da Nello

(Italienische Küche)

Grazer Straße 42
danello.de

Wichtel Hausbrauerei

(Deutsche Küche)

Stuttgarter Straße 21
wichtel.de

So reisen Sie weiter

Direkt auf dem **Wilhelm-Geiger-Platz** befindet sich die gleichnamige Stadtbahnhaltestelle. Weiter die Wiener Straße geradeaus, erreicht man nach circa 800 Metern den Bahnhof **Feuerbach** und damit die S-Bahn-Linien.

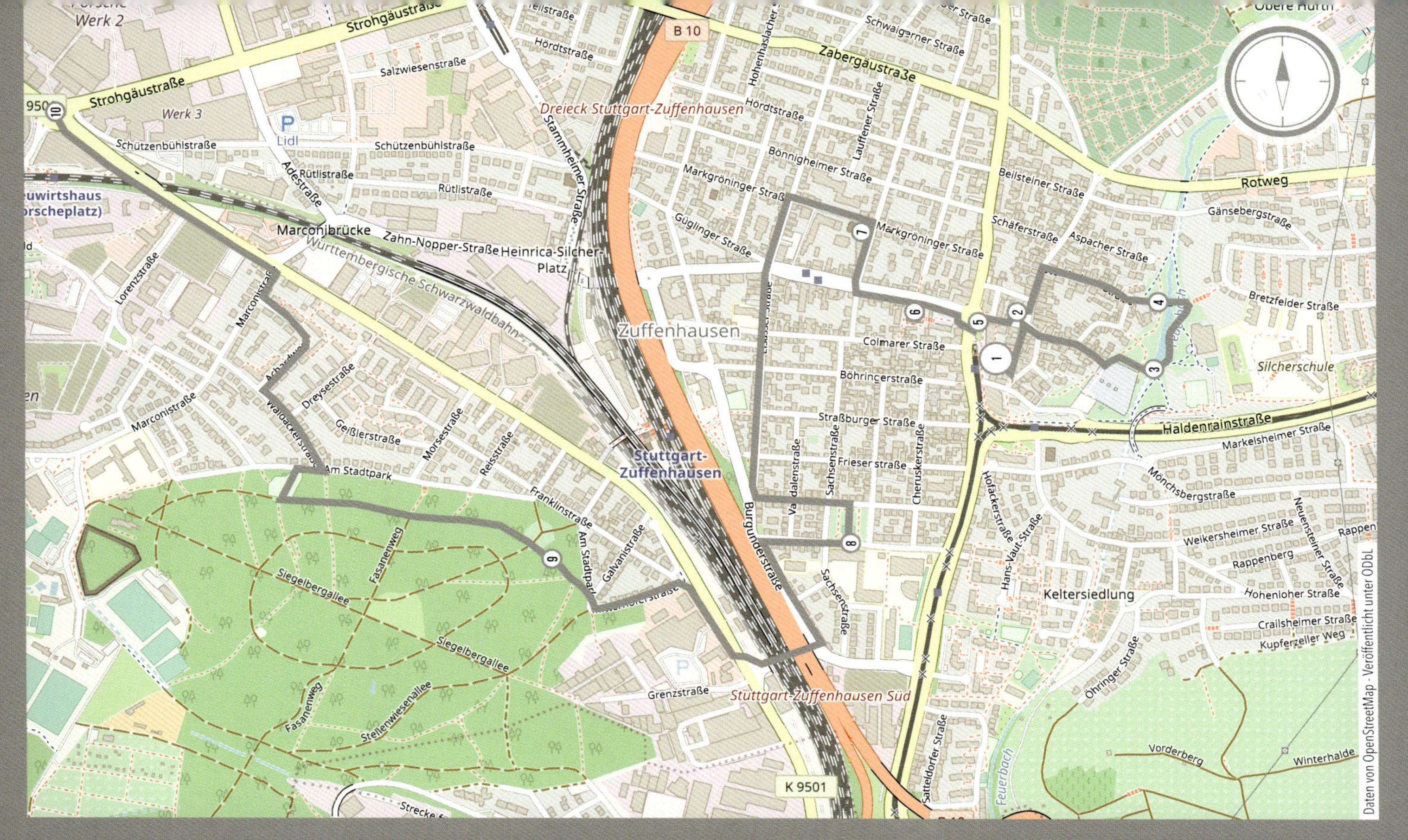

Werk 2
Strohgäustraße
Werk 3
B 10
Schwaigerner Straße
Zabergäustraße
Hördtstraße
Salzwiesenstraße
Dreieck Stuttgart-Zuffenhausen
P
Lidl
Schützenbühlstraße
Rütlistraße
Adestraße
Stammheimer Straße
Hohenhaslacher Straße
Lauffener Straße
Bönnigheimer Straße
Markgröninger Straße
Beilsteiner Straße
Rotweg
Gänsebergstraße
Schäferstraße
Aspacher Straße
Bretzfelder Straße
Marconibrücke
Zahn-Nopper-Straße
Heinrich-Silcher-Platz
Württembergische Schwarzwaldbahn
Güglinger Straße
Lorenzstraße
Marconistraße
Achardweg
Waldäckerstraße
Dreysestraße
Geißlerstraße
Morsestraße
Reisstraße
Zuffenhausen
Colmarer Straße
Böhringerstraße
Silcherschule
Straßburger Straße
Haldenrainstraße
Markelsheimer Straße
Stuttgart-Zuffenhausen
Am Stadtpark
Franklinstraße
Galvanistraße
Burgunderstraße
Vandalenstraße
Sachsenstraße
Frieser Straße
Cheruskerstraße
Hofackerstraße
Hans-Vaut-Straße
Mönchsbergstraße
Weikersheimer Straße
Neuensteiner Straße
Rappenberg
Hohenloher Straße
Keltersiedlung
Crailsheimer Straße
Kupferzeller Weg
Fasanenweg
Siegelbergallee
Stellenwiesenallee
Grenzstraße
Stuttgart-Zuffenhausen Süd
Öhringer Straße
Satteldorfer Straße
Feuerbach
Vorderberg
Winterhalde
K 9501
1
2
3
4
5
6
7
8
9
10
Daten von OpenStreetMap - Veröffentlicht unter ODbL

Durch Zuffenhausen

Im Feuerbacher Tal

Stadtbezirk Zuffenhausen	
Fläche:	1.196 Hektar
Einwohnerzahl:	38.100
Erstmals namentlich erwähnt:	1204 als „Offenhusen“
Eingemeindung nach Stuttgart:	1931
Namensherkunft:	Benannt nach der Heimat des alamannischen Sippenältesten Uffo – „Haus des Uffo“

 ca. 5 km

 ca. 100 Minuten (reiner Fußweg)

 **Zehnthof/Zehntscheuer**
U15 – Zuffenhausen Rathaus
U7 – Zuffenhausen Kelterplatz

1. Zehntscheuer

Wir beginnen unseren Spaziergang durch Zuffenhausen im „Alten Flecken" des Bezirks und stehen nun vor dem Bürgerzentrum. Der Name des Fachwerkbaus weist noch heute auf seine geschichtliche Bedeutung hin. Eine Zehntscheuer wurde hier bereits im 13. Jahrhundert erstmals erwähnt. Das Bauwerk vor uns wurde im 16. Jahrhundert errichtet. Jahrhundertelang holte sich hier der Stuttgarter Chorherrenstift seinen „Zehnten" ab. Dies war eine Art zehnprozentige Naturalsteuer, welche die Bauern in Form von Getreide, Vieh oder Wein an Kirchenmitglieder oder arme Menschen entrichten mussten.

Vom Vorplatz der Zehntscheuer kommend, gehen wir nun nach **links und folgen der Straße Zehnthof** für einige Meter und gehen so direkt auf eine Kirche zu.

2. Johanneskirche

Die Johanneskirche ist Zuffenhausens ältestes Gotteshaus. Bereits im 13. Jahrhundert wurde an dieser Stelle die Hippolytuskirche erwähnt. Doch auch dieser hatte bereits eine um Jahrhunderte ältere Holzkapelle Platz gemacht. Die Kirche erhielt ihr heutiges äußeres Erscheinungsbild größtenteils Mitte des 17. Jahrhunderts. Ihren heutigen Namen Johanneskirche trägt das Gotteshaus erst seit 1901. In seiner langen Geschichte wurde das Bauwerk mehrmals um- und wieder aufgebaut. Dies wurde beispielsweise nach dem Dreißigjährigen Krieg und der fast gänzlichen Zerstörung im Zweiten Weltkrieg nötig.

Vor der Kirche schwenken wir nun nach **rechts in die Bottwarstraße** ein und folgen dieser, bis sie auf einen großen **offenen Platz trifft. Diesen überqueren wir und halten uns dabei links**. Am Ende des Platzes verlassen wir diesen über einen **gepflasterten Weg zu unserer Linken**, der uns an ein Geländer führt, wo wir über dem Portal eines Bachlaufs Halt machen.

3. Feuerbach

Der Bach fließt von Botnang her kommend durch den Bezirk, der diesem seinen Namen verdankt – Feuerbach – und weiter hier durch Zuffenhausen, bis er in Mühlhausen in den Neckar fließt. Einen großen Teil seiner rund 15 Kilometer langen Strecke legt der Bach dabei unterirdisch zurück. Vor allem in den Ortszentren ist er kaum zu sehen. Was vom Bach nicht unter die Erde gelegt wurde, ließ man in den 1930er-Jahren kanalisieren. Auch der Abschnitt vor uns verlief noch bis in die 1980er-Jahre in einem schmalen, steil ansteigenden Kanal. Die Renaturierung des Baches ist seit Jahrzehnten ein wichtiges Projekt in Zuffenhausen.

Über den Weg **rechts entlang des Feuerbachs** setzen wir nun unseren Spaziergang fort. Bei der **nächsten Möglichkeit biegen wir nach links ab, überqueren den Bach** über eine Brücke und gehen **am anderen Ufer weiter geradeaus**. Nach wenigen Schritten sehen wir hier linker Hand ein großes Haus mit Sichtfachwerk.

4. Alte Mühle

Bereits im 14. Jahrhundert stand an dieser Stelle eine Mühle. Nach einem Brand wurde diese 1772 in ihrer aktuellen Form wieder aufgebaut. Das Mühlrad wurde durch das Wasser eines Kanals angetrieben, der vom Feuerbach abzweigte. In den 1920er-Jahren wurde der Antrieb der Mühle jedoch auf Elektrizität umgestellt und der Kanal zugeschüttet. Der Betrieb wurde 1979 schließlich komplett eingestellt. Zuffenhausens älteste Mühle befindet sich heute in Privatbesitz.

Wir gehen nun die **Steinheimer Straße weiter geradeaus**, bis diese an der **Marbacher Straße endet, in die wir links einschwenken**. Wir passieren abermals die Johanneskirche und biegen dann **rechts in die Bottwarstraße** ein, die uns direkt auf einen Kreisverkehr zuführt. Dort sehen wir linker Hand einen Brunnen, der vor dem Bezirksrathaus steht.

5. Bezirksrathaus

Das alte Zuffenhäuser Rathaus befand sich, als das Örtchen noch eigenständig war, direkt vis-à-vis, an der Unterländer Straße, wo wir nun eine Treppenanlage sehen. Dieses war in einem ehemaligen Wirtshaus untergebracht und wurde 1945 im Bombenhagel zerstört. Als Standort für ein neues Bezirksrathaus wählte man das Grundstück des benachbarten Wirtshauses Adler, das ebenfalls abrissreif war. Notdürftig geflickt, hatte die französischen Besatzungstruppen dort vorübergehend ein Bordell angesiedelt. Das neue Bezirksrathaus wurde 1951 eingeweiht, der Mütterbrunnen vor dem Gebäude folgte ein Jahr später.

Am Zebrastreifen gegenüber dem Brunnen überqueren wir nun die Ludwigsburger Straße und folgen dann der **leicht ansteigenden Unterländer Straße weiter geradeaus**, über die wir bereits nach wenigen Metern zu unserer Linken die Pauluskirche erreichen.

6. Pauluskirche

Die wachsende evangelische Gemeinde in Zuffenhausen machte Ende des 19. Jahrhunderts den Bau einer zweiten Kirche nötig. Die Pauluskirche wurde 1903 mit einem großen Festakt eingeweiht. Sogar König Wilhelm II. reiste mit seiner Gattin Charlotte zur Einweihung der Pauluskirche an. Er war vor allem gespannt auf die besondere technische Einrichtung der Kirche: Der elektrische Antrieb der Kirchenglocken war nämlich einer der weltweit ersten. Auch Orgel und Licht wurden elektrisch betrieben und machten den neoromanischen Bau für diese Zeit einzigartig.

Nun geht es noch ein paar Meter weiter die **Unterländer Straße entlang**, **bis wir diese am Zebrastreifen zu unserer Rechten überqueren**, um dort im Anschluss die **Besigheimer Straße bergab** zu gehen. Links taucht nun eine Kirche aus Backstein auf.

8. Robert-Bosch-Schule Hohensteinschule

Die 1930 fertiggestellte Hohensteinschule ist eine Kombination aus konservativem Baustil und dem damals modernen Stil des „Neuen Bauens". Als Sammelschule beherbergte sie eine Volks-, eine Real- und eine Handelsschule. Ein Untermieter war zudem die Gewerbliche Berufsschule im zur Straße hin gelegenen Gebäudeflügel. Die Hohensteinschule wurde zur NS-Zeit in Horst-Wessel-Schule umbenannt, um den SA-Mann zu ehren, der die Hymne der NSDAP verfasst hatte. Nach Kriegsende wurde die Umbenennung wieder rückgängig gemacht. 1954 taufte man dann die Gewerbliche Berufsschule in Robert-Bosch-Schule um.

Vor der Robert-Bosch-Schule stehend, wenden wir uns nach **rechts und folgen der Hohensteinstraße**, bis diese an der **Burgunderstraße endet, in die wir nun links einbiegen**. Kurz darauf erreichen wir **rechter Hand mehrere Ampeln, über die wir die Burgunderstraße überqueren** und dann **unter einer Brücke hindurch** gehen. Wir treffen dann auf die **Schwieberdinger Straße, die wir zunächst an der Ampel rechter Hand überqueren und ihr dann nach rechts, leicht bergauf gehend weiter folgen**. Anschließend biegen wir nach **links in die Mitterhoferstraße** ein, die uns auf einen Wald zuführt, den wir nun über mehrere Wege betreten können. **Wir wählen hier den rechten Waldweg**.

7. St. Antonius

Im protestantischen Zuffenhausen gab es bis zur einsetzenden Industrialisierung in den 1850er-Jahren gerade einmal drei Katholiken. Der Wirtschaftsboom brachte neue Einwohner und ließ auch die Zahl der katholischen Gemeinde, die damals zu Ludwigsburg gehörte, bis Ende des 19. Jahrhunderts auf über 500 ansteigen. Daher entstand mit dem Bau von St. Antonius die erste katholische Kirche Zuffenhausens seit der Reformation. Bevor das neoromanische Gotteshaus 1902 fertiggestellt war, hielten die Katholiken in der benachbarten Rosenschule ihre Gottesdienste ab.

Direkt nach der Kirche biegen wir **links in die Markgröninger Straße** ein und folgen dieser, bis sie die **Kirchtalstraße kreuzt, wo wir links einbiegen**. Wir gelangen so an einen Kreisverkehr zurück an der **Unterländer Straße und überqueren diese am Zebrastreifen zu unserer Linken**. Weiter geht es hier **geradeaus, die Elsässer Straße bergab**, der wir circa 400 Meter folgen. Wir erreichen dann die **Langobardenstraße, in die wir links abbiegen**, wo wir schließlich **rechter Hand eine Grünanlage erreichen, die wir durchqueren** und so auf ein großes Backsteingebäude an der Hohensteinstraße treffen.

9. Stadtpark

Der Stadtpark – der in diesem Bereich zudem den Flurnamen Schelmenwasen trägt – ist Zuffenhausens größtes Naherholungsgebiet. Die Waldfläche zieht sich im Westen bis in den Nachbarbezirk Weilimdorf hinein. Im Park hat sich, neben einigen Sportanlagen und einer Jugendfarm, ein Waldklettergarten angesiedelt, der zur Entdeckungstour in den Baumkronen einlädt. Jogger trifft man hier ebenso zuhauf an, wie Freizeitsportler, die sich durch die Sportgeräte an der Kräftigungsstation fit halten.

Wir **folgen dem Waldweg nun für circa 600 Meter**, bis wir **rechter Hand einen Spielplatz erreichen. Diesen durchqueren wir** und gelangen so an die **Straße Am Stadtpark. In diese schwenken wir nach rechts ein**, um direkt darauf **links in die Waldäckerstraße** abzubiegen. So erreichen wir **rechter Hand den Achardweg, dem wir in einem Linksbogen folgen** und dann auf die **Marconistraße treffen, in die wir rechts einbiegen**. Nur wenige Schritte weiter schwenken wir nach **links auf die Schwieberdinger Straße** ein. Bereits nach ein paar Schritten können wir im Hintergrund schon eine hohe weiße Kunstinstallation sehen und direkt links daneben unser Ziel auf unserem Spaziergang: das Porsche Museum.

10. Porsche Museum

Seit 1937 hat Porsche – gegründet sechs Jahre zuvor – seinen Stammsitz in Zuffenhausen und eröffnete hier in den 1970er-Jahren das erste Porsche Museum auf dem Werksgelände. Das aktuelle futuristische Museumsgebäude bietet seit 2009 den berühmten Sportwagen, inklusive dem ersten Porsche von 1948, und weiteren 5.600 Exponaten eine würdige Ausstellungsfläche. Die Besucher finden hier zudem eine Motorengalerie und eine Museumswerkstatt, bei der die Besucher durch eine Glaswand die Aufbereitung und Reparatur der alten Fahrzeuge mitverfolgen können.

Präsentiert von:

GEHEIMTIPP STUTTGART

Hier lohnt sich ein Besuch!

Stadtpark beim Waldklettergarten

Wir haben den Stadtpark bisher nur gestreift. Es lohnt sich daher ein ausführlicherer Spaziergang in dem ruhigen Waldgebiet. Im Bereich rund um die Sportanlagen findet man zudem mehrere Lokale, wie die Gaststätte Waldheim.

Hirschsprungallee 5
www.waldklettergarten-stuttgart.de

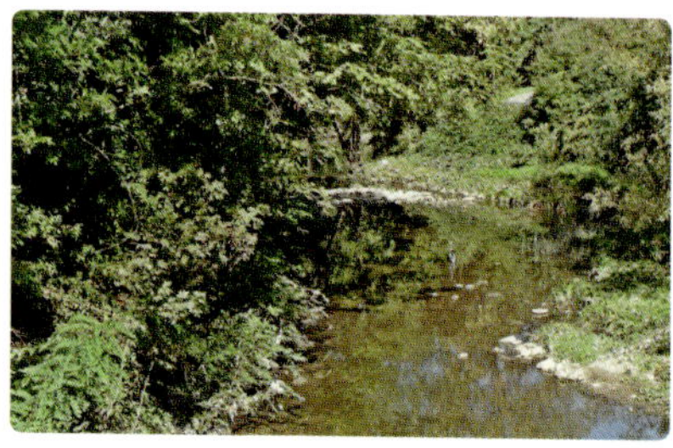

Entlang des Feuerbachs

Außerhalb des Ortskerns von Zuffenhausen fließt der Feuerbach im Grünen bis nach Mühlhausen und dort schließlich in den Neckar. Dieser Weg durch das Feuerbachtal bietet sich für einen weiteren Spaziergang an.

Gastronomie

Beef Burger Brothers
(Amerikanische Küche)

Hohenloher Straße 8
beef-burger-brothers.de

Restaurant Christophorus
(Mediterrane Küche)

Porscheplatz 1
Im Porsche Museum
porsche.com/museum/de/kulinarischesangebot

So reisen Sie weiter

Direkt neben dem Porsche Museum befindet sich die S-Bahn-Haltestelle **Neuwirtshaus (Porscheplatz).** Vor dem Museum an der Schwieberdinger Straße befindet sich die Bushaltestelle **Zuffenhausen/Porsche**, wo zwei Buslinien in Richtung Zuffenhausen-Bahnhof oder zurück ins Ortszentrum verkehren.

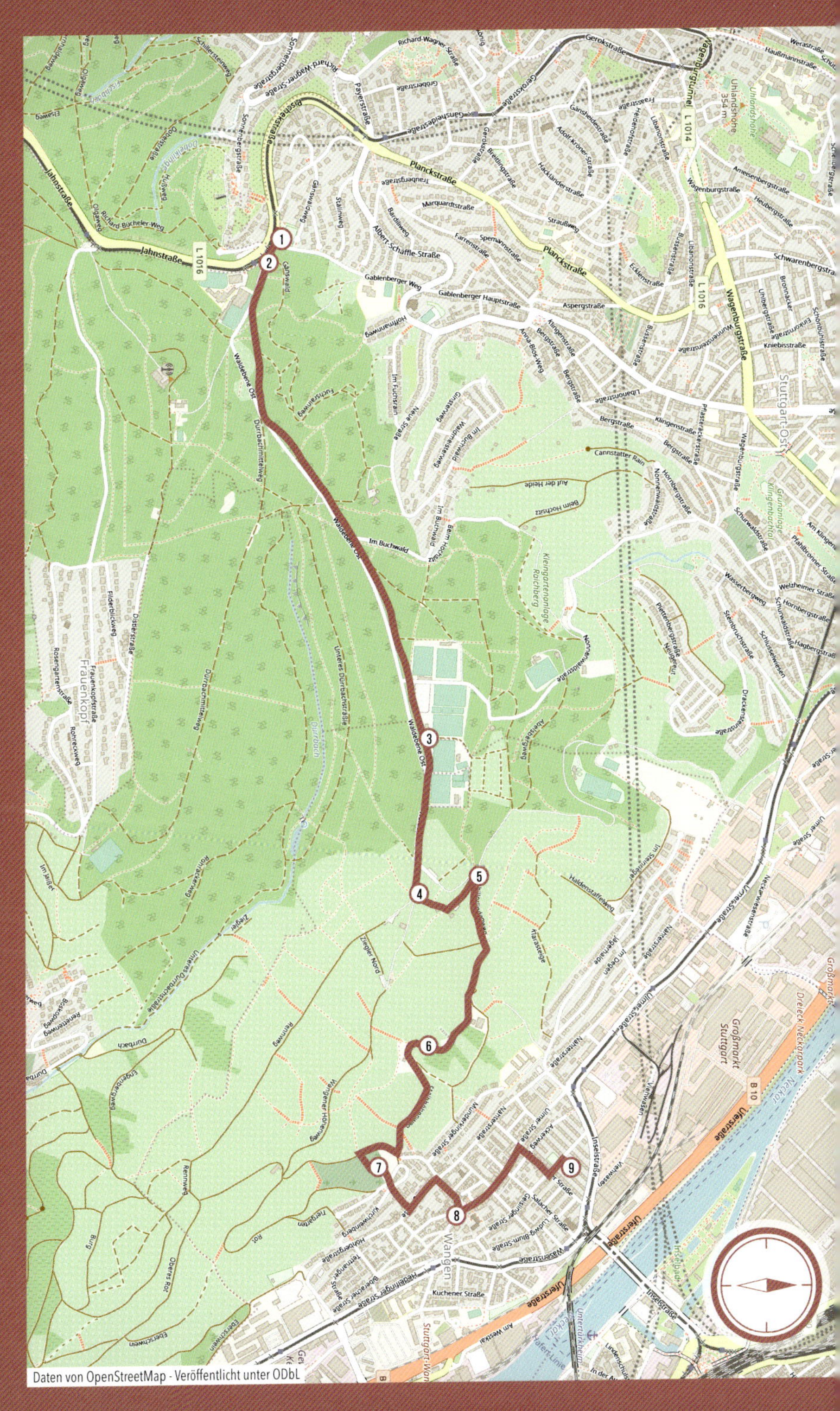
Daten von OpenStreetMap - Veröffentlicht unter ODbL

Von der Geroksruhe auf die Wangener Höhe

Im Grünen

Stadtbezirk Wangen

Fläche:	343 Hektar
Einwohnerzahl:	9.000
Erstmals namentlich erwähnt:	1229
Eingemeindung nach Stuttgart:	1905
Namensherkunft:	„Wangen" ist ein altdeutsches Wort, das „offene (weite) Fläche (Wiese)" bedeutet

 ca. 5 km

 ca. 95 Minuten (reiner Fußweg)

 **Aussichtspunkt Geroksruhe**
U15 – Geroksruhe

1. Aussichtspunkt Geroksruhe

Mit einer herrlichen Aussicht starten wir unsere grüne Tour auf dieser Aussichtsplattform. An diesem Plätzchen, so heißt es, verweilte schon der Stuttgarter Ehrenbürger und Dichter Karl Gerok besonders gerne. Zu dessen Ehren ließ man nach seinem Tod 1891 hier oben einen Aussichtspunkt anlegen, der seinen Namen tragen sollte. Gerok war nicht nur Lyriker, er war auch Pfarrer an der Hospital- und der Stiftskirche sowie später Dekan der Diözese Stuttgart. Von hier schauen wir nun über den Bezirk Stuttgart-Ost und hinein ins Neckartal.

Beim Verlassen der Aussichtsplattform biegen wir auf den **Gehweg nach links** ab. Nach wenigen Metern sehen wir vor uns im Wald einen Turm, den eine riesige Antenne krönt.

2. Fernmeldeturm Ecke Jahnstraße und Waldebene Ost

Ein bisschen sieht es so aus, als würde ein Ufo knapp über den Baumwipfeln schweben – mit einer riesigen Antenne auf dem Dach. Mit 192 Metern ist der Fernmeldeturm, der 1971 eingeweiht wurde, das zweithöchste Bauwerk der Stadt. Der Bau dieses Stahlbetonriesen wurde nötig, da der alte Turm aus den 1950er-Jahren den funktechnischen Ansprüchen nicht mehr gerecht wurde. Neben Radio- gehen von hier vor allem Mobilfunksignale aus. Seit 2006 übernimmt der Fernmeldeturm zudem die ursprüngliche Aufgabe des Fernsehturms und sendet digital terrestrische Fernsehprogramme in das Umland.

Gehen wir nun weiter **geradeaus, führt der Fußgängerweg direkt in einen Waldweg**. Diesem Hauptweg – der immer parallel zur Straße Waldebene Ost verläuft – folgen wir nun knapp 1,5 Kilometer.

3. Funkturm

Zu unserer Linken reihen sich nun mehrere Sportplätze aneinander. Hinter diesen können wir von unserem Waldweg aus einen weiteren Stahlbetonturm erkennen. Erbaut 1966, wird der Stuttgarter Funkturm auch als Polizeifunkturm bezeichnet, da er Polizei und Feuerwehr zur Funkübertragung dient. Der Turm auf dem Raichberg hat eine Gesamthöhe von 93 Metern und ist der Öffentlichkeit leider nicht zugänglich – aus Sicherheitsgründen. Aus diesem Grund ist das Türmchen auch ein kleines Mysterium. Die Polizei behält genaue Daten und Fakten zu ihrer kleinen Betonnadel lieber unter Verschluss.

Wenige Meter weiter trifft der Waldweg nun auf die verkehrsberuhigte **Straße Waldebene Ost, in die wir links einbiegen. Wir folgen der Straße**, bis wir nach circa 400 Metern auf eine Weggabelung treffen, an der ein Brunnen zum Ausruhen einlädt.

4. Eugen-Denneler-Brunnen

Den Wald haben wir nun hinter uns gelassen und die Wangener Höhe erreicht. Hier reihen sich zahllose Schrebergärten aneinander. Ausflugslokale locken am Wochenende oft Scharen von Hungrigen in das Kleingarten-Paradies. Der Eugen-Denneler-Brunnen hier vor uns ist ein sogenannter Ventilbrunnen – eine schmale Brunnensäule im Jugendstil, wie es sie um 1900 überall in Stuttgart gab. Zahlreiche Kopien, wie diese hier, wurden in den letzten Jahrzehnten erneut im Stadtgebiet aufgestellt.

Vor dem Brunnen stehend, führt uns nun **zu unserer Linken ein sehr schmaler Weg** – direkt neben einem hölzernen Unterstand – zwischen Kleingärten hindurch. Am Ende des Wegs treffen wir auf eine Minigolfanlage. Dort **biegen wir nach links ab** und erreichen nach wenigen Metern auf der rechten Seite unser nächstes Ziel.

5. Schillerlinde

Dem großen schwäbischen Dichter Friedrich Schiller zu Ehren pflanzte man hier an seinem 100. Todestag 1905 eine Linde, die seinen Namen tragen sollte. 60 Jahre später schlug ein Blitz in den Baum ein und spaltete seinen Stamm. Da die Linde nach dem Einschlag umzustürzen drohte, musste sie fortan gestützt werden. 2005 wurde zum 200. Todestag Schillers vorsichtshalber eine weitere Linde gepflanzt, die eines Tages die Nachfolge des alten Baums antreten soll. Uns zu Füßen liegen hier nun der Neckarpark mit Mercedes-Benz Arena und Museum sowie das Daimler-Werk.

Wir verlassen die Aussichtsplattform und folgen nun dem schmalen, steil abfallenden **gepflasterten Weg zu unserer Linken bergab**. Nach einer Wegkreuzung ist dieser dann asphaltiert und endet an **einer Straße, in die wir rechts einbiegen**. Dieser Höhenweg bietet nun abermals eine schöne Aussicht ins Neckartal. Kurz vor einer scharfen Kurve sehen wir rechter Hand eine hohe Weinbergmauer.

6. Weinberg

Die steilen Hänge am Wangener Berg waren früher komplett von Weinreben bedeckt. Da die Nordlage jedoch nicht unbedingt die beste Weinqualität garantierte und die Steillagen nur schwer zu bewirtschaften waren, wurden die Weinberge nach und nach durch Gartenanlagen ersetzt. Wer hier ein „Stückle" am Steilhang besitzt, der hat es mit der Gartenpflege nicht gerade einfach, wird aber durch eine tolle Aussicht ins Neckartal belohnt. Nicht auf einem Friedhof, sondern hier, vis-à-vis der Grabkapelle, direkt am Weinberg, wollte sich daher auch das Ehepaar Schumacher bestatten lassen.

Wir bleiben auf dem Hauptweg, der uns um die Rappenklinge herum weiter bergab führt. **An der zweiten Wegkreuzung** – diese ist ohne Treppenanlage – **nehmen wir nun den steil ansteigenden Weg zu unserer Rechten hinauf**. Nach knapp 150 Metern erreichen wir **linker Hand das Eingangstor zu einem Friedhof, den wir nun betreten. Den gepflasterten Weg bergab** folgend, umrunden wir die Kirche zur Hälfte.

7. Michaelskirche

Der Wangener Bergfriedhof, über den wir eben spazierten, wurde um das Jahr 1400 angelegt. Vor uns befindet sich die Michaelskirche, eines der ältesten Gotteshäuser in Stuttgart. Anhand romanischer Stilelemente kann die Erbauungszeit in etwa auf 1250 datiert werden. Durch den Bevölkerungszuwachs wurde die Kirche stetig erweitert und ausgebaut. Zuletzt geschah dies 1903, als der Innenraum im Jugendstil umgestaltet wurde. Zu ihrer wechselhaften Geschichte gehört auch ihre Funktion als Zufluchtsort im Dreißigjährigen Krieg. Die Schießscharten im Turm sind ein Überbleibsel aus dieser Zeit.

Gegenüber dem Brunnen vor dem Kirchturm **folgen wir nun dem Weg und den Treppen bergab**, bis wir auf die **Straße Kirchweinberg treffen. Dieser folgen wir rechter Hand weiter bergab**, bis diese in eine weitere lange **Treppenanlage übergeht.** Die Staffel endet an der schmalen **Höhenbergstraße, in die wir nun links einbiegen**. So treffen wir schließlich auf die **Buchauer Straße und folgen dieser nach rechts bergab,** bis sie an der Ulmer Straße endet.

8. Altes Rathaus Ulmer Straße 350

Wir befinden uns hier im alten Ortskern von Wangen. Als Weinbaugemeinde orientierte sich der Ort immer mehr zu den Hügeln als zum Neckar. Auch deshalb, weil dieser häufig Überschwemmungen mit sich brachte. Bevor Wangen 1905 nach Stuttgart eingemeindet wurde, besaß das Städtchen sein eigenes Rathaus – das quadratische Häuschen mit dem kleinen Glockenturm auf dem Dach, hier an der Kreuzung. Seit 1956 ist Wangen ein eigener Stadtbezirk der Landeshauptstadt. Das Bezirksrathaus wurde jedoch an den nahen Markplatz verlegt.

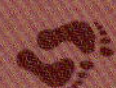

Wir **überqueren nun die Ulmer Straße an der Ampel und folgen dieser nach links.**

Die Alte Kelter auf der linken Straßenseite wurde Anfang des 18. Jahrhunderts erbaut. Heute dient sie als Markthalle und Feuerwehrhaus.

Nach circa 300 Metern biegen wir **rechts in die Ebersbacher Straße** ein, um wenige Meter weiter **linker Hand in die Geislinger Straße** einzuschwenken. Nun befinden wir uns direkt im Zentrum unseres letzten Ziels auf unserem Spaziergang – der Inselsiedlung.

9. Inselsiedlung

Es mag so manchen Betrachter verwundern, dass die zehn schlichten Wohnblöcke hier unter Denkmalschutz stehen. Bei ihrer Erbauung Ende der 1920er-Jahre war die Arbeitersiedlung jedoch ein absolutes Novum und repräsentierte den damals typischen „Baustil der neuen Sachlichkeit" - den Bauhausstil. So hatte jede der über 380 Wohnungen ein eigenes Badezimmer, einen Balkon und war schlicht und einfach gestaltet. Auch die weitläufigen Grünflächen zwischen den Gebäuden sorgten für frischen Wind im Vergleich zu den ehemals dunklen Hinterhöfen.

Präsentiert von:

GEHEIMTIPP STUTTGART

Hier lohnt sich ein Besuch!

Schweinemuseum

2010 eröffnete in Gaisburg das weltgrößte Schweinemuseum. Ironischerweise sind die über 50.000 Exponate ausgerechnet im ehemaligen Schlachthof auf rund 600 m² Ausstellungsfläche zu sehen. Doch nie zuvor hatte je eine Sau unter diesem Dach sein Leben lassen müssen, denn in dem über 100 Jahre alte Gebäude war lediglich die Verwaltung der einstigen Schlachterei untergebracht. Ob Plüsch, Gold, Holz, Porzellan oder Glas – es scheint keine Sau der Welt zu geben die es nicht in einen der 28 Themen- und Sonderausstellungsräume im Stuttgarter Schweinemuseum geschafft hat.

Schlachthofstraße 2a
www.schweinemuseum.de

Staibhöhe

Oberhalb Wangens können wir nun weiter in Richtung Gaisburg spazieren. Die Hänge sind dort ebenfalls ein wilder Mix aus Schrebergärten, Weinbergen, Wäldern und Tälern. Auf dem Spaziergang kommt man unter anderem an dem Aussichtspunkt Staibhöhe vorbei.

Hedelfinger Ortskern

Der Ortskern des alten Weinbaudörfchens Hedelfingen ist einen Besuch Wert. Die Alte Kirche aus dem 15. Jahrhundert und der Friedhof bilden den Ortseingang. Das Bezirksrathaus ist umgeben von alten Fachwerkhäuschen, daher schlendern wir hier durch die Gassen. Aber auch die Kreuzkirche von 1930 im Stil des Neuen Bauens ist sehr sehenswert.

Heumadener Straße 1 (Bezirksrathaus)

Gastronomie

Löwenstube
(Deutsche Küche / Internationale Küche)

Ulmer Straße 333
loewenstube-stuttgart.de

Ochsen
(Schwäbische Küche)

Ulmer Straße 323
ochsen-online.de

Onkel Otto
(Deutsche Küche)

In den Stubenweinbergen 5
onkelotto-stuttgart.de/wangener_hoehe

So reisen Sie weiter

Die Ebersbacher Straße endet rechter Hand direkt an der Stadtbahnhaltestelle **Wasenstraße**. Die Geislinger Straße führt uns zur Haltestelle **Inselstraße**.

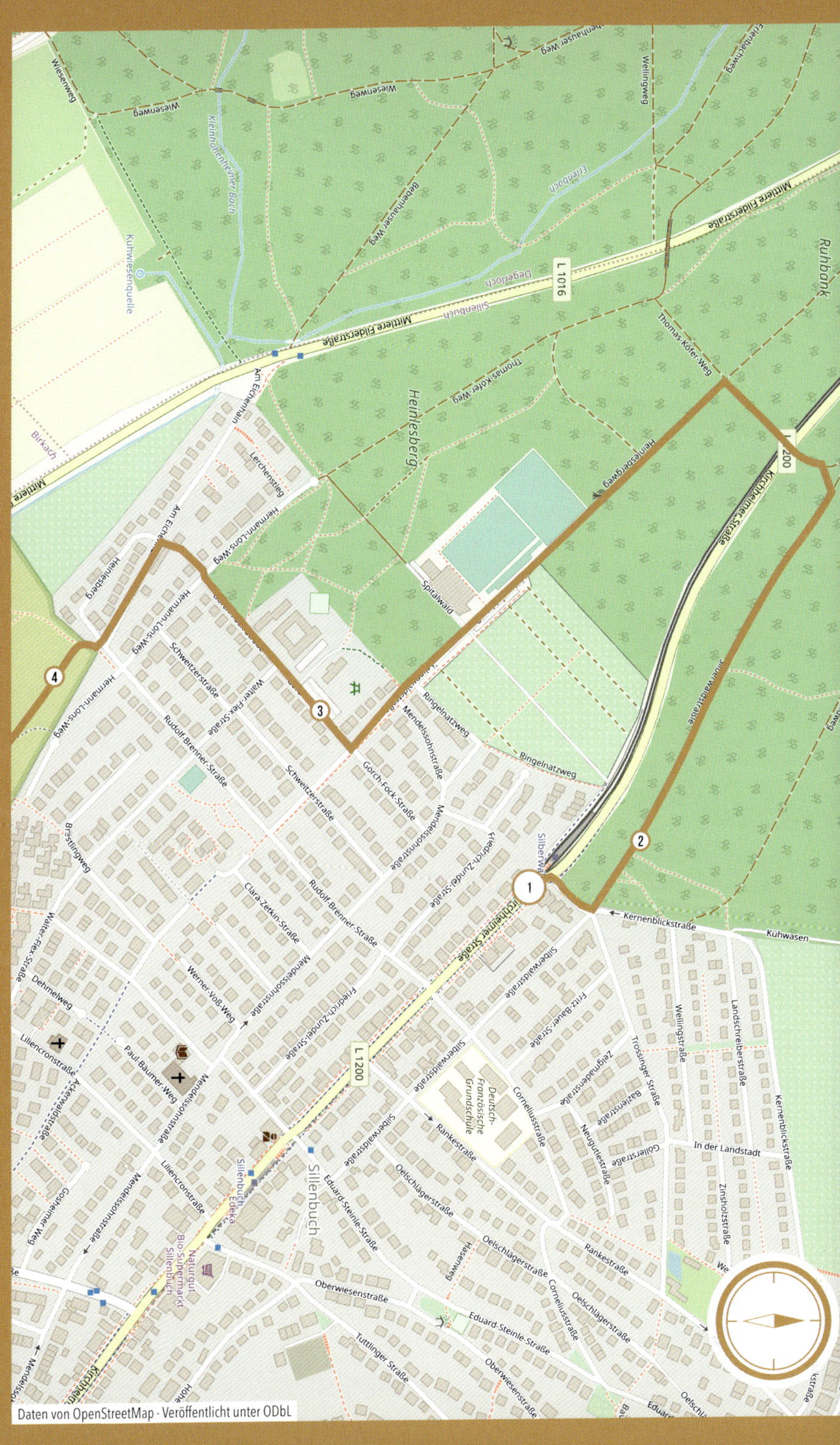

Heinlesberg
Sillenbuch
Ruhbank
Birkach
Mittlere Filderstraße
L 1016
L 1200
Kirchheimer Straße
Kuhwiesenquelle
Spitalwald
Deutsch-Französische Grundschule
Naturgut Bio-Supermarkt Sillenbuch
Edeka
Daten von OpenStreetMap - Veröffentlicht unter ODbL

VON SILLENBUCH NACH HOHENHEIM

Im Grünen

Stadtbezirk Sillenbuch	
Fläche:	745 Hektar
Einwohnerzahl:	23.700
Erstmals namentlich erwähnt:	1264
Eingemeindung nach Stuttgart:	1937 (Stadtteil Riedenberg erst 1942)
Namensherkunft:	Sillenbuch setzt sich aus den Wörtern „Silber" – vom Silberwald – und „Buche" zusammen. Schon früher waren Buchen auch im Silberwald weitverbreitet
Stadtteil Hohenheim	
Fläche:	156 Hektar (Plieningen 1.307 Hektar)
Einwohnerzahl:	600 (Plienigen 13.000)
Erstmals namentlich erwähnt:	1100
Eingemeindung nach Stuttgart:	1942 (als Stadtteil des Bezirks Plieningen)
Namensherkunft:	Benannt nach den Herren von Hohenheim, einem Rittergeschlecht, das vermutlich fränkischen Ursprungs ist. Diese waren an diesem Ort im Besitz einer Burg

 ca. 7,5 km

 ca. 140 Minuten (reiner Fußweg)

 **Ausgang Stadtbahnhaltestelle Silberwald**
U7, U8, U15 – Silberwald

1. Villa Zundel & Zetkin

Wir starten unseren Spaziergang ins Grüne beim Haus Kirchheimer Straße 14 – dem ehemaligen Wohnhaus des Malers Friedrich Zundel und der Frauenrechtlerin Clara Zetkin, die hier von 1903 bis 1925 lebten. Das Haus entwarf Zundel selbst. Seine 18 Jahre ältere Gattin war Parteimitglied der KPD und Herausgeberin der Frauenzeitschrift „Die Gleichheit". Zetkin war maßgeblich daran beteiligt, dass 1911 der erste Weltfrauentag gefeiert werden konnte. Enge Freunde waren unter anderem Lenin und Rosa Luxemburg, die hier in Sillenbuch ihre Gäste waren.

Direkt vor der Villa **überqueren wir an der Ampel die Kirchheimer Straße und gehen geradeaus in die Trossinger Straße.** Nach nur wenigen Metern **biegen wir nach links in den Waldweg** ein

2. Silberwald

Im 15. Jahrhundert wurde im Silberwald, zwischen Ruit und Sillenbuch, Blei und Silber im Erdreich vermutet. Mehr als 100 Jahre lang wurde hier immer wieder nach den kostbaren Metallen gegraben. Gefunden hat man dort von beidem jedoch nie etwas. Das hinderte die Einheimischen jedoch nicht daran, den Forst fortan Silberwald zu nennen. Der hohe Buchenbestand in der einst selbstständigen Gemeinde spiegelt sich auch im Namen Sillenbuchs wider. Mitte des 13. Jahrhunderts wurde das Dörfchen erstmals urkundlich erwähnt und gehört seit 1937 zu Stuttgart.

Wir folgen nun dem Waldweg einen halben Kilometer und **biegen bei der ersten Möglichkeit links** ab. So treffen wir auf die **Kirchheimer Straße, die wir hier überqueren**. Vorsicht, nicht nur Autos, sondern auch Stadtbahnen befahren die Straße! Auf der anderen Straßenseite folgen wir dem **Waldweg weiter geradeaus**. Nach wenigen Metern biegen wir **links in den Heinlesbergweg** ein, der in die Äckerwaldstraße übergeht. Von dort biegen wir dann **rechts in die Gorch-Fock-Straße ein.** Wenige Schritte weiter erreichen wir auf der rechten Straßenseite unser nächstes Ziel.

3. Waldheim Sillenbuch

1909 wurde, unter anderem durch Clara Zetkin, das Waldheim Sillenbuch gegründet, weshalb es auch den Beinamen Clara-Zetkin-Haus trägt. Die Gründer wollten den einfachen Arbeiterfamilien ermöglichen, sich an ihren freien Tagen in der Natur zu erholen. Spielgeräte, Kasperletheater, Kegelbahn und Schießstand machten das Waldheim zum Ausflugsziel für Jung und Alt. Der Betrieb wurde 1933 durch die Nationalsozialisten stillgelegt, da viele Mitglieder des Waldheims den linksorientierten Parteien nahestanden. Erst nach dem Krieg konnte 1948 der Betrieb wieder aufgenommen werden.

Wir **folgen nun der Gorch-Fock-Straße weiter** geradeaus. Am Hermann-Löns-Weg geht diese in eine leicht nach rechts versetzte **Treppenanlage über, der wir bergab folgen, bis wir auf die Straße Am Eichenhain treffen, in die wir links einbiegen**. Wir treffen nun wenige Meter weiter auf eine große Grünanlage.

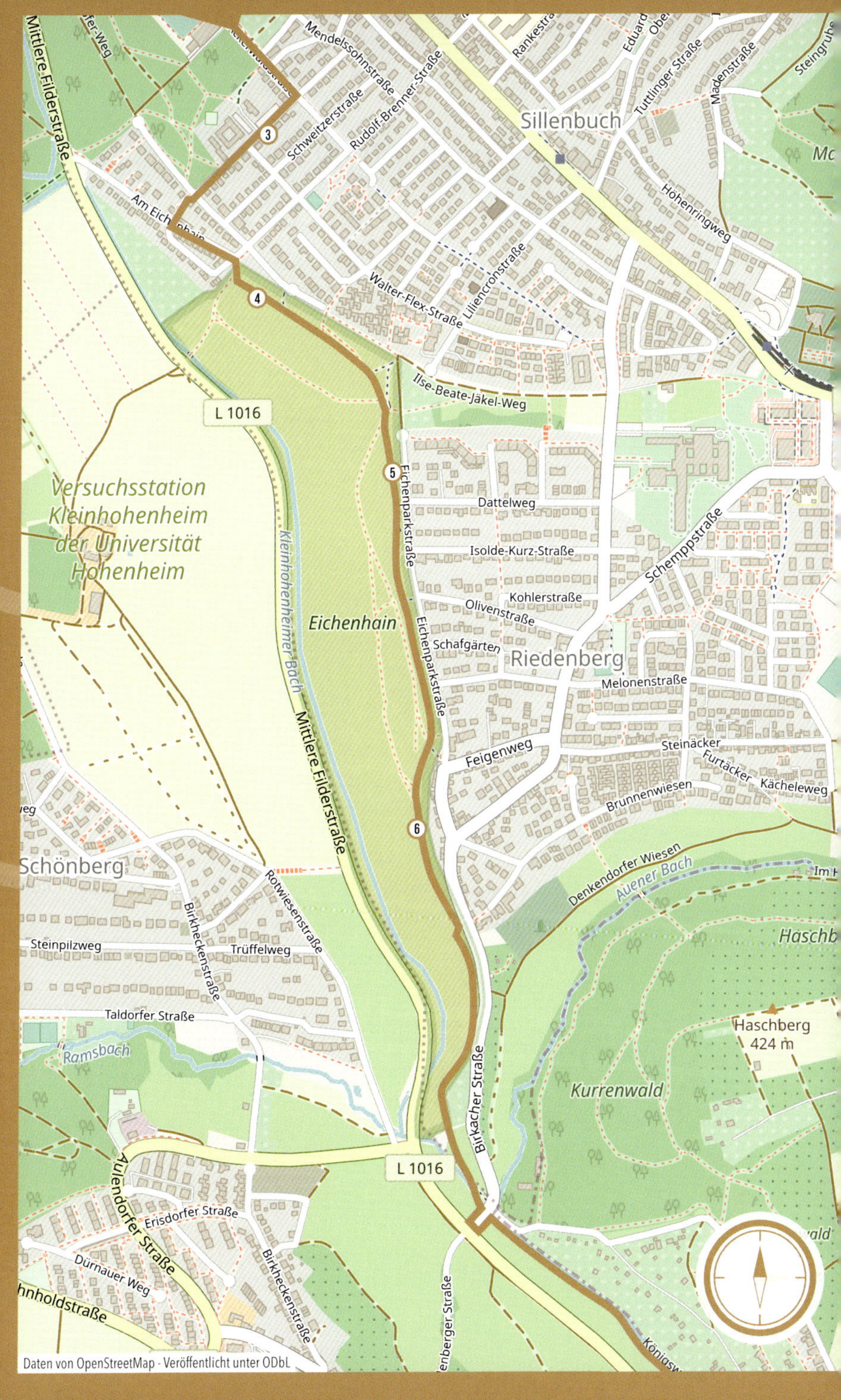
Sillenbuch
Mendelssohnstraße
Rudolf-Brenner-Straße
Schweitzerstraße
Tuttlinger Straße
Madenstraße
Hohenringweg
Am Eichenhain
Walter-Flex-Straße
Liliencronstraße
Ilse-Beate-Jäkel-Weg
Mittlere Filderstraße
L 1016
Versuchsstation Kleinhohenheim der Universität Hohenheim
Kleinhohenheimer Bach
Eichenhain
Eichenparkstraße
Dattelweg
Isolde-Kurz-Straße
Kohlerstraße
Olivenstraße
Schafgärten
Schemppstraße
Riedenberg
Melonenstraße
Feigenweg
Steinäcker
Furtäcker
Kächeleweg
Brunnenwiesen
Denkendorfer Wiesen
Auener Bach
Haschberg
424 m
Schönberg
Rotwiesenstraße
Birkheckenstraße
Steinpilzweg
Trüffelweg
Taldorfer Straße
Ramsbach
Birkacher Straße
Kurrenwald
Aulendorfer Straße
Erisdorfer Straße
Dürnauer Weg
Daten von OpenStreetMap - Veröffentlicht unter ODbL

4. Eichenhain

Zwischen 300 und 400 Jahre alt sind viele der rund 200 Bäume hier im Eichenhain. Seit Jahrhunderten diente er als Weidewald für Schweine, Fohlen und Schafe – denn zu diesem Zweck wurde er ursprünglich künstlich angelegt. Schafe grasen hier noch heute. Der 34 Hektar große Eichenhain ist seit 1958 als Naturschutzgebiet

ausgewiesen und bietet mit seinen verschiedenen Kräutersorten, Magerwiesen und dem alten Baumbestand Lebensraum für viele Pflanzen- und Tierarten. Hier siedeln sich beispielsweise Enziane und Orchideen, gefährdete Heuschreckenarten und Spechte an.

Wenn wir dem Hauptweg durch die Grünanlage folgen, zweigen von diesem nach rund 400 Metern mehrere Trampelpfade ab. Wir können nun entscheiden, ob wir auf dem befestigten Hauptweg bleiben oder einen der Pfade durch die Wiesen wählen. Alle Wege treffen sich später wieder. Von den Trampelpfaden aus hat man jedoch eine bessere Sicht in das Tal zu unserer Rechten. Auf dem gegenüberliegenden Hügel erspähen wir schließlich einen Bauernhof.

5. Kleinhohenheim

Bereits Herzog Carl Eugen von Württemberg wusste die Fruchtbarkeit der Böden hier zu schätzen und ließ den Hof auf dem gegenüberliegenden Hügel anlegen. 1817 wurde er als „Königlich württembergische Domäne“ geführt und hier Rinder und Fohlen gehalten. Seit 1922 wird der Bauernhof nun unter der Regie der Universität Hohenheim genutzt. Auf Kleinhohenheim – wie der Hof nun genannt wird – wurde eine Versuchsstation für Nutztierbiologie und ökologischen Landbau eingerichtet.

Nach rund einem Kilometer wird der Eichenhain schmaler, daher treffen alle Wege wieder zusammen. Hier verläuft der Hauptweg nun auch steiler bergab. An diesem Punkt kann man zu unserer Rechten nun auf einer Anhöhe besonders gut drei riesige Wohnblöcke erkennen.

Riedenberg
Schönberg
Häslach
Haschberg
424 m
Kurrenwald
Birkenwald
Birkach
Birkacher Feld
Hüteäcker
Oberfeld
Steckfeld
Rübenäcker
Chauseefeld
Steckfeld
Sportplatz Universität Hohenheim
Hohenheim
Schlosspark
Exotischer Garten
Wolfer
Tälenswiesen
Heidäcker
Hummelberg
Riedwiesen
Lettenwiesen
Trogwiesen
Hinter der Mühle
Mittlere Filderstraße
Birkacher Straße
Ohnholdstraße
Filderhauptstraße
K 9507
L 1016
L 1205
L 1192
Kirschenallee
Fruwirthstraße
Garbenstraße
Schwerzstraße
Mühlweg
Welfenstraße
Ramsbach
Körsch
Heidfelbach
6
7
8
9
10
11
12
13
Daten von OpenStreetMap - Veröffentlicht unter ODbL

6. Asemwald

Man kann sie tatsächlich als eigene Stadt bezeichnen – die Wohnsiedlung Asemwald. Die drei riesigen, circa 70 Meter hohen Gebäude sind Heimat für rund 1.800 Menschen – inmitten von Wäldern und Feldern. Mit über 1.100 Wohnungen zählt der 1971 eingeweihte Asemwald zu den größten Wohnsiedlungen Deutschlands. Die Bewohner haben fast alles Nötige zum Leben direkt vor Ort. Einen Frisör, einen Kindergarten, ein Fitnessstudio und ein Ladenzentrum findet man dort ebenso wie ein Höhenrestaurant und ein Panoramaschwimmbad.

Der Weg endet schließlich an der **Birkacher Straße, in die wir rechts einbiegen, um diese an der Ampel zu überqueren**. Auf der anderen Straßenseite gehen wir **ein paar Schritte zurück, um gleich darauf rechts in einen Fußweg einzubiegen**. Dem Ramsbach zu unserer Linken folgen wir nun mehrere Hundert Meter. Bei der nächsten Möglichkeit **biegen wir rechts ab, um die Mittlere Filderstraße zu überqueren**. Obacht, hier gibt es keine Ampel! Auf der anderen Straßenseite führt uns ein asphaltierter **Weg bergauf, bis wir auf die Schwerzstraße treffen, in die wir links einbiegen. Nach nur wenigen Schritten**, hinter dem Arnulf-Klett-Haus, **biegen wir rechts auf einen Trampelpfad ein**, der uns mitten auf ein Feld führt.

7. Versuchsfelder der Universität

Versuchsfelder wie diese dienen der Universität Hohenheim zu Forschungszwecken im Bereich Agrarwissenschaften. Denn genau hierfür wurde die Hochschule einst gegründet. 1818 ließ König Wilhelm I. auf Schloss Hohenheim eine landwirtschaftliche Unterrichts-, Versuchs- und Musteranstalt einrichten. Der König tat dies, da Württemberg in den Jahren zuvor unter schweren Missernten zu leiden hatte. 150 Jahre lang blieb das Schloss primär eine landwirtschaftliche Universität, bis 1968 mit den Wirtschaftswissenschaften eine weitere große Fakultät eingerichtet wurde.

Über den Trampelpfad gelangen wir nun auf eine **Allee, in die wir links einbiegen**. Sie führt uns schnurgerade auf Schloss Hohenheim zu.

Sobald wir die Schlossanlage betreten, befindet sich im Kavaliersbau auf der rechten Seite das Sternerestaurant Speisemeisterei. Es befindet sich in den Repräsentationsräumen des einstigen Wohnbereichs von Herzog Carl Eugen – dem Bauherrn des Schlosses.

8. Schloss Hohenheim

Vor uns befindet sich nun der Mittelbau des Schloss Hohenheim, das Herzog Carl Eugen für seine Mätresse Franziska erbauen ließ. An dessen Stelle befand sich zuvor das Garbsche Schlösschen. Als dem Herzog das Vorgängermodell zu klein wurde, ließ er dieses abreißen und im Jahr 1785 auf der gewaltigen Fläche von rund 600 Metern direkt darüber seine neue Sommerresidenz nach dem Vorbild von Versailles erbauen. Doch noch während der Bauphase starb der Herzog 1793, und die Arbeiten am Schloss wurden eingestellt. Erst König Wilhelm I. ließ die Anlage 1818 fertigstellen.

Wir gehen nun direkt **durch den Mittelbau des Schlosses**. Nach dem Verlassen des Gebäudes **folgen wir dem Weg geradeaus** durch den alten botanischen Garten, der in die Jägerallee übergeht.

Hinweis: Sollte der Mitteltrakt des Schlosses nicht zugänglich sein, gehen wir rechts am Schlossflügel entlang durch einen Torbogen hindurch. Danach biegen wir nach links ab und gelangen so auf die andere Seite.

9. Jägerallee

Vom alten botanischen Garten – der ältesten Parkanlage direkt vor der Sommerresidenz – führt uns die Jägerallee direkt in den neuen botanischen Bereich der Hohenheimer Gärten. Ursprünglich führte die Pappelallee noch wesentlich weiter hinunter ins Tal. Dort befand sich einst eine Kaserne, und so wurde die Allee häufig von der dort stationierten Jägergarde des Herzogs genutzt. Daher trägt sie bis heute den Namen Jägerallee. Alle vom Schloss weg- und in die Landschaft hinausführenden Straßen waren ein Zeichen für den Anspruch des Herzogs auf das gesamte Land.

Die Allee endet an einem halbrunden **Aussichtspunkt. Wir nehmen den Weg links davon bergab, hinunter zu den beiden Seen**.

10. Botanischer Garten

Der neue botanische Bereich, in dem wir nun stehen, wurde in den 1970er-Jahren angelegt und spiegelt die Vegetationsgeschichte Mitteleuropas seit der letzten Eiszeit wider. Teil des Botanischen Gartens sind auch die Arzneipflanzengärten. Hier kann man im „Heilpflanzengarten der Hildegard von Bingen" all jene Kräuter finden, die die berühmte Äbtissin bereits im 12. Jahrhundert verwendete. Auf unserem weiteren Weg finden wir diesen auf der rechten Seite.

Wir **umrunden die Seen nun zur Hälfte auf einem gepflasterten Weg**. Diesem Weg folgen wir dann **nach links abbiegend für einige Meter**, um gleich darauf abermals **links auf einen asphaltierten, leicht ansteigenden Weg abzubiegen**. Wir treffen nach wenigen Schritten auf einen neuen **Hauptweg, dem wir nach rechts folgen**. Kurz darauf sehen wir auf der linken Seite schon unser nächstes Ziel.

11. Monopteros

Wir haben nun einen noch eher jungen Bereich der Hohenheimer Gärten betreten – den Landschaftsgarten. Er entstand ab 1996 als Bindeglied zwischen dem Botanischen Garten und dem Exotischen Garten auf einer Acker- und Wiesenfläche. Als besonderes Highlight entstand ein künstlich aufgeschütteter Hügel, auf dem 2001 ein Monopteros – ein Rundbau mit Säulen nach altgriechischem Vorbild – thront. Genießen wir von dort oben den Blick über die Gartenanlage und auf den Stadtbezirk Plieningen.

Der verschlungene Weg **vom Monopteros herunterkommend geht in einen weiteren Spazierweg über, dem wir geradeaus folgen**. An der **Weggabelung biegen wir nach links** ab. Vorbei an Staudenfeldern führt uns dieser in einen älteren Teil der Parkanlage – den Exotischen Garten.

12. Exotischer Garten

Kaum zu glauben, dass sich auf diesen Grünflächen hier zu Zeiten des Herzogs Carl Eugen das sogenannte englisches Dörfle, bestehend aus 60 Gebäuden und Monumenten, befand. Der botanische Bestand in diesem Exotischen Garten aus rund 1.200 Gehölzarten aus aller Welt war damals die vollständigste Sammlung, die es in Deutschland gab. Fast alle Bauwerke des einstigen Dörfle verschwanden nach Carl Eugens Tod. Doch einige Gewächse aus der Gründerzeit finden wir hier noch heute vor. 1953 wurde der Exotische Garten zum Landesarboretum erhoben.

Rechter Hand führen zwei Hauptwege durch das Zentrum des Exotischen Gartens. Wir nehmen einen dieser Wege, die uns vorbei an kleinen Seen führen, und treffen so auf das Museum zur Geschichte Hohenheims. Dort, mitten im schönen Blumengarten, endet nun auch unser Spaziergang.

13.Hohenheim-Museum

Das Spielhaus ist eines von drei erhaltenen Gebäuden im Garten aus dem 18. Jahrhundert.

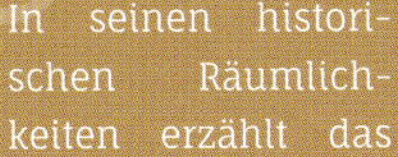

In seinen historischen Räumlichkeiten erzählt das Museum die 900-jährige Geschichte Hohenheims und die Entwicklung der Universität von den Gründerjahren bis heute. Wechselnde Sonderausstellungen runden das Angebot ab. Auf dem Universitätsgelände finden wir zudem das Deutsche Landwirtschaftsmuseum mit einer weltweit einzigartigen Modellsammlung, die den Wandel der Landwirtschaft zeigt, und das Zoologische und Tiermedizinische Museum mit der Hohenheimer Holzbibliothek.

Präsentiert von:

GEHEIMTIPP STUTTGART

Hier lohnt sich ein Besuch!

Ortskern Plieningen

Hohenheim ist ein Stadtteil Plieningens. Der alte Ortskern des Stadtbezirks ist einen Besuch wert. Dort finden wir zum Beispiel die älteste Kirche Stuttgarts, die Martinskirche mit ihrem schrägen Turm oder das Heimatmuseum in der Zehntscheuer.

Mönchhof 3

Deutsches Landwirtschaftsmuseum

Wer die Geschichte des Ackerbaus von den ersten, sehr einfachen Geräten bis zu den modernsten Geräten der Agrartechnik bestaunen möchte, der ist hier goldrichtig. Seit 1818 wird an der Universität Hohenheim gesammelt, die erste Ausstellung der Landwirtschaftsgeräte fand 1832 statt. Neben der Ausstellung alter Traktoren und historischer Dampfpflüge werden beispielsweise die Flachs- und Milchverarbeitung thematisiert.

Haus I Garbenstraße 9a – Haus II Filderhauptstraße 179
www.dlm-hohenheim.de

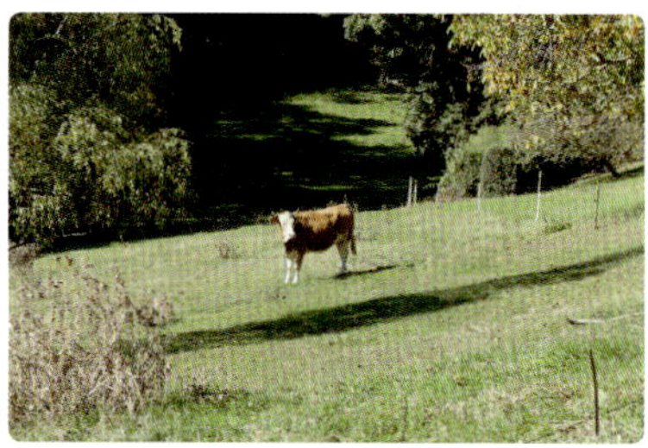

Körschtal

Das Körschtal zieht sich von Möhringen viele Kilometer hinunter bis nach Esslingen und Deizisau, wo die Körsch schließlich in den Neckar fließt. Von hier lohnt sich ein Spaziergang entlang der Körsch bis nach Möhringen.

Gastronomie

Wirtshaus Garbe

(Deutsche Küche / Biergarten)

Filderhauptstraße 136
wirtshausgarbe.de

Denkbar

(Café / Deutsche Küche)

Fruwirthstraße 24
cafe-denkbar.de

Speisemeisterei

(Gourmetrestaurant)

Schloss Hohenheim 1B
speisemeisterei.de

So reisen Sie weiter

Folgen wir dem Weg hinter dem Museumsgebäude nach links für rund 250 Meter, gelangen wir am oberen Ende des Gartens auf die Garbenstraße. Dort links einbiegend erreichen wir über den Wollgrasweg nach 200 Metern die Stadtbahnhaltestelle **Plieningen**.

Stichwortverzeichnis

N

O

P

R

S

T

U

V

W

Z

ENTDECKEN SIE STUTTGART!

Die Stadtführung für Stuttgart-Kenner

Sie kennen sich in Stuttgart bereits bestens aus? Sind Sie sicher? Dann verlassen Sie doch einfach mal den Schloßplatz und die Königstraße und erforschen Sie gemeinsam mit uns die „unbekannte“ City. Denn vor allem jenseits der B 14 gibt es noch überraschend viele Altstadtviertel, und das historische Stuttgart ist noch an vielen Ecken zu erahnen.

Die Stadtführung für Neugierige

Besuchen Sie auf einem rund 1 1/2-stündigen Spaziergang die wichtigsten Sehenswürdigkeiten der Landeshauptstadt Baden-Württembergs und erleben Sie die rund 1.000- jährige Stadtgeschichte auf unterhaltsame Weise.

Die Stadtführung durch das bunte Stuttgart

Erlebe auf einem rund 2-stündigen Spaziergang durch die baden-württembergische La ndeshaupstadt deren spannende Geschichte. Diese Entdeckungstour ist zudem eine Zeitreise in Stuttgarts schwul-lesbische Vergangenheit – von der Monarchie bis zum heutigen Leben in der Regenbogen-Community.

STUTTGART ENTDECKUNGSTOUREN
GO WESCHT
TOUR
UNNÜTZES STUTTGARTWISSEN

Die Stadtführung durch den Wilden Westen

Der größte Innenstadtbezirk der Landeshauptstadt – Stuttgart-West – versprüht ein urbanes Flair, bietet urige Plätze, überrascht mit spannender Architektur und steckt voller Geheimnisse! Dichter und Denker, Tüftler und Verbrecher – sie alle haben im Westen ihre Spuren hinterlassen.

Tickets und Infos:

Alle Tour-Termine finden Sie unter: **www.Stuttgart-Entdeckungstouren.de**